深入剖析
Android 新特性

强波 著

电子工业出版社·
Publishing House of Electronics Industry
北京·BEIJING

内 容 简 介

Android 系统发布于 2008 年，到 2018 年已经有十年的时间。经过十年的发展，Android 已经成为全球第一大操作系统。目前，Android 拥有几十亿用户，几百万的应用程序，更有无数的开发者。在过去的十年里，Android 一直没有停止更新的步伐，最近几年，Android 以每年一个大版本的速度向前演进。并且，在一年内还会有若干的小版本发布。很自然，开发者需要不断地了解这些新增的功能和特性。

本书对最近几个版本（5.0～8.0）的主要新增功能进行了整理和解析，本书的重点不仅仅是讲解这些新增功能特性的外部行为，而是在结合 AOSP 的源码基础上，解析这些功能特性的内部实现。任何已有的功能都是固定的，随着行业的发展，Android 系统在未来可能加入的功能是不确定的，只有掌握了阅读和分析 AOSP 源码的能力，才能应对不确定的变化，并具备今后能够自行研究 Android 系统的能力。

图书在版编目（CIP）数据

深入剖析 Android 新特性 / 强波著. —北京：电子工业出版社，2018.5
ISBN 978-7-121-33933-2

Ⅰ. ①深… Ⅱ. ①强… Ⅲ. ①移动终端－应用程序－程序设计 Ⅳ. ①TN929.53

中国版本图书馆 CIP 数据核字（2018）第 060672 号

责任编辑：陈晓猛
印　　刷：三河市君旺印务有限公司
装　　订：三河市君旺印务有限公司
出版发行：电子工业出版社
　　　　　北京市海淀区万寿路 173 信箱　　　　　邮编：100036
开　　本：787×980　1/16　　　印张：27.75　　　字数：532.8 千字
版　　次：2018 年 5 月第 1 版
印　　次：2018 年 5 月第 1 次印刷
定　　价：79.00 元

凡所购买电子工业出版社图书有缺损问题，请向购买书店调换。若书店售缺，请与本社发行部联系，联系及邮购电话：(010) 88254888，88258888。
质量投诉请发邮件至 zlts@phei.com.cn，盗版侵权举报请发邮件至 dbqq@phei.com.cn。
本书咨询联系方式：010-51260888-819，faq@phei.com.cn。

前言

本书介绍

本书的书名是《深入剖析 Android 新特性》。"新"和"旧"是相对的,这样的词是有时效性的,今天新的东西,很快就不新了,本书介绍的是 Android 系统 5.0 至 8.0 的新增特性。

Android 作为一个跨越了多种设备的软件平台,由于各家厂商对于设备支持的速度不一,市场上的碎片化现象很严重。在 Android 7.0、8.0 推出的时候,很多用户可能还在使用 4.4 甚至更早的版本。而 Android 的新版本从推出到最终真正普及,需要一个较长的过渡时期。

这个现象对开发来说既有好处也有坏处。好处是开发者有足够多的时间为新版本的功能和特性做准备,坏处是开发者在开发应用时需要兼顾太多的版本。

本书在 Android 8.0 推出不久后上市,就是希望能给开发者们对近几年 Android 的新特性做一个梳理。因为笔者觉得,随着时间的推移,以及 Android 新版本的逐步普及,这些内容是开发者在最近几年正好需要的。

另外,这不是一本仅仅告诉读者 Android SDK 中的 API 如何使用的书。在本书中,我们会花更多的精力在这些特性的内部实现上,通过解析 AOSP 的源码,让读者不仅知其然,也知其所以然。

Android 是一个开源的操作系统,任何人都可以获取和阅读其源码。笔者认为,阅读 Android 源码有如下好处:

*   加深对 Android 系统的理解;

*   对 Android SDK 提供的 API 有更深入的理解;

*   提升自己的设计和架构水平;

*   在应对一些 Android 定制版本上的特有问题时,能够明白背后可能发生了什么。

合适的读者

本书适合以下读者群：

- Android 应用程序开发者；

- Android 系统工程师；

- 对 Android 系统内部实现感兴趣的读者；

- 对 Android 系统最新功能感兴趣的读者。

本书会包含什么

本书会在 AOSP 源码的基础上讲解 Android 系统的新增特性，主要集中在 5.0～8.0 版本。本书首先会对 Android 系统做一个整体的介绍，并对最关键的知识做一些说明。之后，会将大部分精力集中在讲解 Android 系统 5.0 至 8.0 的新增特性上。

在讲解这些特性的时候，我们会结合 AOSP 的源码，尽可能深入到系统的内部实现中，让读者不仅知其然，也知其所以然。

任何一本书的内容都凝聚了很多人的经验，本书在写作过程中也参考了很多的资料，为了对这些资料的原作者表示尊重，也为了让读者可以在更大的范围内去进行探索和学习，在每个章节的结尾，都尽可能会包含"参考资料与推荐读物"，这些内容是笔者在写作过程中参考的资料，或者是笔者认为对读者有帮助的信息。

任何操作系统的实现都是一个极其庞大的工程，Android 系统尤其如此。因此，任何一本书都不可能穷其所有细节，本书自然也不例外。就连 5.0 至 8.0 的新增功能中，我们也只能介绍其凤毛麟角。

但本书最大的目的在于：**希望通过对新增功能的解析，让读者掌握 Android 的系统架构模型，以及阅读 AOSP 源码的能力，并最终具有能够自行研究 Android 系统的能力。**

"授人以鱼不如授人以渔"，任何已有的功能都是固定的，随着行业的发展，Android 系统在未来可能加入的功能是不确定的，只有掌握了自己阅读和分析 Android 源码的能力，才能应对不确定的变化。

本书不会包含什么

下面这些内容，由于它们本身都是非常大的话题，可以单独写成一本书（甚至几本书），因此这些内容在本书中不会讲解。

- 任何编程语言方面的知识；
- Linux/UNIX 系统开发知识；
- Linux 内核开发知识；
- 浏览器内核开发知识（Webkit、Chromium）；
- Android App 基础开发知识。

阅读本书，你不必懂 Linux 内核、浏览器的相关知识。但本书期待读者拥有 C/C++、Java 语言代码的阅读能力，熟悉 Linux 环境，并有基本的 Android App 开发知识。否则，你可能要选择其他书来做一些准备了。

为什么要写这本书

是的，市面上已经有太多的 Android 书籍了，为什么还需要这一本呢？在我决定写这本书之前，我也这样问自己。

本书的编辑陈晓猛先生最初与我联系的时候，是因为看到了我的个人博客。这是在我的博客上线仅仅三个月不到的时候。

说实话，因为我本身工作很忙，写博客都要使劲才能挤出时间，所以就更加没有时间去推广。我写博客的目的仅仅是为了自己积累一些东西。当然也希望我所记录下来的东西，能对别人有帮助。

在陈晓猛先生与我联系之前，我并没有想过自己会出一本书。但在看到他的留言之后，我便在想，如果我整理出来的知识能让更多的人看到，能够对更多的人产生帮助，那不是很好吗？于是我便尝试给他回了邮件。

出于以下理由，让我决定写这本书：

- Android 平台拥有非常多的开发者，开发者们需要更多的资料；
- AOSP 的源码是完全开放的，但却缺少内部实现的设计文档和说明资料；
- 目前已有的书籍大部分是针对 Android 4.4 前后的版本，需要有一本书针对新版本做一些整理；
- 每个人看问题和分析问题的方式不一样，给更多的人分享自己的经验是很有意义的；
- 作为一个操作系统工程师，对于同行的分析和研究也是我的工作内容之一。

"术业有专攻，闻道有先后"，做技术的过程本身就是一个互相学习和互相交流的过程。

由于笔者水平有限，文中若有错漏之处，也希望读者不吝赐教。

我的邮箱：paulquei@gmail.com。

我的个人主页：http://qiangbo.space。

本书的主要结构

本书包含的章节及每一章的内容介绍如下。

- 第 1 章：介绍 Android 系统的整体架构，并讲解如何获取 AOSP 源码，以及自己动手编译出可以运行的 Android 系统。

- 第 2 章：讲解 Android 系统中的进程管理，包括进程的创建、优先级管理，以及系统对于内存的管理。

- 第 3 章：讲解 Android 系统中的虚拟机，包括 Dalvik 虚拟机、ART 虚拟机。

- 第 4 章：讲解 Android 系统上用户界面的改进，包括多窗口功能和 App Shortcts。

- 第 5 章：讲解 Android 系统上的 SystemUI 改进，包括 System Bar、Notification，以及 Quick Settings。

- 第 6 章：讲解 Android 系统上功耗方面的改进，包括 Project Volta、Doze 模式与 App StandBy。

- 第 7 章：讲解 Android 系统上设备管理方面的改进，包括对于多用户的支持和面向企业环境的 Android。

- 第 8 章：讲解 Android 系统安全方面的改进。

- 第 9 章：讲解 Android 系统在图形方面的改进，包括整个架构、主要组件，以及 Project Butter 等知识。

- 第 10 章：讲解 Android O 系统架构的改进——Project Treble。

致谢

这本书得以出版，我第一个要感谢的是南京富士通南大软件技术有限公司的朱清淼部长。他曾是我的领导，正是他的引导，我才第一次尝试写作并投稿给 IBM DeveloperWorks 站点（https://www.ibm.com/developerworks/cn/java/j-lo-asm/），之后才有了我写的其他文章，以及我的个人博客，当然还有这本书。

第二个要感谢的是博文视点的编辑陈晓猛先生，是他的鼓励和辛苦编辑才使本书得以面世。

最后要感谢的是我在 AliOS 的同事和领导，从这群优秀的工程师身上我学到太多太多。在我写作本书的期间内，也得到了他们的很多帮助。

强波

2018 年 3 月于杭州

-------------------------- **读者服务** --------------------------

轻松注册成为博文视点社区用户（www.broadview.com.cn），扫码直达本书页面。

- **提交勘误**：您对书中内容的修改意见可在 提交勘误 处提交，若被采纳，将获赠博文视点社区积分（在您购买电子书时，积分可用来抵扣相应金额）。
- **交流互动**：在页面下方 读者评论 处留下您的疑问或观点，与我们和其他读者一同学习交流。

页面入口：http://www.broadview.com.cn/33933

目录

第 1 章
预备知识

本章是全书正文的第 1 章，会对后文需要的知识做一些必要性的准备。其中包括：

- 对 Android 系统架构做一个整体性的介绍；
- 对 AOSP 做一定的说明；
- 对 Android 系统中大量使用的 Binder 机制做深入的讲解。

1.1 Android 系统架构

大型的软件通常都采用分层的架构模式，Android 系统也不例外。图 1-1 是 Android 系统的整体架构。

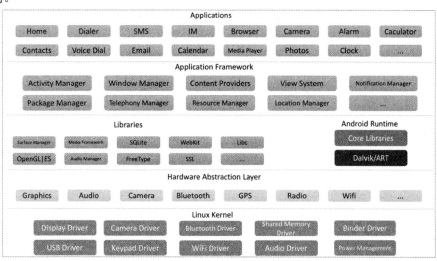

图 1-1 Android 系统架构

从这幅图中可以看出，Android 操作系统架构共分为五层。我们从下至上来了解一下：

- 内核层，这一层包含了 Linux 内核以及 Android 在 Linux 内核上增加的驱动。这些驱动通常与硬件无关，而是为了上层软件服务的，它们包括以下内容。

  - Binder：进程间通信（IPC）基础设施。Binder 在 Android 系统中大量使用，几乎所有的 Framework 层的服务都是通过 Binder 的形式暴露出接口供外部使用的。

  - Ashmem 匿名共享内存。共享内存的作用是，当多个进程需要访问同一块数据时，可以避免数据复制。例如，经由 ContentProvider 接口获取数据的客户端和 ContentProvider 之间就是通过共享内存的方式来访问的。

  - lowmemorykiller 进程回收模块。在 Framework 层，所有的应用进程都是由 ActivityManagerService 来管理的，它会根据进程的重要性设置一个优先级，这个优先级会被 lowmemorykiller 读取。在系统内存较低时，lowmemorykiller 会根据进程的优先级排序，将优先级低的进程杀死，直到系统恢复到合适的内存状态。

  - logger 日志相关。开发人员经常会使用 logcat 读取日志来帮助分析问题。而无论是 logcat 工具，还是通过日志 API 写入日志，最终都是由底层的 logger 驱动进行处理的。

  - wakelock 电源管理相关。Android 系统通常运行在以电池供电的移动设备上，因此专门增加了该模块来管理电源。

  - Alarm 闹钟相关，为 AlarmManager 服务。

- 硬件抽象层，该层为硬件厂商定义了一套标准的接口。有了这套标准接口之后，可以在不影响上层的情况下，调整内部实现。

- Runtime 和公共库层，这一层包含了虚拟机和基本的运行环境。早期的 Android 的虚拟机是 Dalvik，Android 5.0 上正式切换为 Android RunTime（ART），在虚拟机一章中我们会详细讲解。

- Framework 层，这一层包含了一系列重要的系统服务。对于 App 层的管理及 App 使用的 API 基本上都是在这一层提供的。这里面包含的服务很多，这里简单介绍一下最常见的几个服务。

  - ActivityManagerService：负责所有应用组件的管理（Activity、Service、ContentProvider、BroadcastReceiver），以及 App 进程管理；

  - WindowManagerService：负责窗口管理；

  - PackageManagerService：负责 APK 包的管理，包括安装、卸载、更新等；

  - NotificationManagerService：负责通知管理；

  - PowerManagerService：电源管理；

  - LocationManagerService：定位相关。

- 应用层，这是与用户直接接触的一层。大部分应用开发者都工作在这一层。

1.2　关于 AOSP

AOSP 的全称是 Android Open Source Project。官方网站是 https://source.android.com。考虑到国内特殊的网络环境，上面的网站可能无法访问，为此 Google 专门为中国的开发者开设了下面这个网站：https://source.android.google.cn。这个网站中大部分的文档都已经翻译成了中文。但实际上，官方的翻译存在一定的延迟。因此有些时候最新的文档讲先以英文的形式发布。

- 关于如何获取可以编译 AOSP 源码的环境，请参阅这里：https://source.android.google.cn/setup/initializing。
- 关于如何获取 AOSP 代码，请参阅这里：https://source.android.google.cn/setup/downloading。

前面已经提到，本书会通过分析 Android 的源码来解析功能的实现。因此，强烈建议读者**在自己的机器上获取一份完整的 AOSP 源码**。

后面对于每个模块的讲解都会列出这些模块的源码路径以便读者可以进一步进行分析。**后面提到的源码路径就是 AOSP 源码树中的路径**。

如果无法连接 Google 服务器获取 AOSP 源码，也可以从清华大学的镜像站点获取 AOSP 代码，具体可以参见这里：https://mirror.tuna.tsinghua.edu.cn/help/AOSP/。

本书大部分代码取自 Android 7.1，所使用的代码 Tag 是 android-7.1.1_r1。

1.3　理解 Android Binder 机制

Binder 的实现是比较复杂的，想要完全明白是什么回事，并不是一件容易的事情。

这里涉及好几个层次，每一层都有一些模块和机制需要理解。如果你之前对 Binder 没有过任何了解，那么在初次阅读该小节时，可以考虑进行简单的浏览，或者暂时略过这部分内容。

如果你已经做好准备想要彻底掌握 Binder，那么你可能需要找一个安静的环境，以及一段足够长的时间。

1.3.1　Binder 机制简介

Binder 源自 Be Inc 公司开发的 OpenBinder 框架，后来该框架转移到 Palm Inc，由 Dianne Hackborn 主导开发。OpenBinder 的内核部分已经合入 Linux Kernel 3.19。Android Binder 是在

OpneBinder 上的定制实现。原先的 OpenBinder 框架现在已经不再继续开发，可以说 Android 上的 Binder 让原先的 OpneBinder 得到了重生。

Binder 是 Android 系统中大量使用的 IPC（Inter-Process Communication，进程间通信）机制。无论是应用程序对系统服务的请求，还是应用程序自身提供对外服务，都会使用到 Binder。

因此，Binder 机制在 Android 系统中的地位非常重要，可以说，理解 **Binder** 是理解 **Android** 系统的绝对必要前提。

在 UNIX/Linux 环境下，传统的 IPC 机制包括：管道、消息队列、共享内存、信号量、Socket 等。由于篇幅所限，本书不会对这些 IPC 机制做讲解，有兴趣的读者可以参阅《UNIX 网络编程卷 2：进程间通信》。

Android 系统中对于传统的 IPC 使用较少（但也有使用，例如：在请求 Zygote fork 进程的时候使用的是 Socket IPC），大部分场景下使用的 IPC 都是 Binder。

Binder 相较于传统 IPC 来说更适合于 Android 系统，具体的原因包括如下三点：

（1）Binder 本身是 C/S 架构的，这一点更符合 Android 系统的架构。

（2）性能上更有优势：管道、消息队列、Socket 的通信都需要两次数据复制，而 Binder 只需要一次。要知道，对于系统底层的 IPC 形式，少一次数据复制，对整体性能的影响是非常之大的。

（3）安全性更好：传统 IPC 形式无法得到对方的身份标识（UID/GID），而在使用 Binder IPC 时，这些身份标示是跟随调用过程而自动传递的。Server 端很容易就可以知道 Client 端的身份，非常便于做安全检查。

1.3.2　整体架构

Binder 整体架构如图 1-2 所示。

从图中可以看出，Binder 的实现分为以下几层：

- Framework 层
  - Java 部分
  - JNI 部分
  - C++部分
- 驱动层

驱动层位于 Linux 内核中，它提供了最底层的数据传递、对象标识、线程管理、调用过程控制等功能。**驱动层是整个 Binder 机制的核心。**

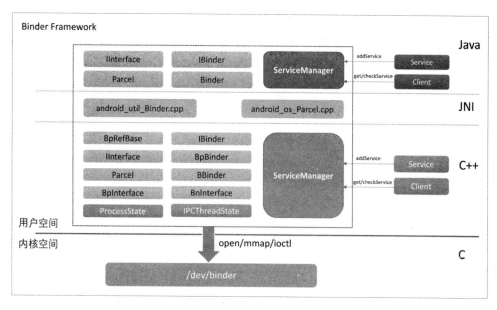

图 1-2 Binder 架构

Framework 层以驱动层为基础，提供了应用开发的基础设施。

Framework 层既包含了 C++ 部分的实现，也包含了 Java 部分的实现。为了能将 C++ 的实现复用到 Java 端，中间通过 JNI 进行衔接。

开发者可以在 Framework 之上利用 Binder 提供的机制来进行具体的业务逻辑开发。其实不仅仅是第三方开发者，Android 系统中本身包含的很多系统服务都是基于 Binder 框架开发的。

既然是"进程间"通信就至少涉及两个进程，Binder 框架是典型的 C/S 架构。在下文中，我们把服务的请求方称之为 Client，服务的实现方称之为 Server。

Client 对于 Server 的请求会经由 Binder 框架由上至下传递到内核的 Binder 驱动中，请求中包含了 Client 将要调用的命令和参数。请求到了 Binder 驱动，在确定了服务的提供方之后，会再从下至上将请求传递给具体的服务。整个调用过程如图 1-3 所示。

对网络协议有所了解的读者会发现，这个数据的传递过程和网络协议非常相似。

初识 ServiceManager

前面已经提到，使用 Binder 框架的既包括系统服务，也包括第三方应用。因此，在同一时刻，系统中会有大量的 Server 同时存在。那么，Client 在请求 Server 的时候，是如何确定请求发送给哪一个 Server 的呢？

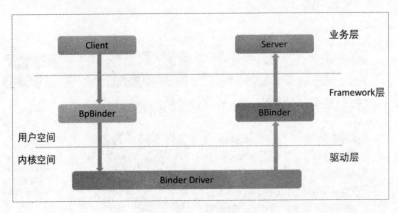

图 1-3　Binder 调用过程

　　这个问题就和我们现实生活中如何找到一个公司/商场、如何确定一个人/一辆车一样，解决的方法就是：每个目标对象都需要一个唯一的标识，并且，需要有一个组织来管理这个唯一的标识。

　　而 Binder 框架中负责管理这个标识的就是 ServiceManager。ServiceManager 对于 Binder Server 的管理就好比车管所对于车牌号码的管理、派出所对于身份证号码的管理：每个公开对外提供服务的 Server 都需要注册到 ServiceManager 中（通过 addService），注册的时候需要指定一个唯一的 id（这个 id 其实就是一个字符串）。

　　Client 要对 Server 发出请求，就必须知道服务端的 id。Client 需要先根据 Server 的 id 通过 ServerManager 拿到 Server 的标识（通过 getService），然后通过这个标识与 Server 进行通信。

　　整个过程如图 1-4 所示。

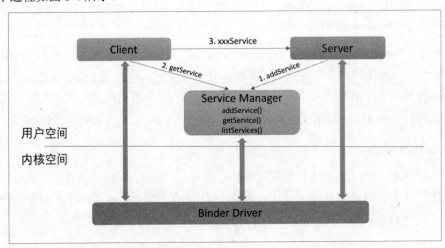

图 1-4　ServiceManager 与 Binder 服务

如果上面这些介绍已经让你一头雾水，请不要过分担心，下面会详细讲解其中的细节。

下文会以自下而上的方式来讲解 Binder 框架。自下而上未必是最好的方法，每个人的思考方式不一样，如果你更喜欢自上而下的理解，你也按这样的顺序来阅读。

对于大部分人来说，我们可能需要反复地查阅才能完全理解。

1.3.3 驱动层

源码路径（这部分代码不在 AOSP 中，而是位于 Linux 内核代码中）：

```
/kernel/drivers/android/binder.c
/kernel/include/uapi/linux/android/binder.h
```

或者

```
/kernel/drivers/staging/android/binder.c
/kernel/drivers/staging/android/uapi/binder.h
```

Binder 机制的实现中，最核心的就是 Binder 驱动。Binder 是一个 miscellaneous 类型的驱动，其本身不对应任何硬件，所有的操作都在软件层。

`binder_init` 函数负责 Binder 驱动的初始化工作，该函数中大部分代码是通过 `debugfs_create_dir` 和 `debugfs_create_file` 函数创建 debugfs 对应的文件。

`binder_init` 函数中最主要的工作其实下面这行：

```
ret = misc_register(&binder_miscdev);
```

该行代码真正向内核中注册了 Binder 设备。`binder_miscdev` 的定义如下：

```
static struct miscdevice binder_miscdev = {
    .minor = MISC_DYNAMIC_MINOR,
    .name = "binder",
    .fops = &binder_fops
};
```

这里指定了 Binder 设备的名称是"binder"。这样，在用户空间便可以通过对/dev/binder 文件进行操作来使用 Binder。

binder_miscdev 同时也指定了该设备的 fops。fops 是另外一个结构体，这个结构中包含了一系列的函数指针，其定义如下：

```
// binder.c
static const struct file_operations binder_fops = {
    .owner = THIS_MODULE,
    .poll = binder_poll,
    .unlocked_ioctl = binder_ioctl,
    .compat_ioctl = binder_ioctl,
    .mmap = binder_mmap,
    .open = binder_open,
    .flush = binder_flush,
    .release = binder_release,
};
```

这里除了 owner，每一个字段都是一个函数指针，这些函数指针对应了用户空间在使用 Binder 设备时的操作。例如：`binder_poll` 对应了 poll 系统调用的处理，`binder_mmap` 对应了 mmap 系统调用的处理，其他类同。

其中，有三个函数尤为重要，它们是 `binder_open`、`binder_mmap` 和 `binder_ioctl`。这是因为，需要使用 Binder 的进程，几乎总是先通过 `binder_open` 打开 Binder 设备，然后通过 `binder_mmap` 进行内存映射。在这之后，通过 `binder_ioctl` 来进行实际的操作。Client 对于 Server 端的请求，以及 Server 对于 Client 请求结果的返回，都是通过 ioctl 完成的。

这里提到的流程如图 1-5 所示。

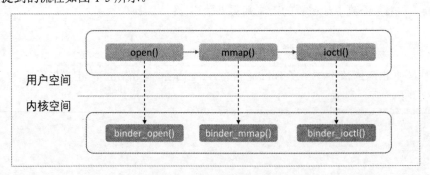

图 1-5　Binder 基本操作流程

主要结构

Binder 驱动中包含了很多的结构体。为了便于下文讲解，这里我们先对这些结构体做一些介绍。驱动中的结构体可以分为两类。

一类是与用户空间共用的，这些结构体在 Binder 通信协议过程中会用到。因此，这些结构体定义在 binder.h 中，如表 1-1 所示。

表 1-1　与用户空间共用的结构体

结构体名称	说　　明
flat_binder_object	描述在 BinderIPC 中传递的对象，见下文
binder_write_read	存储一次读写操作的数据
binder_version	存储 Binder 的版本号
transaction_flags	描述事务的 flag，例如是否是异步请求，是否支持 fd
binder_transaction_data	存储一次事务的数据
binder_ptr_cookie	包含了一个指针和一个 cookie
binder_handle_cookie	包含了一个句柄和一个 cookie
binder_pri_desc	暂未用到
binder_pri_ptr_cookie	暂未用到

其中，binder_write_read 和 binder_transaction_data 两个结构体最为重要，它们存储了 IPC 调用过程中的数据。关于这一点，我们在下文中会讲解。

Binder 驱动中，还有一类结构体是仅仅 Binder 驱动内部实现过程中需要的，它们定义在 binder.c 中，如表 1-2 所示。

表 1-2　Binder 驱动内部实现进程中需要的结构体

结构体名称	说　　明
binder_node	描述 Binder 实体节点，即对应了一个 Server
binder_ref	描述对于 Binder 实体的引用
binder_buffer	描述 Binder 通信过程中存储数据的 Buffer
binder_proc	描述使用 Binder 的进程
binder_thread	描述使用 Binder 的线程
binder_work	描述通信过程中的一项任务
binder_transaction	描述一次事务的相关信息
binder_deferred_state	描述延迟任务
binder_ref_death	描述 Binder 实体死亡的信息
binder_transaction_log	debugfs 日志
binder_transaction_log_entry	debugfs 日志条目

这里需要读者重点关注的结构体已经用加粗做了标注。

Binder 协议

Binder 协议可以分为控制协议和驱动协议两类。

控制协议是进程通过 ioctl(" /dev/binder ")与 Binder 设备进行通信的协议，该协议包含以下几种命令，如表 1-3 所示。

表 1-3　控制协议命令

命　　令	说　　明	参 数 类 型
BINDER_WRITE_READ	读写操作，最常用的命令。 IPC 过程就是通过这个命令进行数据传递	binder_write_read
BINDER_SET_MAX_THREADS	设置进程支持的最大线程数量	size_t
BINDER_SET_CONTEXT_MGR	设置自身为 ServiceManager	无
BINDER_THREAD_EXIT	通知驱动 Binder 线程退出	无
BINDER_VERSION	获取 Binder 驱动的版本号	binder_version
BINDER_SET_IDLE_PRIORITY	暂未用到	-
BINDER_SET_IDLE_TIMEOUT	暂未用到	-

Binder 的驱动协议描述了 Binder 驱动的具体使用过程。驱动协议又可以分为两类：

- 一类是 binder_driver_command_protocol，描述了进程发送给 **Binder** 驱动的命令；
- 一类是 binder_driver_return_protocol，描述了 **Binder** 驱动发送给进程的命令。

binder_driver_command_protocol 共包含 17 个命令，如表 1-4 所示。

表 1-4　驱动协议命令

命　　令	说　　明	参 数 类 型
BC_TRANSACTION	Binder 事务，即 Client 对于 Server 的请求	binder_transaction_data
BC_REPLY	事务的应答，即 Server 对于 Client 的回复	binder_transaction_data
BC_FREE_BUFFER	通知驱动释放 Buffer	binder_uintptr_t
BC_ACQUIRE	强引用计数＋1	__u32
BC_RELEASE	强引用计数－1	__u32
BC_INCREFS	弱引用计数＋1	__u32
BC_DECREFS	弱引用计数－1	__u32

续表

命　令	说　明	参 数 类 型
BC_ACQUIRE_DONE	BR_ACQUIRE 的回复	binder_ptr_cookie
BC_INCREFS_DONE	BR_INCREFS 的回复	binder_ptr_cookie
BC_ENTER_LOOPER	通知驱动主线程 ready	void
BC_REGISTER_LOOPER	通知驱动子线程 ready	void
BC_EXIT_LOOPER	通知驱动线程已经退出	void
BC_REQUEST_DEATH_NOTIFICATION	请求接收死亡通知	binder_handle_cookie
BC_CLEAR_DEATH_NOTIFICATION	去除接收死亡通知	binder_handle_cookie
BC_DEAD_BINDER_DONE	已经处理完死亡通知	binder_uintptr_t
BC_ATTEMPT_ACQUIRE	暂未实现	-
BC_ACQUIRE_RESULT	暂未实现	-

`binder_driver_return_protocol` 共包含 18 种返回类型，如表 1-5 所示。

表 1-5　返回类型

返 回 类 型	说　明	参 数 类 型
BR_OK	操作完成	void
BR_NOOP	操作完成	void
BR_ERROR	发生错误	__s32
BR_TRANSACTION	通知进程收到一次 Binder 请求（Server 端）	binder_transaction_data
BR_REPLY	通知进程收到 Binder 请求的回复（Client）	binder_transaction_data
BR_TRANSACTION_COMPLETE	驱动对于接受请求的确认回复	void
BR_FAILED_REPLY	告知发送方通信目标不存在	void
BR_SPAWN_LOOPER	通知 Binder 进程创建一个新的线程	void
BR_ACQUIRE	强引用计数＋1 请求	binder_ptr_cookie
BR_RELEASE	强引用计数－1 请求	binder_ptr_cookie
BR_INCREFS	弱引用计数＋1 请求	binder_ptr_cookie
BR_DECREFS	若引用计数－1 请求	binder_ptr_cookie
BR_DEAD_BINDER	发送死亡通知	binder_uintptr_t

续表

返 回 类 型	说　　明	参 数 类 型
BR_CLEAR_DEATH_NOTIFICATION_DONE	清理死亡通知完成	binder_uintptr_t
BR_DEAD_REPLY	告知发送方对方已经死亡	void
BR_ACQUIRE_RESULT	暂未实现	-
BR_ATTEMPT_ACQUIRE	暂未实现	-
BR_FINISHED	暂未实现	-

　　单独看上面的协议可能很难理解，这里我们以一次 Binder 请求过程来详细看一下 Binder 协议是如何通信的，就比较好理解了，如图 1-6 所示。

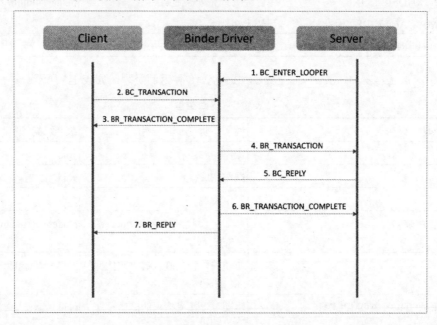

图 1-6　Binder 协议

- Binder 是 C/S 架构的，通信过程涉及 Client、Server 以及 Binder 驱动三个角色。
- Client 对 Server 的请求以及 Server 于 Client 回复都需要通过 Binder 驱动来中转数据。
- BC_XXX 命令是进程发送给驱动的命令。
- BR_XXX 命令是驱动发送给进程的命令。
- 整个通信过程由 Binder 驱动控制。

这里再补充说明一下，通过上面的 Binder 协议的说明中我们看到，Binder 协议的通信过程中，不仅仅是发送请求和接收数据这些命令。同时包括了对于引用计数的管理和对于死亡通知的管理（告知一方，通信的另外一方已经死亡）等功能。

这些功能的通信过程和上面这幅图是类似的：一方发送 BC_XXX，然后由驱动控制通信过程，接着发送对应的 BR_XXX 命令给通信的另外一方。因为这种相似性，对于这些内容就不再赘述了。

在有了上面这些背景知识介绍之后，我们就可以进入到 Binder 驱动的内部实现中来一探究竟了。上面介绍的这些结构体和协议，因为内容较多，初次看完记不住是很正常的，在下文详细讲解的时候，回过头来对照这些表格来理解是比较有帮助的。

打开 Binder 设备

任何进程在使用 Binder 之前，都需要先通过 open("/dev/binder") 打开 Binder 设备。上文已经提到，用户空间的 open 系统调用对应了驱动中的 binder_open 函数。在这个函数中，Binder 驱动会为调用的进程做一些初始化工作。binder_open 函数代码如下所示。

```
// binder.c
static int binder_open(struct inode *nodp, struct file *filp)
{
    struct binder_proc *proc;

    // 创建进程对应的 binder_proc 对象
    proc = kzalloc(sizeof(*proc), GFP_KERNEL);
    if (proc == NULL)
        return -ENOMEM;
    get_task_struct(current);
    proc->tsk = current;
    // 初始化 binder_proc
    INIT_LIST_HEAD(&proc->todo);
    init_waitqueue_head(&proc->wait);
    proc->default_priority = task_nice(current);

    // 锁保护
    binder_lock(__func__);

    binder_stats_created(BINDER_STAT_PROC);
    // 添加到全局列表 binder_procs 中
    hlist_add_head(&proc->proc_node, &binder_procs);
    proc->pid = current->group_leader->pid;
```

```
    INIT_LIST_HEAD(&proc->delivered_death);
    filp->private_data = proc;

    binder_unlock(__func__);

    return 0;
}
```

在 Binder 驱动中，通过 `binder_procs` 记录了所有使用 Binder 的进程。每个初次打开 Binder 设备的进程都会被添加到这个列表中。

另外，请读者回顾一下上文介绍的 Binder 驱动中的几个关键结构体：binder_proc、binder_node、binder_thread、binder_ref、binder_buffer。

在实现过程中，为了便于查找，这些结构体互相之间都留有字段存储关联的结构。图 1-7 描述了这里说到的这些内容。

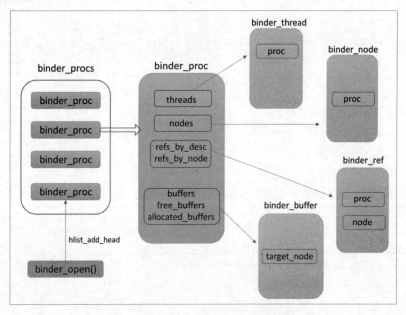

图 1-7　Binder Driver 中的主要数据结构

内存映射（mmap）

在打开 Binder 设备之后，进程还会通过 mmap 进行内存映射。mmap 的作用有如下两个：

- 申请一块内存空间，用来接收 Binder 通信过程中的数据；
- 对这块内存进行地址映射，以便将来访问。

binder_mmap 函数对应了 mmap 系统调用的处理，这个函数也是 Binder 驱动的精华所在（这里说的 binder_mmap 函数也包括其内部调用的 binder_update_page_range 函数，见下文）。

前文我们说到，使用 Binder 机制，数据只需要经历一次复制就可以了，其原理就在这个函数中。

binder_mmap 函数中，会申请一块物理内存，然后将用户空间和内核空间同时对应到这块内存上。在这之后，当 Client 要发送数据给 Server 的时候，**只需一次，将 Client 发送过来的数据复制到 Server 端的内核空间指定的内存地址即可**，由于这个内存地址在服务端已经同时映射到用户空间，因此无须再做一次复制，Server 即可直接访问，整个过程如图 1-8 所示。

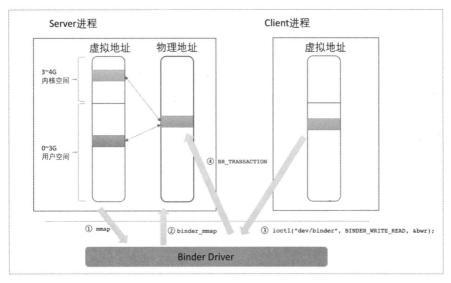

图 1-8　Binder 内存映射

这幅图的说明如下：

（1）Server 在启动之后，对 "/dev/binder" 设备调用 mmap。

（2）内核中的 binder_mmap 函数进行对应的处理：申请一块物理内存，然后在用户空间和内核空间同时进行映射。

（3）Client 通过 BINDER_WRITE_READ 命令发送请求，这个请求将先到驱动中，同时需要将数据从 Client 进程的用户空间复制到 Server 的内核空间。

（4）驱动通过 BR_TRANSACTION 通知 Server 有人发出请求，Server 进行处理。由于这块内存也在用户空间进行了映射，因此 Server 进程的代码可以直接访问。

了解原理之后，我们再来看一下 Binder 驱动的相关源码。这段代码有两个函数：

• binder_mmap 函数对应了 mmap 的系统调用的处理；

- binder_update_page_range 函数真正实现了内存分配和地址映射。

```c
// binder.c
static int binder_mmap(struct file *filp, struct vm_area_struct *vma)
{
    int ret;

    struct vm_struct *area;
    struct binder_proc *proc = filp->private_data;
    const char *failure_string;
    struct binder_buffer *buffer;

    ...
    // 在内核空间获取一块地址范围
    area = get_vm_area(vma->vm_end - vma->vm_start, VM_IOREMAP);
    if (area == NULL) {
        ret = -ENOMEM;
        failure_string = "get_vm_area";
        goto err_get_vm_area_failed;
    }
    proc->buffer = area->addr;
    // 记录内核空间与用户空间的地址偏移
    proc->user_buffer_offset = vma->vm_start - (uintptr_t)proc->buffer;
    mutex_unlock(&binder_mmap_lock);

    ...
    proc->pages = kzalloc(sizeof(proc->pages[0]) * ((vma->vm_end - vma->vm_start) / PAGE_SIZE), GFP_KERNEL);
    if (proc->pages == NULL) {
        ret = -ENOMEM;
        failure_string = "alloc page array";
        goto err_alloc_pages_failed;
    }
    proc->buffer_size = vma->vm_end - vma->vm_start;

    vma->vm_ops = &binder_vm_ops;
    vma->vm_private_data = proc;
```

```
    /* binder_update_page_range assumes preemption is disabled */
    preempt_disable();
    // 通过下面这个函数真正完成内存的申请和地址的映射
    // 初次使用，先申请一个 PAGE_SIZE 大小的内存
    ret = binder_update_page_range(proc, 1, proc->buffer, proc->buffer +
    PAGE_SIZE, vma);
    ...
}


static int binder_update_page_range(struct binder_proc *proc, int allocate,
                void *start, void *end,
                struct vm_area_struct *vma)
{
    void *page_addr;
    unsigned long user_page_addr;
    struct vm_struct tmp_area;
    struct page **page;
    struct mm_struct *mm;


    ...


    for (page_addr = start; page_addr < end; page_addr += PAGE_SIZE) {
        int ret;
        struct page **page_array_ptr;
        page = &proc->pages[(page_addr - proc->buffer) / PAGE_SIZE];

        BUG_ON(*page);
        // 真正进行内存的分配
        *page = alloc_page(GFP_KERNEL | __GFP_HIGHMEM | __GFP_ZERO);
        if (*page == NULL) {
            pr_err("%d: binder_alloc_buf failed for page at %p\n",
                proc->pid, page_addr);
            goto err_alloc_page_failed;
        }
        tmp_area.addr = page_addr;
        tmp_area.size = PAGE_SIZE + PAGE_SIZE /* guard page? */;
        page_array_ptr = page;
        // 在内核空间进行内存映射
```

```
        ret = map_vm_area(&tmp_area, PAGE_KERNEL, &page_array_ptr);
        if (ret) {
           pr_err("%d: binder_alloc_buf failed to map page at %p in kernel\n",
                  proc->pid, page_addr);
           goto err_map_kernel_failed;
        }
        user_page_addr =
           (uintptr_t)page_addr + proc->user_buffer_offset;
        // 在用户空间进行内存映射
        ret = vm_insert_page(vma, user_page_addr, page[0]);
        if (ret) {
           pr_err("%d: binder_alloc_buf failed to map page at %lx in
           userspace\n",
                  proc->pid, user_page_addr);
           goto err_vm_insert_page_failed;
        }
        /* vm_insert_page does not seem to increment the refcount */
     }
     if (mm) {
        up_write(&mm->mmap_sem);
        mmput(mm);
     }

     preempt_disable();

     return 0;
...
```

在开发过程中，我们可以通过 procfs 看到进程映射的这块内存空间：

（1）将 Android 设备连接到 PC 上之后，通过 adb shell 进入到终端。

（2）选择一个使用了 Binder 的进程，例如 system_server（这是系统中一个非常重要的进程，下一章会专门讲解），通过 ps|grep system_server（如 1889）来确定进程号。

（3）通过 cat/proc/[pid]/maps|grep " /dev/binder " 过滤出这块内存的地址。在笔者的 Nexus 6P 上，控制台输出如下：

```
angler:/ # ps  | grep system_server
system   1889 526   2353404 140016 SyS_epoll_  72972eeaf4 S system_server
```

```
angler:/ # cat /proc/1889/maps | grep "/dev/binder"
7294761000-729485f000 r--p 00000000 00:0c 12593               /dev/binder
```

> 注：grep 是通过通配符进行匹配过滤的命令，"|" 是 UNIX 上的管道命令，即将前一个命令的输出给下一个命令作为输入。如果这里我们不加 "|grep xxx"，那么将看到前一个命令的完整输出。

内存的管理

上文中，我们看到 binder_mmap 的时候，会申请一个 PAGE_SIZE（通常是 4KB）的内存。而实际使用过程中，一个 PAGE_SIZE 的大小通常是不够的。

在驱动中，会根据实际的使用情况进行内存的分配。有内存的分配，当然也需要有内存的释放。这里我们就来看看 Binder 驱动中是如何进行内存的管理的。

首先，我们还是从一次 IPC 请求说起。

当一个 Client 想要对 Server 发出请求时，首先将请求发送到 Binder 设备上，由 Binder 驱动根据请求的信息找到对应的目标节点，然后将请求数据传递过去。

进程通过 ioctl 系统调用来发出请求：ioctl(mProcess->mDriverFD,BINDER_WRITE_READ,&bwr)。注：这行代码来自于 Framework 层的 IPCThreadState 类。（**IPCThreadState 类专门负责与驱动进行通信**）。这里的 mProcess->mDriverFD 对应了打开 Binder 设备时的 fd。BINDER_WRITE_READ 对应了具体要做的操作码，这个操作码将由 Binder 驱动解析。bwr 存储了请求数据，其类型是 binder_write_read。

binder_write_read 其实是一个相对外层的数据结构，其内部会包含一个 binder_transaction_data 结构的数据。binder_transaction_data 包含了发出请求者的标识、请求的目标对象和请求所需要的参数。它们的关系如图 1-9 所示。

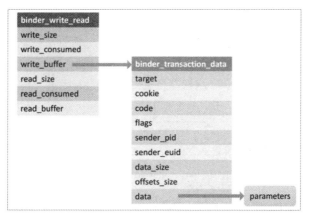

图 1-9　binder_write_read 与 binder_transaction_data 结构

binder_ioctl 函数对应了 ioctl 系统调用的处理。这个函数的逻辑比较简单,就是根据 ioctl 的命令来确定进一步处理的逻辑,具体如下。

- 如果命令是 BINDER_WRITE_READ,并且
  - 如果 bwr.write_size>0,则调用 binder_thread_write;
  - 如果 bwr.read_size>0,则调用 binder_thread_read。
- 如果命令是 BINDER_SET_MAX_THREADS,则设置进程的 max_threads,即进程支持的最大线程数。
- 如果命令是 BINDER_SET_CONTEXT_MGR,则设置当前进程为 ServiceManager,见下文。
- 如果命令是 BINDER_THREAD_EXIT,则调用 binder_free_thread,释放 binder_thread。
- 如果命令是 BINDER_VERSION,则返回当前的 Binder 版本号。

其中,最关键的就是 binder_thread_write 方法。当 Client 请求 Server 的时候,便会发送一个 BINDER_WRITE_READ 命令,同时框架会将实际的数据包装好。此时,binder_transaction_data 中的 code 将是 BC_TRANSACTION,由此便会调用 binder_transaction 方法,这个方法是对一次 Binder 事务的处理,其中会调用 binder_alloc_buf 函数为此次事务申请一个缓存。这里提到的调用关系如图 1-10 所示。

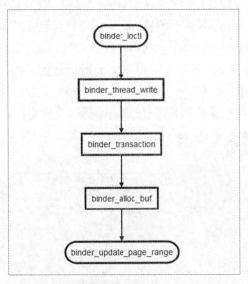

图 1-10 binder_thread_write 调用关系

binder_update_page_range 函数在上文中已经看到过了,其作用就是进行内存分配并且完成内存的映射。而 binder_alloc_buf 函数,正如其名称那样:完成缓存的分配。

在驱动中,通过 binder_buffer 结构体描述缓存。一次 Binder 事务就会对应一个 binder_buffer,其结构如下所示。

```
// binder.c
struct binder_buffer {
    struct list_head entry;
    struct rb_node rb_node;

    unsigned free:1;
    unsigned allow_user_free:1;
    unsigned async_transaction:1;
    unsigned debug_id:29;

    struct binder_transaction *transaction;

    struct binder_node *target_node;
    size_t data_size;
    size_t offsets_size;
    uint8_t data[0];
};
```

而在 binder_proc(描述了使用 Binder 的进程)中,包含了几个字段用来管理进程在 Binder IPC 过程中的缓存,如下:

```
// binder.c
struct binder_proc {
    ...
    struct list_head buffers;            // 进程拥有的 buffer 列表
    struct rb_root free_buffers;         // 空闲 buffer 列表
    struct rb_root allocated_buffers;    // 已使用的 buffer 列表
    size_t free_async_space;             // 剩余的异步调用的空间

    size_t buffer_size;                  // 缓存的上限
  ...
};
```

进程在 mmap 时,会设定支持的总缓存大小的上限(下文会讲到)。而进程每当收到 BC_TRANSACTION 时,就会判断已使用缓存加本次申请的和有没有超过上限。如果没有,就考虑进行内存的分配。

进程的空闲缓存记录在 binder_proc 的 free_buffers 中，这是一个以红黑树形式存储的结构。每次尝试分配缓存的时候，会从这里面按大小顺序进行查找，找到最接近需要的一块缓存。查找的逻辑如下：

```c
// binder.c
while (n) {
    buffer = rb_entry(n, struct binder_buffer, rb_node);
    BUG_ON(!buffer->free);
    buffer_size = binder_buffer_size(proc, buffer);

    if (size < buffer_size) {
        best_fit = n;
        n = n->rb_left;
    } else if (size > buffer_size)
        n = n->rb_right;
    else {
        best_fit = n;
        break;
    }
}
```

找到之后，还需要对 binder_proc 中的字段进行相应的更新：

```c
// binder.c
rb_erase(best_fit, &proc->free_buffers);
buffer->free = 0;
binder_insert_allocated_buffer(proc, buffer);
if (buffer_size != size) {
    struct binder_buffer *new_buffer = (void *)buffer->data + size;
    list_add(&new_buffer->entry, &buffer->entry);
    new_buffer->free = 1;
    binder_insert_free_buffer(proc, new_buffer);
}
binder_debug(BINDER_DEBUG_BUFFER_ALLOC,
        "%d: binder_alloc_buf size %zd got %p\n",
         proc->pid, size, buffer);
buffer->data_size = data_size;
```

```
buffer->offsets_size = offsets_size;
buffer->async_transaction = is_async;
if (is_async) {
    proc->free_async_space -= size + sizeof(struct binder_buffer);
    binder_debug(BINDER_DEBUG_BUFFER_ALLOC_ASYNC,
            "%d: binder_alloc_buf size %zd async free %zd\n",
            proc->pid, size, proc->free_async_space);
}
```

下面我们再来看看内存的释放。

BC_FREE_BUFFER 命令是通知驱动进行内存的释放，binder_free_buf 函数是真正实现的逻辑，这个函数与 binder_alloc_buf 刚好是对应的。在这个函数中，所做的事情包括：

- 重新计算进程的空闲缓存大小；
- 通过 binder_update_page_range 释放内存；
- 更新 binder_proc 的 buffers、free_buffers、allocated_buffers 字段。

Binder 中的"面向对象"

Binder 机制淡化了进程的边界，使得跨越进程也能够调用到指定服务的方法，其原因是因为 Binder 机制在底层处理了在进程间的"对象"传递。

在 Binder 驱动中，并不是真的将对象在进程间来回序列化，而是通过特定的标识来进行对象的传递。在 Binder 驱动中，通过 flat_binder_object 来描述需要跨越进程传递的对象，其定义如下：

```
// binder.h
struct flat_binder_object {
    __u32        type;
    __u32        flags;

    union {
        binder_uintptr_t   binder;  /* local object */
        __u32              handle;       /* remote object */
    };
    binder_uintptr_t   cookie;
};
```

其中，type 有如下 5 种类型。

```
// binder.h
enum {
    BINDER_TYPE_BINDER      = B_PACK_CHARS('s', 'b', '*', B_TYPE_LARGE),
    BINDER_TYPE_WEAK_BINDER = B_PACK_CHARS('w', 'b', '*', B_TYPE_LARGE),
    BINDER_TYPE_HANDLE      = B_PACK_CHARS('s', 'h', '*', B_TYPE_LARGE),
    BINDER_TYPE_WEAK_HANDLE = B_PACK_CHARS('w', 'h', '*', B_TYPE_LARGE),
    BINDER_TYPE_FD          = B_PACK_CHARS('f', 'd', '*', B_TYPE_LARGE),
};
```

当对象传递到 Binder 驱动中的时候，由驱动来进行翻译和解释，然后传递到接收的进程。

例如，当 Server 把 Binder 实体传递给 Client 时，在发送数据流中，flat_binder_object 中的 type 是 BINDER_TYPE_BINDER，同时 binder 字段指向 Server 进程用户空间地址。但这个地址对于 Client 进程是没有意义的（Linux 中，每个进程的地址空间是互相隔离的），驱动必须对数据流中的 flat_binder_object 做相应的翻译：将 type 改成 BINDER_TYPE_HANDLE；为这个 Binder 在接收进程中创建位于内核中的引用并将引用号填入 handle 中。对于发送数据流中引用类型的 Binder 也要做同样转换。经过处理后，接收进程从数据流中取得的 Binder 引用才是有效的，才可以将其填入数据包 binder_transaction_data 的 target.handle 域，向 Binder 实体发送请求。

由于每个请求和请求的返回都会经历内核的翻译，因此这个过程从进程的角度来看是完全透明的。进程完全不用感知这个过程，就好像对象真的在进程间来回传递一样。

驱动层的线程管理

上文多次提到，Binder 本身是 C/S 架构。由 Server 提供服务，被 Client 使用。既然是 C/S 架构，就可能存在多个 Client 会同时访问 Server 的情况。在这种情况下，如果 Server 只有一个线程处理响应，就会导致客户端的请求可能需要排队而导致响应过慢的现象发生。解决这个问题的方法就是引入多线程。

Binder 机制的设计从最底层——驱动层，就考虑到了对于多线程的支持。具体内容如下：

- 使用 Binder 的进程在启动之后，通过 BINDER_SET_MAX_THREADS 告知驱动其支持的最大线程数量。
- 驱动会对线程进行管理。在 binder_proc 结构中，这些字段记录了进程中线程的信息：max_threads、requested_threads、requested_threads_started、ready_threads。
- binder_thread 结构对应了 Binder 进程中的线程。
- 驱动通过 BR_SPAWN_LOOPER 命令告知进程需要创建一个新的线程。
- 进程通过 BC_ENTER_LOOPER 命令告知驱动其主线程已经 ready。
- 进程通过 BC_REGISTER_LOOPER 命令告知驱动其子线程（非主线程）已经 ready。

- 进程通过 BC_EXIT_LOOPER 命令告知驱动其线程将要退出。
- 在线程退出之后，通过 BINDER_THREAD_EXIT 告知 Binder 驱动。驱动将对应的 binder_thread 对象销毁。

再聊 ServiceManager

上文已经说过，每一个 Binder Server 在驱动中会有一个 binder_node 与之对应。同时，Binder 驱动会负责在进程间传递服务对象，并负责底层的转换。另外，我们也提到，每一个 Binder 服务都需要有一个唯一的名称。由 ServiceManager 来管理这些服务的注册和查找。

而实际上，为了便于使用，ServiceManager 本身也实现为一个 Server 对象。任何进程在使用 ServiceManager 的时候，都需要先拿到指向它的标识。然后通过这个标识来使用 ServiceManager。

这似乎形成了一个互相矛盾的现象：

（1）通过 ServiceManager 我们才能拿到 Server 的标识。

（2）ServiceManager 本身也是一个 Server。

解决这个矛盾的办法其实也很简单：Binder 机制为 ServiceManager 预留了一个特殊的位置。这个位置是预先定好的，任何想要使用 ServiceManager 的进程只要通过这个特定的位置就可以访问到 ServiceManager 了（而不用再通过 ServiceManager 的接口）。

在 Binder 驱动中，有一个全局的变量：

```
// binder.c
static struct binder_node *binder_context_mgr_node;
```

这个变量指向的就是 ServiceManager。

当有进程通过 ioctl 并指定命令为 BINDER_SET_CONTEXT_MGR 的时候，驱动被认定这个进程是 ServiceManager。

ServiceManager 应当要先于所有 Binder Server 之前启动。在它启动完成并告知 Binder 驱动之后，驱动便设定好了这个特定的节点。

在这之后，当有其他模块想要使用 ServerManager 时，只要将请求指向 ServiceManager 所在的位置即可。

在 Binder 驱动中，通过 handle=0 这个位置来访问 ServiceManager。例如，binder_transaction 中，判断如果 target.handler 为 0，则认为这个请求是发送给 ServiceManager 的，相关代码如下：

```
// binder.c
```

```
if (tr->target.handle) {
    struct binder_ref *ref;
    ref = binder_get_ref(proc, tr->target.handle, true);
    if (ref == NULL) {
        binder_user_error("%d:%d got transaction to invalid handle\n",
            proc->pid, thread->pid);
        return_error = BR_FAILED_REPLY;
        goto err_invalid_target_handle;
    }
    target_node = ref->node;
} else {
    target_node = binder_context_mgr_node;
    if (target_node == NULL) {
        return_error = BR_DEAD_REPLY;
        goto err_no_context_mgr_node;
    }
}
```

1.3.4　Binder　Framework　C++部分

Framework 是一个中间层，它对接了底层实现，封装了复杂的内部逻辑，并提供供外部使用的接口。

Framework 层是应用程序开发的基础。

Binder Framework 层分为 C++和 Java 两个部分，为了达到功能的复用，中间通过 JNI 进行衔接。Binder Framework 的 C++部分源码位于下面两个目录中：

```
/frameworks/native/include/binder/    头文件路径
/frameworks/native/libs/binder/       实现文件路径
```

Binder 库最终会编译成一个动态链接库：libbinder.so，供其他进程链接使用。

为了便于说明，下文中我们将 Binder Framework 的 C++部分称之为 libbinder。

主要结构

在 libbinder 中，将实现分为 Proxy 和 Native 两端。Proxy 对应了上文提到的 Client 端，是服务对外提供的接口。而 Native 是服务实现的一端，对应了上文提到的 Server 端。类名中带有小写字母 p 的（例如 BpInterface），就是指 Proxy 端。类名带有小写字母 n 的（例如 BnInterface），就是指 Native 端。

Proxy 代表了调用方，通常与服务的实现不在同一个进程，因此下文中，我们也称 Proxy 端为"远程"端。Native 端是服务实现的自身，因此下文中，我们也称 Native 端为"本地"端。

这里我们先对 libbinder 中的主要类做一个简要说明，了解一下它们的关系，然后再详细的讲解，如表 1-6 所示。

表 1-6 类的说明

类 名	说 明
BpRefBase	RefBase 的子类，提供 remote()方法获取远程 Binder
IInterface	Binder 服务接口的基类，Binder 服务通常需要同时提供本地接口和远程接口
BpInterface	远程接口的基类，远程接口是供客户端调用的接口集
BnInterface	本地接口的基类，本地接口是需要服务中真正实现的接口集
IBiner	Binder 对象的基类，BBinder 和 BpBinder 都是这个类的子类
BpBinder	远程 Binder，这个类提供 transact 方法来发送请求，BpXXX 实现中会用到
BBinder	本地 Binder，服务实现方的基类，提供了 onTransact 接口来接收请求
ProcessState	代表了使用 Binder 的进程
IPCThreadState	代表了使用 Binder 的线程，这个类中封装了与 Binder 驱动通信的逻辑
Parcel	在 Binder 上传递的数据的包装器

图 1-11 描述了这些类之间的关系。

另外说明一下，Binder 服务的实现类（图中深色部分）通常都会遵守下面的命名规则：

- 服务的接口使用 I 字母作为前缀；
- 远程接口使用 Bp 作为前缀；
- 本地接口使用 Bn 作为前缀。看了上面这些介绍，你可能还是不太容易理解。不过不要紧，下面我们会逐步拆分讲解这些内容。在这幅图中，浅黄色部分的结构是最难理解的，因此我们先从它们着手。

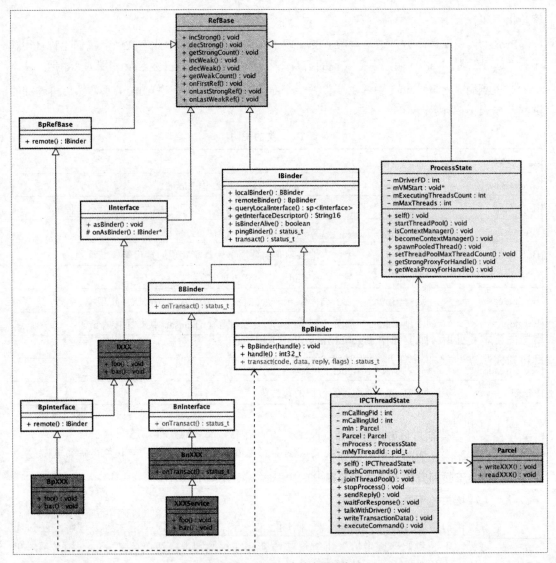

图 1-11 libbinder 中的主要结构

我们先来看看 IBinder 这个类。这个类描述了所有在 Binder 上传递的对象，它既是 Binder 本地对象 BBinder 的父类，也是 Binder 远程对象 BpBinder 的父类。这个类中的主要方法说明如表 1-7 所示。

表 1-7　方法名及说明

方　法　名	说　　明
localBinder	获取本地 Binder 对象

续表

方　法　名	说　　明
remoteBinder	获取远程 Binder 对象
transact	进行一次 Binder 操作
queryLocalInterface	尝试获取本地 Binder，如何失败返回 NULL
getInterfaceDescriptor	获取 Binder 的服务接口描述，其实就是 Binder 服务的唯一标识
isBinderAlive	查询 Binder 服务是否还活着
pingBinder	发送 PING_TRANSACTION 给 Binder 服务

BpBinder 的实例代表了远程 Binder，这个类的对象将被客户端调用。其中 handle 方法会返回指向 Binder 服务实现者的句柄，这个类最重要就是提供了 transact 方法，这个方法会将远程调用的参数封装好发送的 Binder 驱动。

由于每个 Binder 服务通常都会提供多个服务接口，而这个方法中的 uint32_t code 参数就是用来对服务接口进行编号区分的。**Binder 服务的每个接口都需要指定一个唯一的 code，这个 code 要在 Proxy 和 Native 端配对好。**当客户端将请求发送到服务端的时候，服务端根据这个 code（onTransact 方法中）来区分调用哪个接口方法。

BBinder 的实例代表了本地 Binder，它描述了服务的提供方，所有 Binder 服务的实现者都要继承这个类（的子类），在继承类中，最重要的就是实现 onTransact 方法，因为这个方法是所有请求的入口。因此，这个方法是和 BpBinder 中的 transact 方法对应的，这个方法同样也有一个 uint32_t code 参数，在这个方法的实现中，由服务提供者通过 code 对请求的接口进行区分，然后调用具体实现服务的方法。

IBinder 中定义了 uint32_t code 允许的范围：

```
// IBinder.h
FIRST_CALL_TRANSACTION = 0x00000001,
LAST_CALL_TRANSACTION  = 0x00ffffff,
```

Binder 服务要保证自己提供的每个服务接口有一个唯一的 code，例如某个 Binder 服务可以将 add 接口 code 设为 1，minus 接口 code 设为 2，multiple 接口 code 设为 3，divide 接口 code 设为 4，等等。

讲完了 IBinder、BpBinder 和 BBinder 三个类，我们再来看看 BpReBase、IInterface、BpInterface 和 BnInterface。

每个 Binder 服务都是为了某个功能而实现的，因此其本身会定义一套接口集（通常是 C++ 的一个类）来描述自己提供的所有功能。而 Binder 服务既有自身实现服务的类，也要有给客户端进程调用的类。为了便于开发，这两中类里面的服务接口应当是一致的，例如：假设服务实现方提供了一个接口为 add(int a, int b) 的服务方法，那么其远程接口中也应当有一个 add(int a, int b) 方法。因此为了实现方便，本地实现类和远程接口类需要有一个公共的描述服务接口的基类（即上图中的 IXXXService）来继承。而这个基类通常是 IInterface 的子类，IInterface 的定义如下：

```
// IInterface.h
class IInterface : public virtual RefBase
{
public:
        IInterface();
        static sp<IBinder>  asBinder(const IInterface*);
        static sp<IBinder>  asBinder(const sp<IInterface>&);

protected:
   virtual                  ~IInterface();
   virtual IBinder*          onAsBinder() = 0;
};
```

之所以要继承自 IInterface 类，是因为这个类中定义了 onAsBinder 让子类实现。onAsBinder 在本地对象的实现类中返回的是本地对象，在远程对象的实现类中返回的是远程对象。onAsBinder 方法被两个静态方法 asBinder 方法调用。有了这些接口之后，在代码中便可以直接通过 IXXX::asBinder 方法获取到，不用区分本地还是远程的 IBinder 对象。这个在跨进程传递 Binder 对象的时候有很大的作用（因为不用区分具体细节，只要直接调用和传递就好）。

下面我们来看一下 BpInterface 和 BnInterface 的定义：

```
// IInterface.h
template<typename INTERFACE>
class BnInterface : public INTERFACE, public BBinder
{
public:
   virtual sp<IInterface>    queryLocalInterface(const String16& _descriptor);
   virtual const String16&   getInterfaceDescriptor() const;

protected:
   virtual IBinder*          onAsBinder();
};
```

```
// ------------------------------------------------------------------

template<typename INTERFACE>
class BpInterface : public INTERFACE, public BpRefBase
{
public:
                              BpInterface(const sp<IBinder>& remote);

protected:
    virtual IBinder*              onAsBinder();
};
```

这两个类都是模板类，它们在继承自 INTERFACE 的基础上各自继承了另外 一个类。这里的 INTERFACE 便是 Binder 服务接口的基类。另外，BnInterface 继承了 BBinder 类，由此可以通过复写 onTransact 方法来提供实现。BpInterface 继承了 BpRefBase，通过这个类的 remote 方法可以获取到指向服务实现方的句柄。在客户端接口的实现类中，每个接口在组装好参数之后，都会调用 remote()->transact 来发送请求，而这里其实就是调用的 BpBinder 的 transact 方法，这样请求便通过 Binder 到达了服务实现方的 onTransact 中。这个过程如图 1-12 所示。

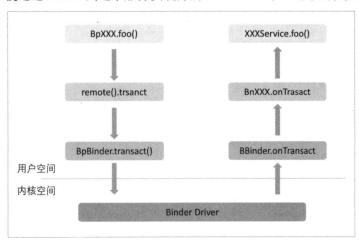

图 1-12　libbinder 中的调用过程

基于 Binder 框架开发的服务，除了满足上文提到的类名规则，还需要遵守其他一些共同的规约：

- 为了进行服务的区分，每个 Binder 服务需要指定一个唯一的标识，这个标识通过

getInterfaceDescriptor 返回，类型是一个字符串。通常，Binder 服务会在类中定义 static const android::String16descriptor; 这样一个常量来描述这个标识符，然后在 getInterfaceDescriptor 方法中返回这个常量。

- 为了便于调用者获取到调用接口，服务接口的公共基类需要提供一个 android:: sp<IXXX>asInterface 方法来返回基类对象指针。

由于上面提到的这两点对于所有 Binder 服务的实现逻辑都是类似的，为了简化开发者的重复工作，在 libbinder 中，定义了两个宏来简化这些重复工作，它们的内容如下：

```cpp
// IInterface.h
#define DECLARE_META_INTERFACE(INTERFACE)                              \
    static const android::String16 descriptor;                         \
    static android::sp<I##INTERFACE> asInterface(                      \
            const android::sp<android::IBinder>& obj);                 \
    virtual const android::String16& getInterfaceDescriptor() const;   \
    I##INTERFACE();                                                    \
    virtual ~I##INTERFACE();                                           \



#define IMPLEMENT_META_INTERFACE(INTERFACE, NAME)                      \
    const android::String16 I##INTERFACE::descriptor(NAME);            \
    const android::String16&                                           \
        I##INTERFACE::getInterfaceDescriptor() const {                \
    return I##INTERFACE::descriptor;                                   \
    }                                                                  \
    android::sp<I##INTERFACE> I##INTERFACE::asInterface(              \
            const android::sp<android::IBinder>& obj)                 \
    {                                                                  \
        android::sp<I##INTERFACE> intr;                               \
        if (obj != NULL) {                                             \
            intr = static_cast<I##INTERFACE*>(                         \
                obj->queryLocalInterface(                              \
                    I##INTERFACE::descriptor).get());                 \
            if (intr == NULL) {                                        \
                intr = new Bp##INTERFACE(obj);                        \
            }                                                          \
        }                                                              \
        return intr;                                                   \
```

```
}                                                              \
I##INTERFACE::I##INTERFACE() { }                               \
I##INTERFACE::~I##INTERFACE() { }                              \
```

有了这两个宏之后，开发者只要在接口基类（IXXX）头文件中使用 `DECLARE_META_`
`INTERFACE` 宏便完成了需要的组件的声明。然后在 cpp 文件中使用 `IMPLEMENT_META_INTERFACE`
便完成了这些组件的实现。

Binder 的初始化

在讲解 Binder 驱动的时候我们就提到：任何使用 Binder 机制的进程都必须要对
`/dev/binder` 设备进行 open 和 mmap 之后才能使用，这部分逻辑是所有使用 Binder 机制进程
共同的。对于这种共同逻辑的封装便是 Framework 层的职责之一。在 libbinder 中，ProcessState
类封装了这个逻辑，相关代码见下文。

这里是 ProcessState 构造函数，在这个函数中，初始化 mDriverFD 的时候调用了
`open_driver` 方法打开 binder 设备，然后又在函数体中，通过 mmap 进行内存映射。

```
// ProcessState.cpp
ProcessState::ProcessState()
    : mDriverFD(open_driver())
    , mVMStart(MAP_FAILED)
    , mThreadCountLock(PTHREAD_MUTEX_INITIALIZER)
    , mThreadCountDecrement(PTHREAD_COND_INITIALIZER)
    , mExecutingThreadsCount(0)
    , mMaxThreads(DEFAULT_MAX_BINDER_THREADS)
    , mStarvationStartTimeMs(0)
    , mManagesContexts(false)
    , mBinderContextCheckFunc(NULL)
    , mBinderContextUserData(NULL)
    , mThreadPoolStarted(false)
    , mThreadPoolSeq(1)
{
    if (mDriverFD >= 0) {
        mVMStart = mmap(0, BINDER_VM_SIZE, PROT_READ, MAP_PRIVATE |
        MAP_NORESERVE, mDriverFD, 0);
        if (mVMStart == MAP_FAILED) {
            // *sigh*
            ALOGE("Using /dev/binder failed: unable to mmap transaction
            memory.\n");
```

```
            close(mDriverFD);
            mDriverFD = -1;
        }
    }

    LOG_ALWAYS_FATAL_IF(mDriverFD < 0, "Binder driver could not be opened.
Terminating.");
    }
```

`open_driver` 的函数实现完成了三个工作：

- 首先通过 `open` 系统调用打开了 `dev/binder` 设备。
- 然后通过 `ioctl` 获取 Binder 实现的版本号，并检查是否匹配。
- 最后通过 `ioctl` 设置进程支持的最大线程数量。

`ProcessState` 是一个 Singleton（单例）类型的类，在一个进程中，只会存在一个实例。通过 `ProcessState::self()` 接口获取这个实例。一旦获取这个实例，便会执行其构造函数，由此完成了对于 Binder 设备的初始化工作。

关于 Binder 传递数据的大小限制

由于 Binder 的数据需要跨进程传递，并且还需要在内核上开辟空间，因此允许在 Binder 上传递的数据并不是无限大的。mmap 中指定的大小便是对数据传递的大小限制：

```
// ProcessState.cpp
#define BINDER_VM_SIZE ((1*1024*1024) - (4096 *2)) // 1MB - 8KB

mVMStart = mmap(0, BINDER_VM_SIZE, PROT_READ, MAP_PRIVATE | MAP_NORESERVE,
mDriverFD, 0);
```

这里我们看到，在进行 mmap 的时候，指定了最大 size 为 BINDER_VM_SIZE，即 1MB-8KB 的大小。

因此在开发过程中，一次 Binder 调用的数据总和不能超过这个大小。对于这个区域的大小，我们也可以在设备上进行确认。这里还以之前提到的 system_server 为例。上面我们讲解了通过 procfs 来获取映射的内存地址，除此之外，也可以通过 showmap 命令来确定这块区域的大小，相关命令如下：

```
angler:/ # ps  | grep system_server
system   1889  526  2353404 135968 SyS_epoll_ 72972eeaf4 S system_server
angler:/ # showmap 1889 | grep "/dev/binder"
    1016     4     4     0     0     4     0     0  1 /dev/binder
```

这里可以看到，这块区域的大小正是 1MB-8KB=1016KB。

> Tips：通过 showmap 命令可以看到进程的详细内存占用情况。在实际的开发过程中，当我们要对某个进程做内存占用分析的时候，这个命令是相当有用的。建议读者尝试通过 showmap 命令查看 system_server 或其他感兴趣进程的完整 map，看看这些进程都依赖了哪些库或者模块，以及内存占用情况是怎样的。

与驱动的通信

上文提到 ProcessState 是一个单例类，一个进程只有一个实例。而负责与 Binder 驱动通信的 IPCThreadState 也是一个单例类。但这个类不是一个进程只有一个实例，而是一个线程有一个实例。

IPCThreadState 负责了与驱动通信的细节处理。这个类中的关键几个方法说明如表 1-8 所示。

表 1-8　方法及说明

方　　法	说　　明
transact	公开接口。供 Proxy 发送数据到驱动，并读取返回结果
sendReply	供 Server 端写回请求的返回结果
waitForResponse	发送请求后等待响应结果
talkWithDriver	通过 ioctl BINDER_WRITE_READ 来与驱动通信
writeTransactionData	写入一次事务的数据
executeCommand	处理 binder_driver_return_protocol 协议命令
freeBuffer	通过 BC_FREE_BUFFER 命令释放 Buffer

BpBinder::transact 方法在发送请求的时候，其实就是直接调用了 IPCThreadState 对应的方法来发送请求到 Binder 驱动的，相关代码如下：

```cpp
// BpBinder.cpp
status_t BpBinder::transact(
    uint32_t code, const Parcel& data, Parcel* reply, uint32_t flags)
{
    if (mAlive) {
        status_t status = IPCThreadState::self()->transact(
            mHandle, code, data, reply, flags);
        if (status == DEAD_OBJECT) mAlive = 0;
```

```
        return status;
    }


    return DEAD_OBJECT;
}
```

而 **IPCThreadState::transact** 方法的主要逻辑如下：

```cpp
// IPCThreadState.cpp
status_t IPCThreadState::transact(int32_t handle,
                        uint32_t code, const Parcel& data,
                        Parcel* reply, uint32_t flags)
{
    status_t err = data.errorCheck();


    flags |= TF_ACCEPT_FDS;


    if (err == NO_ERROR) {
        err = writeTransactionData(BC_TRANSACTION, flags, handle, code, data, NULL);
    }


    if (err != NO_ERROR) {
        if (reply) reply->setError(err);
        return (mLastError = err);
    }


    if ((flags & TF_ONE_WAY) == 0) {
        if (reply) {
            err = waitForResponse(reply);
        } else {
            Parcel fakeReply;
            err = waitForResponse(&fakeReply);
        }
    } else {
        err = waitForResponse(NULL, NULL);
    }


    return err;
}
```

这段代码应该还是比较好理解的：首先通过 `writeTransactionData` 写入数据，然后通过 `waitForResponse` 等待返回结果。`TF_ONE_WAY` 表示此次请求是单向的，即不用真正等待结果即可返回。

而 writeTransactionData 方法其实就是在组装 `binder_transaction_data` 数据。

数据包装器：Parcel

Binder 上提供的是跨进程的服务，每个服务包含了不同的接口，每个接口的参数数量和类型都不一样。那么当客户端想要调用服务端的接口，参数是如何跨进程传递给服务端的呢？除此之外，服务端想要给客户端返回结果，结果又是如何传递回来的呢？

这些问题的答案就是：Parcel。Parcel 就像一个包装器，调用者可以以任意顺序往里面放入需要的数据，所有写入的数据就像是被打成一个整体的包，然后可以直接在 Binde 上传输。

Parcel 提供了所有基本类型的写入和读出接口，下面是其中的一部分：

```
// Parcel.h
...
status_t          writeInt32(int32_t val);
status_t          writeUint32(uint32_t val);
status_t          writeInt64(int64_t val);
status_t          writeUint64(uint64_t val);
status_t          writeFloat(float val);
status_t          writeDouble(double val);
status_t          writeCString(const char* str);
status_t          writeString8(const String8& str);

status_t          readInt32(int32_t *pArg) const;
uint32_t          readUint32() const;
status_t          readUint32(uint32_t *pArg) const;
int64_t           readInt64() const;
status_t          readInt64(int64_t *pArg) const;
uint64_t          readUint64() const;
status_t          readUint64(uint64_t *pArg) const;
float             readFloat() const;
status_t          readFloat(float *pArg) const;
double            readDouble() const;
status_t          readDouble(double *pArg) const;
intptr_t          readIntPtr() const;
```

```
status_t            readIntPtr(intptr_t *pArg) const;
bool                readBool() const;
status_t            readBool(bool *pArg) const;
char16_t            readChar() const;
status_t            readChar(char16_t *pArg) const;
int8_t              readByte() const;
status_t            readByte(int8_t *pArg) const;

// Read a UTF16 encoded string, convert to UTF8
status_t            readUtf8FromUtf16(std::string* str) const;
status_t            readUtf8FromUtf16(std::unique_ptr<std::string>* str) const;

const char*         readCString() const;
...
```

因此对于基本类型，开发者可以直接调用接口写入和读出。而对于非基本类型，需要由开发者将其拆分成基本类型然后写入到 Parcel 中（读出的时候也是一样）。Parcel 会将所有写入的数据进行打包，Parcel 本身可以作为一个整体在进程间传递。接收方在收到 Parcel 之后，只要按写入同样的顺序读出即可。

这个过程和我们现实生活中寄送包裹做法是一样的：我们将需要寄送的包裹放到硬纸盒中交给快递公司。快递公司将所有的包裹进行打包，然后集中放到运输车中送到目的地，到了目的地之后然后再进行拆分。

Parcel 既包含 C++部分的实现，也同时提供了 Java 的接口，中间通过 JNI 衔接。Java 层的接口其实仅仅是一层包装，真正的实现都是位于 C++部分中，它们的关系如图 1-13 所示。

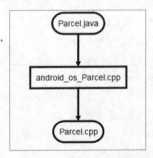

图 1-13　Parcel 实现结构

特别需要说明一下的是，Parcel 类除了可以传递基本数据类型，还可以传递 Binder 对象：

```
// Parcel.cpp
```

```
status_t Parcel::writeStrongBinder(const sp<IBinder>& val)
{
    return flatten_binder(ProcessState::self(), val, this);
}
```

这个方法写入的是 sp<IBinder> 类型的对象，而 IBinder 既可能是本地 Binder，也可能是远程 Binder，这样我们就可以不用关心具体细节而直接进行 Binder 对象的传递。

这也是为什么 IInterface 中定义了两个 asBinder 的 static 方法，如果你不记得了，请回忆一下这两个方法：

```
// IInterface.h
static sp<IBinder>  asBinder(const IInterface*);
static sp<IBinder>  asBinder(const sp<IInterface>&);
```

而对于 Binder 驱动，我们前面已经讲解过：Binder 驱动并不是真的将对象在进程间序列化传递，而是由 Binder 驱动完成了对 Binder 对象指针的解释和翻译，使调用者看起来就像在进程间传递对象一样。

Framework 层的线程管理

在讲解 Binder 驱动的时候，我们就讲解过驱动中对应线程的管理。这里我们再来看看，Framework 层是如何与驱动层对接进行线程管理的。

ProcessState::setThreadPoolMaxThreadCount 方法中，会通过 BINDER_SET_MAX_THREADS 命令设置进程支持的最大线程数量：

```
// ProcessState.cpp
#define DEFAULT_MAX_BINDER_THREADS 15

status_t ProcessState::setThreadPoolMaxThreadCount(size_t maxThreads) {
    status_t result = NO_ERROR;
    if (ioctl(mDriverFD, BINDER_SET_MAX_THREADS, &maxThreads) != -1) {
        mMaxThreads = maxThreads;
    } else {
        result = -errno;
        ALOGE("Binder ioctl to set max threads failed: %s", strerror(-result));
    }
    return result;
}
```

　　由此驱动便知道了该 Binder 服务支持的最大线程数。驱动在运行过程中，会根据需要，并在没有超过上限的情况下，通过 BR_SPAWN_LOOPER 命令通知进程创建线程。

　　IPCThreadState 在收到 BR_SPAWN_LOOPER 请求之后，便会调用 ProcessState::spawnPooledThread 来创建线程：

```
// IPCThreadState.cpp
status_t IPCThreadState::executeCommand(int32_t cmd)
{
    ...
    case BR_SPAWN_LOOPER:
        mProcess->spawnPooledThread(false);
        break;
    ...
}
```

ProcessState::spawnPooledThread 方法负责为线程设定名称并创建线程：

```
// ProcessState.cpp
void ProcessState::spawnPooledThread(bool isMain)
{
    if (mThreadPoolStarted) {
        String8 name = makeBinderThreadName();
        ALOGV("Spawning new pooled thread, name=%s\n", name.string());
        sp<Thread> t = new PoolThread(isMain);
        t->run(name.string());
    }
}
```

线程在 run 之后，会调用 threadLoop 将自身添加的线程池中：

```
// ProcessState.cpp
virtual bool threadLoop()
{
    IPCThreadState::self()->joinThreadPool(mIsMain);
    return false;
}
```

而 `IPCThreadState::joinThreadPool` 方法中，会根据当前线程是否是主线程发送 BC_ENTER_LOOPER 或者 BC_REGISTER_LOOPER 命令告知驱动线程已经创建完毕。整个调用流程如图 1-14 所示。

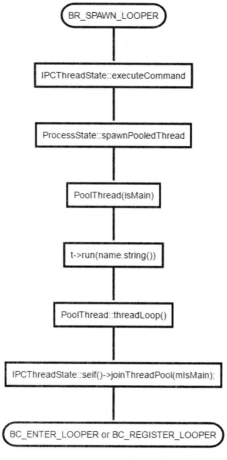

图 1-14　Binder 中的线程创建

C++Binder 服务举例

我们以一个具体的 Binder 服务例子来结合上文的知识进行讲解。

下面以 PowerManager 为例，来看看 C++的 Binder 服务是如何实现的。

图 1-15 是 PowerManager C++部分的实现类图（PowerManager 也有 Java 层的接口，但我们这里就不讨论了）。

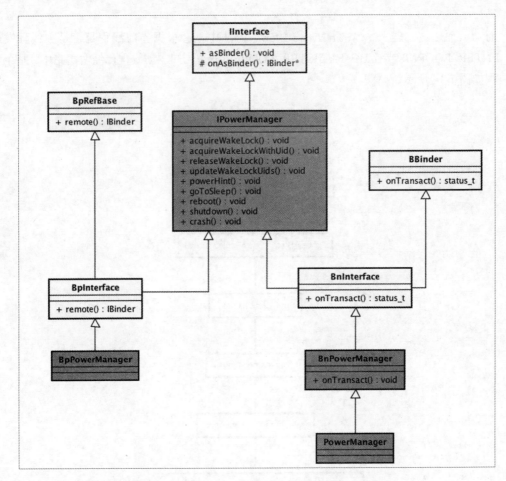

图 1-15   PowerManager 实现类图

图中 Binder Framework 中的类在上文中已经介绍过了，而 PowerManager 相关的四个类便是在 Framework 的基础上开发的。

IPowerManager 定义了 PowerManager 所有对外提供的功能接口，其子类都继承了这些接口。

- BpPowerManager 是提供给客户端调用的远程接口；
- BnPowerManager 中只有一个 onTransact 方法，该方法根据请求的 code 来对接每个请求，并直接调用 PowerManager 中对应的方法；
- PowerManager 是服务真正的实现。

在 IPowerManager.h 中，通过 DECLARE_META_INTERFACE(PowerManager)声明一些 Binder 必要的组件。在 IPowerManager.cpp 中，通过 IMPLEMENT_META_INTERFACE(PowerManager, " android.os.IPowerManager ")宏来进行实现。

本地实现：Native 端

服务的本地实现主要就是实现 BnPowerManager 和 PowerManager 两个类，PowerManager 是 BnPowerManager 的子类，因此在 BnPowerManager 中调用自身的 virtual 方法其实都是在子类 PowerManager 类中实现的。

BnPowerManager 类要做的就是复写 onTransact 方法，这个方法的职责是：根据请求的 code 区分具体调用的是那个接口，然后按顺序从 Parcel 中读出打包好的参数，接着调用留待子类实现的虚函数。需要注意的是：**这里从 Parcel 读出参数的顺序需要和 BpPowerManager 中写入的顺序完全一致**，否则读出的数据将是无效的。

电源服务包含了好几个接口。虽然每个接口的实现逻辑各不一样，但从 Binder 框架的角度来看，它们的实现结构是一样的。而这里我们并不关心电源服务的实现细节，因此我们取其中一个方法看其实现方式即可。

首先我们来看一下 BnPowerManager::onTransact 中的代码片段：

```
// BnPowerManager.cc
status_t BnPowerManager::onTransact(uint32_t code,
                                    const Parcel& data,
                                    Parcel* reply,
                                    uint32_t flags) {
  switch (code) {
...
    case IPowerManager::REBOOT: {
    CHECK_INTERFACE(IPowerManager, data, reply);
    bool confirm = data.readInt32();
    String16 reason = data.readString16();
    bool wait = data.readInt32();
    return reboot(confirm, reason, wait);
  }
...
  }
}
```

通过这段代码我们看到了实现中是如何根据 code 区分接口，并通过 Parcel 读出调用参数，然后调用具体服务方的。

而 PowerManager 这个类才是服务实现的真正本体，reboot 方法真正实现了重启的逻辑：

```
// power_manager.cc
status_t PowerManager::reboot(bool confirm, const String16& reason, bool wait) {
  const std::string reason_str(String8(reason).string());
  if (!(reason_str.empty() || reason_str == kRebootReasonRecovery)) {
    LOG(WARNING) << "Ignoring reboot request with invalid reason \""
             << reason_str << "\"";
    return BAD_VALUE;
  }

  LOG(INFO) << "Rebooting with reason \"" << reason_str << "\"";
  if (!property_setter_->SetProperty(ANDROID_RB_PROPERTY,
                                     kRebootPrefix + reason_str)) {
    return UNKNOWN_ERROR;
  }
  return OK;
}
```

通过这样结构的设计，将框架相关的逻辑（BnPowerManager 中的实现）和业务本身的逻辑（PowerManager 中的实现）彻底分离开了，保证每一个类都非常"干净"，这一点是很值得我们在做软件设计时学习的。

服务的发布

服务实现完成之后，并不是立即就能让别人使用的。前面我们说过：所有在 Binder 上发布的服务必须要注册到 ServiceManager 中才能被其他模块获取和使用。而在 BinderService 类中，提供了 publishAndJoinThreadPool 方法来简化服务的发布，其代码如下：

```
// BinderService.h
static void publishAndJoinThreadPool(bool allowIsolated = false) {
  publish(allowIsolated);
  joinThreadPool();
}

static status_t publish(bool allowIsolated = false) {
  sp<IServiceManager> sm(defaultServiceManager());
  return sm->addService(
         String16(SERVICE::getServiceName()),
         new SERVICE(), allowIsolated);
```

```
}

...

static void joinThreadPool() {
    sp<ProcessState> ps(ProcessState::self());
    ps->startThreadPool();
    ps->giveThreadPoolName();
    IPCThreadState::self()->joinThreadPool();
}
```

由此可见，Binder 服务的发布其实有三个步骤：

（1）通过 `IServiceManager::addService` 在 ServiceManager 中进行服务的注册。

（2）通过 `ProcessState::startThreadPool` 启动线程池。

（3）通过 `IPCThreadState::joinThreadPool` 将主线程加入 Binder 中。

远程接口：Proxy 端

Proxy 类是供客户端使用的。BpPowerManager 需要实现 IPowerManager 中的所有接口。

我们还是以上文提到的 reboot 接口为例，来看看 `BpPowerManager::reboot` 方法是如何实现的：

```
// IPowerManager.cpp
virtual status_t reboot(bool confirm, const String16& reason, bool wait)
{
    Parcel data, reply;
    data.writeInterfaceToken(IPowerManager::getInterfaceDescriptor());
    data.writeInt32(confirm);
    data.writeString16(reason);
    data.writeInt32(wait);
    return remote()->transact(REBOOT, data, &reply, 0);
}
```

这段代码很简单，逻辑就是：通过 Parcel 写入调用参数进行打包，然后调用 `remote()->transact` 将请求发送出去。

其实 BpPowerManager 中其他方法，甚至所有其他 BpXXX 中所有的方法，实现都是和这个方法一样的套路。就是：通过 Parcel 打包数据，通过 remote()->transact 发送数据。而这里的 remote() 返回的其实就是 BpBinder 对象，由此经由 IPCThreadState 将数据发送到了驱动层。如果你已经不记得，请重新看一下图 1-14。

另外需要注意的是，这里的 REBOOT 就是请求的 code，而这个 code 是在 IPowerManager 中定义好的，这样子类可以直接使用，并保证是一致的：

```cpp
// IPowerManager.h
enum {
  ACQUIRE_WAKE_LOCK             = IBinder::FIRST_CALL_TRANSACTION,
  ACQUIRE_WAKE_LOCK_UID         = IBinder::FIRST_CALL_TRANSACTION + 1,
  RELEASE_WAKE_LOCK             = IBinder::FIRST_CALL_TRANSACTION + 2,
  UPDATE_WAKE_LOCK_UIDS         = IBinder::FIRST_CALL_TRANSACTION + 3,
  POWER_HINT                    = IBinder::FIRST_CALL_TRANSACTION + 4,
  UPDATE_WAKE_LOCK_SOURCE       = IBinder::FIRST_CALL_TRANSACTION + 5,
  IS_WAKE_LOCK_LEVEL_SUPPORTED  = IBinder::FIRST_CALL_TRANSACTION + 6,
  USER_ACTIVITY                 = IBinder::FIRST_CALL_TRANSACTION + 7,
  WAKE_UP                       = IBinder::FIRST_CALL_TRANSACTION + 8,
  GO_TO_SLEEP                   = IBinder::FIRST_CALL_TRANSACTION + 9,
  NAP                           = IBinder::FIRST_CALL_TRANSACTION + 10,
  IS_INTERACTIVE                = IBinder::FIRST_CALL_TRANSACTION + 11,
  IS_POWER_SAVE_MODE            = IBinder::FIRST_CALL_TRANSACTION + 12,
  SET_POWER_SAVE_MODE           = IBinder::FIRST_CALL_TRANSACTION + 13,
  REBOOT                        = IBinder::FIRST_CALL_TRANSACTION + 14,
  SHUTDOWN                      = IBinder::FIRST_CALL_TRANSACTION + 15,
  CRASH                         = IBinder::FIRST_CALL_TRANSACTION + 16,
};
```

服务的获取

在服务已经发布之后，客户端该如何获取其服务接口然后对其发出请求调用呢？

很显然，客户端应该通过 BpPowerManager 的对象来请求其服务。但看一眼 BpPowerManager 的构造函数，我们会发现，似乎无法直接创建一个这类的对象，因为这里需要一个 sp<IBinder> 类型的参数。

```cpp
// IPowerManager.cpp
BpPowerManager(const sp<IBinder>& impl)
  : BpInterface<IPowerManager>(impl)
{
}
```

那么这个 sp<IBinder> 参数我们该从哪里获取呢？

回忆一下前面的内容：Proxy 其实是包含了一个指向 Server 的句柄，所有的请求发送出去的时候都需要包含这个句柄作为一个标识。而想要拿到这个句柄，我们自然应当想到 ServiceManager。我们再看一下 ServiceManager 的接口自然就知道这个 sp<IBinder>该如何获取了：

```
// IServiceManager.h
/**
 * Retrieve an existing service, blocking for a few seconds
 * if it doesn't yet exist.
 */
virtual sp<IBinder>         getService( const String16& name) const = 0;

/**
 * Retrieve an existing service, non-blocking.
 */
virtual sp<IBinder>         checkService( const String16& name) const = 0;
```

这里的两个方法都可以获取服务对应的 sp<IBinder>对象，一个是阻塞式的，另外一个不是。传递的参数是一个字符串，这个就是服务在 addServer 时对应的字符串，而对于 PowerManager 来说，这个字符串就是"power"。因此，我们可以通过下面这行代码创建出 BpPowerManager 的对象。

```
// IServiceManager.cpp
sp<IBinder> bs = defaultServiceManager()->checkService(serviceName);
sp<IPowerManager> pm = new BpPowerManager(bs);
```

但这样做还会存在一个问题：BpPowerManager 中的方法调用是经由驱动然后跨进程调用的。通常情况下，当我们的客户端与 PowerManager 服务所在的进程不是同一个进程的时候，这样调用是没有问题的。那假设我们的客户端又刚好和 PowerManager 服务在同一个进程该如何处理呢？

针对这个问题，Binder Framework 提供的解决方法是：通过 interface_cast 这个方法来获取服务的接口对象，由这个方法本身根据是否是在同一个进程，来自动确定返回一个本地 Binder 还是远程 Binder。interface_cast 是一个模板方法，其源码如下：

```
// IInterface.h
template<typename INTERFACE>
inline sp<INTERFACE> interface_cast(const sp<IBinder>& obj)
{
```

```
    return INTERFACE::asInterface(obj);
}
```

调用这个方法的时候我们需要指定 Binder 服务的 Interface，因此对于 PowerManager，我们需要这样获取其 Binder 接口对象：

```
// PowerHAL.cpp
const String16 serviceName("power");
sp<IBinder> bs = defaultServiceManager()->checkService(serviceName);
if (bs == NULL) {
  return NAME_NOT_FOUND;
}
sp<IPowerManager> pm = interface_cast<IPowerManager>(bs);
```

我们再回头看一下 interface_cast 这个方法体，这里是在调用 INTERFACE::asInterface(obj)，而对于 IPowerManager 来说，其实就是 IPowerManager::asInterface(obj)。那么 IPowerManager::asInterface 方法是哪里定义的呢？

这个正是上文提到的 DECLARE_META_INTERFACE 和 IMPLEMENT_META_INTERFACE 两个宏所起的作用。IMPLEMENT_META_INTERFACE 宏包含了下面这段代码：

```
// IInterface.h
android::sp<I##INTERFACE> I##INTERFACE::asInterface(          \
      const android::sp<android::IBinder>& obj)               \
{                                                             \
  android::sp<I##INTERFACE> intr;                             \
  if (obj != NULL) {                                          \
      intr = static_cast<I##INTERFACE*>(                      \
         obj->queryLocalInterface(                            \
               I##INTERFACE::descriptor).get());              \
      if (intr == NULL) {                                     \
         intr = new Bp##INTERFACE(obj);                       \
      }                                                       \
  }                                                           \
  return intr;                                                \
}                                                             \
```

这里我们将 "##INTERFACE" 通过 "PowerManager" 代替，得到的结果就是：

```
android::sp<IPowerManager> IPowerManager::asInterface(
```

```
        const android::sp<android::IBinder>& obj)
{
    android::sp<IPowerManager> intr;
    if (obj != NULL) {
        intr = static_cast<IPowerManager*>(
            obj->queryLocalInterface(
                IPowerManager::descriptor).get());
        if (intr == NULL) {
            intr = new BpPowerManager(obj);
        }
    }
    return intr;
}
```

这个便是 `IPowerManager::asInterface` 方法的实现，这段逻辑的含义就是：

- 先尝试通过 `queryLocalInterface` 看看是否能够获得本地 Binder，如果是在服务所在进程调用，自然能获取本地 Binder，否则将返回 NULL；

- 如果获取不到本地 Binder，则创建并返回一个远程 Binder。由此保证了：我们在进程内部的调用，是直接通过方法调用的形式。而不在同一个进程的时候，才通过 Binder 进行跨进程的调用。

C++层的 ServiceManager

前文已经两次介绍过 ServiceManager 了，我们知道这个模块负责了所有 Binder 服务的管理，并且也看到了 Binder 驱动中对这个模块的实现。可以说 ServiceManager 是整个 Binder IPC 的控制中心和交通枢纽。这里我们就来看一下这个模块的具体实现。

ServiceManager 是一个独立的可执行文件，在设备中的进程名称是 /system/bin/servicemanager，这个也是其可执行文件的路径。

ServiceManager 实现源码的位于这个路径：`frameworks/native/cmds/servicemanager/`，其 main 函数的主要内容如下：

```
// service_manager.c
int main()
{
    struct binder_state *bs;

    bs = binder_open(128*1024);
```

```
    if (!bs) {
        ALOGE("failed to open binder driver\n");
        return -1;
    }

    if (binder_become_context_manager(bs)) {
        ALOGE("cannot become context manager (%s)\n", strerror(errno));
        return -1;
    }
    ...

    binder_loop(bs, svcmgr_handler);

    return 0;
}
```

这段代码很简单，主要做了三件事情：

（1）binder_open(128*1024) 是打开 Binder，并指定缓存大小为 128KB，由于 ServiceManager 提供的接口很简单（下文会讲到），因此并不需要普通进程那么多（1MB-8KB）的缓存。

（2）binder_become_context_manager(bs) 使自己成为 Context Manager。这里的 Context Manager 是 Binder 驱动里面的名称，等同于 ServiceManager。binder_become_context_manager 的方法实现只有一行代码：ioctl(bs->fd,BINDER_SET_CONTEXT_MGR,0)。看过 Binder 驱动部分解析的内容，这行代码应该很容易理解了。

（3）binder_loop(bs,svcmgr_handler) 是在 Looper 上循环，等待其他模块请求服务。

service_manager.c 中的实现与普通 Binder 服务的实现有些不一样：并没有通过继承接口类来实现，而是通过几个 C 语言的函数来完成实现。这个文件中的主要方法如表 1-9 所示。

表 1-9　文件中的主要方法

方 法 名 称	方 法 说 明
main	可执行文件入口函数，刚刚已经做过说明
svcmgr_handler	请求的入口函数，类似于普通 Binder 服务的 onTransact
do_add_service	注册一个 Binder 服务
do_find_service	通过名称查找一个已经注册的 Binder 服务

ServiceManager 中，通过 svcinfo 结构体来描述已经注册的 Binder 服务：

```
// service_manager.c
struct svcinfo
{
    struct svcinfo *next;
    uint32_t handle;
    struct binder_death death;
    int allow_isolated;
    size_t len;
    uint16_t name[0];
};
```

next 是一个指针，指向下一个服务，通过这个指针将所有服务串成了链表。handle 是指向 Binder 服务的句柄，这个句柄是由 Binder 驱动翻译的，指向了 Binder 服务的实体（参见驱动中：Binder 中的"面向对象"），name 是服务的名称。

ServiceManager 的实现逻辑并不复杂，这个模块就好像在整个系统上提供了一个全局的 HashMap 而已：通过服务名称进行服务注册，然后再通过服务名称来查找。而真正复杂的逻辑其实都是在 Binder 驱动中实现了。

➢ ServiceManager 的接口

源码路径：

```
frameworks/native/include/binder/IServiceManager.h
frameworks/native/libs/binder/IServiceManager.cpp
```

ServiceManager 的 C++接口定义如下：

```
// IServiceManager.h
class IServiceManager : public IInterface
{
public:
    DECLARE_META_INTERFACE(ServiceManager);

    virtual sp<IBinder>         getService( const String16& name) const = 0;

    virtual sp<IBinder>         checkService( const String16& name) const = 0;
```

```
    virtual status_t          addService(const String16& name,
                                      const sp<IBinder>& service,
                                      bool allowIsolated = false) = 0;

    virtual Vector<String16>  listServices() = 0;

    enum {
        GET_SERVICE_TRANSACTION = IBinder::FIRST_CALL_TRANSACTION,
        CHECK_SERVICE_TRANSACTION,
        ADD_SERVICE_TRANSACTION,
        LIST_SERVICES_TRANSACTION,
    };
};
```

这里我们看到，ServiceManager 提供的接口只有四个，这四个接口说明如表 1-10 所示。

表 1-10　接口说明

接 口 名 称	接 口 说 明
addService	向 ServiceManager 中注册一个新的 Service
getService	查询 Service。如果服务不存在，将阻塞数秒
checkService	查询 Service，但是不会阻塞
listServices	列出所有的服务

其中，最后一个接口是为了调试而提供的。通过 adb shell 连接到设备上之后，可以通过输入 servicelist 输出所有注册的服务列表。这里"service"可执行文件其实就是通过调用 listServices 接口获取到服务列表的。

service 命令的源码路径在这里：frameworks/native/cmds/service。

service list 的输出看起来像下面这样（一次输出可能有一百多个服务，这里省略了）：

```
255|angler:/ # service list
Found 125 services:
0   sip: [android.net.sip.ISipService]
1   nfc: [android.nfc.INfcAdapter]
2   carrier_config: [com.android.internal.telephony.ICarrierConfigLoader]
3   phone: [com.android.internal.telephony.ITelephony]
4   isms: [com.android.internal.telephony.ISms]
```

```
5   iphonesubinfo: [com.android.internal.telephony.IPhoneSubInfo]
6   simphonebook: [com.android.internal.telephony.IIccPhoneBook]
7   telecom: [com.android.internal.telecom.ITelecomService]
8   isub: [com.android.internal.telephony.ISub]
9   contexthub_service: [android.hardware.location.IContextHubService]
10  dns_listener: [android.net.metrics.IDnsEventListener]
11  connmetrics: [android.net.IIpConnectivityMetrics]
12  connectivity_metrics_logger: [android.net.IConnectivityMetricsLogger]
13  bluetooth_manager: [android.bluetooth.IBluetoothManager]
14  imms: [com.android.internal.telephony.IMms]
15  media_projection: [android.media.projection.IMediaProjectionManager]
16  launcherapps: [android.content.pm.ILauncherApps]
17  shortcut: [android.content.pm.IShortcutService]
18  fingerprint: [android.hardware.fingerprint.IFingerprintService]
19  trust: [android.app.trust.ITrustManager]
20  media_router: [android.media.IMediaRouterService]
...
```

普通的 Binder 服务我们需要通过 ServiceManager 来获取接口才能调用，那么 ServiceManager 的接口又如何获得呢？在 libbinder 中，提供了一个 defaultServiceManager 方法来获取 ServiceManager 的 Proxy，并且这个方法不需要传入参数。原因我们在驱动篇中也已经讲过了：Binder 的实现中，为 ServiceManager 留了一个特殊的位置，不需要像普通服务那样通过标识去查找。defaultServiceManager 代码如下：

```cpp
// IServiceManager.cpp
sp<IServiceManager> defaultServiceManager()
{
    if (gDefaultServiceManager != NULL) return gDefaultServiceManager;

    {
        AutoMutex _l(gDefaultServiceManagerLock);
        while (gDefaultServiceManager == NULL) {
            gDefaultServiceManager = interface_cast<IServiceManager>(
                ProcessState::self()->getContextObject(NULL));
            if (gDefaultServiceManager == NULL)
                sleep(1);
```

```
        }
    }

    return gDefaultServiceManager;
}
```

1.3.5 Binder Framework Java 部分

源码路径:

```
// Binder Framework JNI
/frameworks/base/core/jni/android_util_Binder.h
/frameworks/base/core/jni/android_util_Binder.cpp
/frameworks/base/core/jni/android_os_Parcel.h
/frameworks/base/core/jni/android_os_Parcel.cpp


// Binder Framework Java 接口
/frameworks/base/core/java/android/os/Binder.java
/frameworks/base/core/java/android/os/IBinder.java
/frameworks/base/core/java/android/os/IInterface.java
/frameworks/base/core/java/android/os/Parcel.java
```

Android 应用程序使用 Java 语言开发，Binder 框架自然也少不了在 Java 层提供接口。

前文中我们看到，Binder 机制在 C++层已经有了完整的实现。因此 Java 层完全不用重复实现，而是通过 JNI 衔接了 C++层以复用其实现。

主要结构

图 1-16 描述了 Binder Framework Java 层到 C++层的衔接关系。

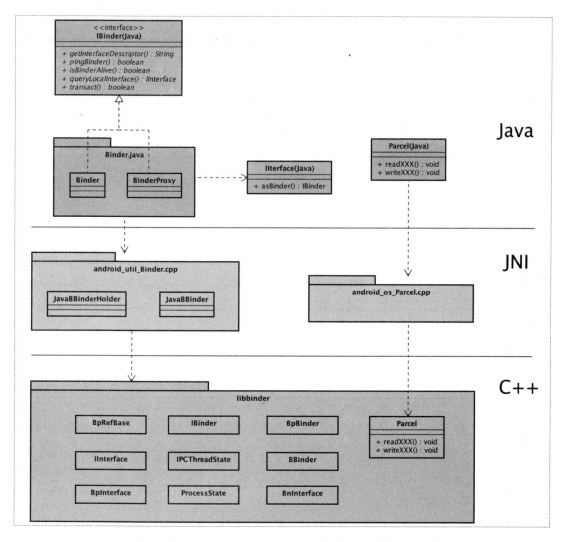

图 1-16　Binder Framework Java 层到 C++层结构

这里对图中 Java 和 JNI 层的几个类做一下说明，如表 1-11 所示。

表 1-11　类及说明

名　　称	类　　型	说　　明
IInterface	interface	供 Java 层 Binder 服务接口继承的接口
IBinder	interface	Java 层的 IBinder 类，提供了 transact 方法来调用远程服务
Binder	class	实现了 IBinder 接口，封装了 JNI 的实现
BinderProxy	class	实现了 IBinder 接口，封装了 JNI 的实现

名　　称	类　　型	说　　明
JavaBBinderHolder	class	内部存储了 JavaBBinder
JavaBBinder	class	将 C++ 端的 onTransact 调用传递到 Java 端
Parcel	class	Java 层的数据包装器，见 C++ 层的 Parcel 类分析

这里的 IInterface、IBinder 和 C++ 层的两个类是同名的。这个同名并不是巧合：它们不仅仅同名，它们所起的作用，以及其中包含的接口都是几乎一样的，区别仅仅在于一个是 C++ 层，一个是 Java 层而已。

除了 IInterface、IBinder，这里 Binder 与 BinderProxy 类也是与 C++ 的类相对应的，下面列出了 Java 层和 C++ 层类的对应关系。

C++	Java 层
IInterface	IInterface
IBinder	IBinder
BBinder	Binder
BpProxy	BinderProxy
Parcel	Parcel

JNI 的衔接

JNI 全称是 Java Native Interface，这个是由 Java 虚拟机提供的机制。这个机制使得 native 代码可以和 Java 代码互相通信。简单来说就是：我们可以在 C/C++ 端调用 Java 代码，也可以在 Java 端调用 C/C++ 代码。

关于 JNI 的详细说明，可以参见 Oracle 的官方文档：http://docs.oracle.com/javase/8/docs/technotes/guides/jni/，这里不多说明。

实际上，在 Android 中很多的服务或者机制都是在 C/C++ 层实现的，想要将这些实现复用到 Java 层，就必须通过 JNI 进行衔接。AOSP 源码中，/frameworks/base/core/jni/目录下的源码就是专门用来对接 Framework 层的 JNI 实现的。

看一下 Binder.java 的实现就会发现，这里面有不少的方法都是用 `native` 关键字修饰的，并且没有方法实现体，这些方法其实都是在 C++ 中实现的：

```
// Binder.java
public static final native int getCallingPid();
```

```
public static final native int getCallingUid();

public static final native long clearCallingIdentity();

public static final native void restoreCallingIdentity(long token);

public static final native void setThreadStrictModePolicy(int policyMask);

public static final native int getThreadStrictModePolicy();

public static final native void flushPendingCommands();

public static final native void joinThreadPool();
```

在 android_util_Binder.cpp 文件中的下面这段代码，设定了 Java 方法与 C++ 方法的对应关系：

```
// android_util_Binder.cpp
static const JNINativeMethod gBinderMethods[] = {
    { "getCallingPid", "()I", (void*)android_os_Binder_getCallingPid },
    { "getCallingUid", "()I", (void*)android_os_Binder_getCallingUid },
    { "clearCallingIdentity", "()J",
      (void*)android_os_Binder_clearCallingIdentity },
    { "restoreCallingIdentity", "(J)V",
      (void*)android_os_Binder_restoreCallingIdentity },
    { "setThreadStrictModePolicy", "(I)V",
      (void*)android_os_Binder_setThreadStrictModePolicy },
    { "getThreadStrictModePolicy", "()I",
      (void*)android_os_Binder_getThreadStrictModePolicy },
    { "flushPendingCommands", "()V",
      (void*)android_os_Binder_flushPendingCommands },
    { "init", "()V", (void*)android_os_Binder_init },
    { "destroy", "()V", (void*)android_os_Binder_destroy },
    { "blockUntilThreadAvailable", "()V",
      (void*)android_os_Binder_blockUntilThreadAvailable }
};
```

这种对应关系意味着：当 Binder.java 中的 getCallingPid 方法被调用的时候，真正的实现其实是 android_os_Binder_getCallingPid，当 getCallingUid 方法被调用的时候，

真正的实现其实是 android_os_Binder_getCallingUid，其他类同。

然后我们再看一下 android_os_Binder_getCallingPid 方法的实现就会发现，这里其实就是对接到了 libbinder 中了：

```
// android_util_Binder.cpp
static jint android_os_Binder_getCallingPid(JNIEnv* env, jobject clazz)
{
    return IPCThreadState::self()->getCallingPid();
}
```

这里看到了 Java 端的代码是如何调用的 libbinder 中的 C++方法的。那么，相反的方向是如何调用的呢？最关键的，libbinder 中的 BBinder::onTransact 是如何能够调用到 Java 中的 Binder::onTransact 的呢？

这段逻辑就是 android_util_Binder.cpp 中 JavaBBinder::onTransact 中处理的了。JavaBBinder 是 BBinder 子类，其类结构如图 1-17 所示。

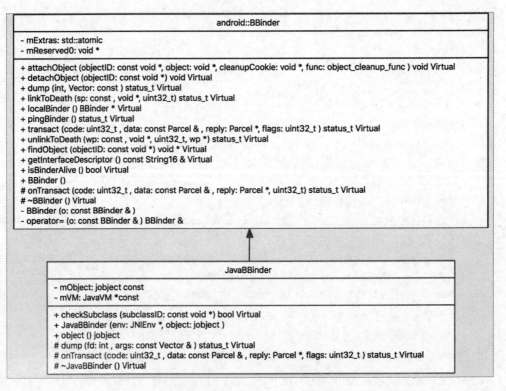

图 1-17　BBinder 与 JavaBBinder 类图

JavaBBinder::onTransact 的关键代码如下：

```cpp
// android_util_Binder.cpp
virtual status_t onTransact(
    uint32_t code, const Parcel& data, Parcel* reply, uint32_t flags = 0)
{
    JNIEnv* env = javavm_to_jnienv(mVM);

    IPCThreadState* thread_state = IPCThreadState::self();
    const int32_t strict_policy_before = thread_state->getStrictModePolicy();

    jboolean res = env->CallBooleanMethod(mObject, gBinderOffsets.mExecTransact,
        code, reinterpret_cast<jlong>(&data), reinterpret_cast<jlong> (reply), flags);
    ...
}
```

请注意这段代码中的这一行：

```cpp
jboolean res = env->CallBooleanMethod(mObject, gBinderOffsets.mExecTransact,
  code, reinterpret_cast<jlong>(&data), reinterpret_cast<jlong>(reply), flags);
```

这一行代码其实是在调用 mObject 上 offset 为 mExecTransact 的方法。这里的几个参数说明如下：

- mObject 指向了 Java 端的 Binder 对象；
- gBinderOffsets.mExecTransact 指向了 Binder 类的 execTransact 方法；
- data 调用 execTransact 方法的参数；
- code、data、reply、flags 都是传递给调用方法 execTransact 的参数。

这样就在 C++层的 JavaBBinder::onTransact 中调用了 Java 层 Binder::execTransact 方法。而在 Binder::execTransact 方法中，调用了自身的 onTransact 方法，由此保证整个过程串联了起来：

```java
// Binder.java
private boolean execTransact(int code, long dataObj, long replyObj,
        int flags) {
    Parcel data = Parcel.obtain(dataObj);
    Parcel reply = Parcel.obtain(replyObj);
    boolean res;
```

```
    try {
        res = onTransact(code, data, reply, flags);
    } catch (RemoteException|RuntimeException e) {
        if (LOG_RUNTIME_EXCEPTION) {
            Log.w(TAG, "Caught a RuntimeException from the binder stub
implementation.", e);
        }
        if ((flags & FLAG_ONEWAY) != 0) {
            if (e instanceof RemoteException) {
                Log.w(TAG, "Binder call failed.", e);
            } else {
                Log.w(TAG, "Caught a RuntimeException from the binder stub
implementation.", e);
            }
        } else {
            reply.setDataPosition(0);
            reply.writeException(e);
        }
        res = true;
    } catch (OutOfMemoryError e) {
        RuntimeException re = new RuntimeException("Out of memory", e);
        reply.setDataPosition(0);
        reply.writeException(re);
        res = true;
    }
    checkParcel(this, code, reply, "Unreasonably large binder reply buffer");
    reply.recycle();
    data.recycle();

    StrictMode.clearGatheredViolations();

    return res;
}
```

Java Binder 服务举例

和 C++层一样，这里我们还是通过一个具体的实例来看一下 Java 层的 Binder 服务是如何实现的。

　　图 1-18 是 ActivityManager 实现的类图，ActivityManager 名称看起来是专门管理 Activity 的，但实际上，这个服务管理了 Android 系统的所有四大组件：Activity、Service、BroadcastReceiver 和 ContentProvider。因此，说 ActivityManagerService 是 Android 系统中最重要的系统服务都不为过。在后文中，我们会详细讲解 ActivityManagerService，这里我们先对它有一个初步的认识。

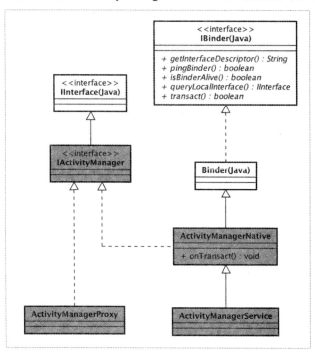

图 1-18　ActivityManager 实现结构

　　下面是上图中几个类的说明，如表 1-12 所示。

表 1-12　类及说明

类　　名	说　　明
IActivityManager	Binder 服务的公共接口
ActivityManagerProxy	供客户端调用的远程接口
ActivityManagerNative	Binder 服务实现的基类
ActivityManagerService	Binder 服务的真正实现

　　看过 Binder C++ 层实现之后，对于这个结构应该也是很容易理解的，组织结构和 C++ 层服务的实现是一模一样的。

　　对于 Android 应用程序的开发者来说，我们不会直接接触到上图中的几个类，而是使用

android.app.ActivityManager 中的接口。

这里我们就来看一下，android.app.ActivityManager 中的接口与上图的实现是什么关系。我们选取其中的一个方法来看一下：

```java
// ActivityManager.java
public void getMemoryInfo(MemoryInfo outInfo) {
  try {
    ActivityManagerNative.getDefault().getMemoryInfo(outInfo);
  } catch (RemoteException e) {
    throw e.rethrowFromSystemServer();
  }
}
```

这个方法的实现调用了 ActivityManagerNative.getDefault() 中的方法，因此我们在来看一下 ActivityManage 返回到到底是什么。

```java
// ActivityManagerNative.java
static public IActivityManager getDefault() {
  return gDefault.get();
}

private static final Singleton<IActivityManager> gDefault = new
Singleton<IActivityManager>() {
  protected IActivityManager create() {
    IBinder b = ServiceManager.getService("activity");
    if (false) {
      Log.v("ActivityManager", "default service binder = " + b);
    }
    IActivityManager am = asInterface(b);
    if (false) {
      Log.v("ActivityManager", "default service = " + am);
    }
    return am;
  }
};
```

从这段代码中我们看到，这里其实是先通过 IBinder b=ServiceManager.getService("activity")
获取 ActivityManager 的 Binder 对象（"activity" 是 ActivityManagerService 的 Binder 服务标识）

的，接着我们再来看一下 `asInterface(b)` 的实现：

```
// ActivityManagerNative.java
static public IActivityManager asInterface(IBinder obj) {
  if (obj == null) {
    return null;
  }
  IActivityManager in =
    (IActivityManager)obj.queryLocalInterface(descriptor);
  if (in != null) {
    return in;
  }

  return new ActivityManagerProxy(obj);
}
```

这里应该比较明白了：首先通过 `queryLocalInterface` 确定有没有本地 Binder，如果有则直接返回，否则创建一个 `ActivityManagerProxy` 对象。很显然，假设在 ActivityManagerService 所在的进程中调用这个方法，那么 `queryLocalInterface` 将直接返回本地 Binder，而假设在其他进程中调用，这个方法将返回空，由此导致其他调用获取到的对象其实就是 ActivityManagerProxy。而在拿到 ActivityManagerProxy 对象之后再调用其方法所走的路线读者应该也能明白了：那就是通过 Binder 驱动跨进程调用 ActivityManagerService 中的方法。

这里的 asInterface 方法的实现会让我们觉得似曾相识。是的，因为这里的实现方式和 C++ 层的实现是一样的模式。

Java 层的 ServiceManager
源码路径：

```
frameworks/base/core/java/android/os/IServiceManager.java
frameworks/base/core/java/android/os/ServiceManager.java
frameworks/base/core/java/android/os/ServiceManagerNative.java
frameworks/base/core/java/com/android/internal/os/BinderInternal.java
frameworks/base/core/jni/android_util_Binder.cpp
```

有 Java 端的 Binder 服务，自然也少不了 Java 端的 ServiceManager。Java 端的 ServiceManager 的结构如图 1-19 所示。

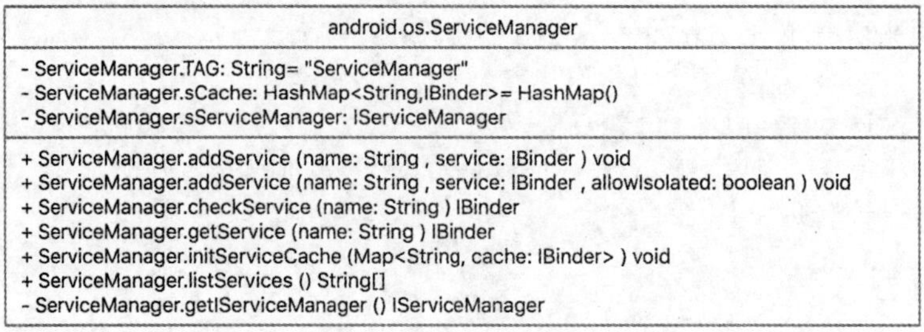

图 1-19　Java 端的 ServiceManager

然后我们再选取 addService 方法看一下实现：

```java
// ServiceManager.java
public static void addService(String name, IBinder service, boolean allowIsolated) {
    try {
        getIServiceManager().addService(name, service, allowIsolated);
    } catch (RemoteException e) {
        Log.e(TAG, "error in addService", e);
    }
}


    private static IServiceManager getIServiceManager() {
    if (sServiceManager != null) {
        return sServiceManager;
    }


    // Find the service manager
    sServiceManager = ServiceManagerNative.asInterface(BinderInternal.
    getContextObject());
    return sServiceManager;
}
```

很显然，在这段代码中，最关键就是下面这个调用：

```java
ServiceManagerNative.asInterface(BinderInternal.getContextObject());
```

然后我们需要再看一下 BinderInternal.getContextObject()和 ServiceManagerNative.asInterface 两个方法。

BinderInternal.getContextObject()是一个 JNI 方法，其实现代码在 android_util_Binder.cpp 中：

```
// android_util_Binder.cpp
static jobject android_os_BinderInternal_getContextObject(JNIEnv* env, jobject clazz)
{
    sp<IBinder> b = ProcessState::self()->getContextObject(NULL);
    return javaObjectForIBinder(env, b);
}
```

而 ServiceManagerNative.asInterface 的实现和其他的 Binder 服务是一样的套路:

```
// ServiceManagerNative.java
static public IServiceManager asInterface(IBinder obj)
{
    if (obj == null) {
        return null;
    }
    IServiceManager in =
        (IServiceManager)obj.queryLocalInterface(descriptor);
    if (in != null) {
        return in;
    }

    return new ServiceManagerProxy(obj);
}
```

先通过 queryLocalInterface 查看能不能获得本地 Binder, 如果无法获取, 则创建并返回 ServiceManagerProxy 对象。

而 ServiceManagerProxy 自然也是和其他 Binder Proxy 一样的实现套路:

```
// ServiceManagerNative.java
public void addService(String name, IBinder service, boolean allowIsolated)
        throws RemoteException {
    Parcel data = Parcel.obtain();
    Parcel reply = Parcel.obtain();
    data.writeInterfaceToken(IServiceManager.descriptor);
    data.writeString(name);
    data.writeStrongBinder(service);
    data.writeInt(allowIsolated ? 1 : 0);
    mRemote.transact(ADD_SERVICE_TRANSACTION, data, reply, 0);
    reply.recycle();
```

```
    data.recycle();
}
```

有了上文的讲解，这段代码应该比较容易理解了。

关于 AIDL

作为 Binder 机制的最后一个部分内容，下面讲解一下开发者经常使用的 AIDL 机制是怎么回事。

AIDL 的全称是 Android Interface Definition Language，它是 Android SDK 提供的一种机制。借助这个机制，应用可以提供跨进程的服务供其他应用使用。AIDL 的详细说明可以参见官方开发文档：https://developer.android.com/guide/components/aidl.html。

开发一个基于 AIDL 的 Service 需要三个步骤：

（1）定义一个.aidl 文件。

（2）实现接口。

（3）暴露接口给客户端使用。

.aidl 文件使用 Java 语言的语法来定义，每个.aidl 文件只能包含一个 interface，并且要包含 interface 的所有方法声明。

下面是一个.aidl 文件的示例：

```
// IRemoteService.aidl
package com.example.android;

// Declare any non-default types here with import statements

/** Example service interface */
interface IRemoteService {
    /** Request the process ID of this service, to do evil things with it. */
    int getPid();

    /** Demonstrates some basic types that you can use as parameters
     * and return values in AIDL.
     */
    void basicTypes(int anInt, long aLong, boolean aBoolean, float aFloat,
            double aDouble, String aString);
}
```

这个文件中包含了两个接口：

- getPid，一个无参的接口，返回值类型为 int；
- basicTypes，包含了几个基本类型作为参数的接口，无返回值。

对于包含.aidl 文件的工程，Android IDE（以前是 Eclipse，现在是 Android Studio）在编译项目的时候，会为.aidl 文件生成对应的 Java 文件。

针对上面这个.aidl 文件生成的 Java 文件中包含的结构如图 1-20 所示。

图 1-20　AIDL 生成的 Java 结构

在这个生成的 Java 文件中，包括：

- 一个名称为 IRemoteService 的 interface，该 interface 继承自 android.os.IInterface 并且包含了我们在.aidl 文件中声明的接口方法；
- IRemoteService 中包含了一个名称为 Stub 的静态内部类，这个类是一个抽象类，它继承自 android.os.Binder 并且实现了 IRemoteService 接口。这个类中包含了一个 onTransact 方法；
- Stub 内部又包含了一个名称为 Proxy 的静态内部类，Proxy 类同样实现了 IRemoteService 接口。仔细看一下 Stub 类和 Proxy 两个中包含的方法，是不是觉得很熟悉？是的，这里和前面介绍的服务实现是一样的模式。这里我们列一下各层几个类的对应关系：

C++	Java 层	AIDL
BpXXX	XXXProxy	IXXX.Stub.Proxy
BnXXX	XXXNative	IXXX.Stub

为了整个结构的完整性，最后我们还是来看一下生成的 Stub 和 Proxy 类中的实现逻辑。

Stub 是提供给开发者实现业务的父类，而 Proxy 实现了对外提供的接口。Stub 和 Proxy 两个类都有一个 asBinder 的方法。

Stub 类中的 asBinder 实现就是返回自身对象：

```
@Override
public android.os.IBinder asBinder() {
    return this;
}
```

而 Proxy 中 asBinder 的实现是返回构造函数中获取的 mRemote 对象，相关代码如下：

```
private android.os.IBinder mRemote;

Proxy(android.os.IBinder remote) {
    mRemote = remote;
}

@Override
public android.os.IBinder asBinder() {
    return mRemote;
}
```

而这里的 mRemote 对象其实就是远程服务在当前进程的标识。

上文我们说了，Stub 类是用来提供给开发者实现业务逻辑的父类，开发者者继承自 Stub，然后完成自己的业务逻辑实现，例如这样：

```
private final IRemoteService.Stub mBinder = new IRemoteService.Stub() {
    public int getPid(){
        return Process.myPid();
    }
    public void basicTypes(int anInt, long aLong, boolean aBoolean,
        float aFloat, double aDouble, String aString) {
        // Does something
    }
};
```

而这个 Proxy 类，就是用来给调用者使用的对外接口。我们可以看一下 Proxy 中的接口到底是如何实现的：

Proxy 中 getPid 方法实现如下所示。

```
@Override
public int getPid() throws android.os.RemoteException {
    android.os.Parcel _data = android.os.Parcel.obtain();
    android.os.Parcel _reply = android.os.Parcel.obtain();
    int _result;
    try {
        _data.writeInterfaceToken(DESCRIPTOR);
        mRemote.transact(Stub.TRANSACTION_getPid, _data, _reply, 0);
        _reply.readException();
        _result = _reply.readInt();
    } finally {
        _reply.recycle();
        _data.recycle();
    }
    return _result;
}
```

这里就是通过 Parcel 对象以及 transact 调用对应远程服务的接口。而在 Stub 类中，生成的 onTransact 方法对应地处理了这里的请求：

```
@Override
public boolean onTransact(int code, android.os.Parcel data, android.os.Parcel
reply, int flags)
        throws android.os.RemoteException {
    switch (code) {
    case INTERFACE_TRANSACTION: {
        reply.writeString(DESCRIPTOR);
        return true;
    }
    case TRANSACTION_getPid: {
        data.enforceInterface(DESCRIPTOR);
        int _result = this.getPid();
        reply.writeNoException();
        reply.writeInt(_result);
        return true;
```

```
    }
    case TRANSACTION_basicTypes: {
        data.enforceInterface(DESCRIPTOR);
        int _arg0;
        _arg0 = data.readInt();
        long _arg1;
        _arg1 = data.readLong();
        boolean _arg2;
        _arg2 = (0 != data.readInt());
        float _arg3;
        _arg3 = data.readFloat();
        double _arg4;
        _arg4 = data.readDouble();
        java.lang.String _arg5;
        _arg5 = data.readString();
        this.basicTypes(_arg0, _arg1, _arg2, _arg3, _arg4, _arg5);
        reply.writeNoException();
        return true;
    }
    }
    return super.onTransact(code, data, reply, flags);
}
```

onTransact 所要做的就是：

（1）根据 code 区分请求的是哪个接口。

（2）通过 data 来获取请求的参数。

（3）调用由子类实现的抽象方法。

有了前文的讲解，对于这部分内容应当不难理解了。

到这里，我们终于讲解完 Binder 了。

恭喜你，已经掌握了 Android 系统最复杂的模块的其中之一。

1.3.6　参考资料与推荐读物

- https://www.nds.rub.de/media/attachments/files/2012/03/binder.pdf
- https://developer.android.com/guide/components/aidl.html

- http://blog.csdn.net/universus/article/details/6211589
- http://gityuan.com/2015/10/31/binder-prepare/
- http://gityuan.com/2016/09/04/binder-start-service/
- http://blog.csdn.net/xiaojsj111/article/details/31422175
- http://wangkuiwu.github.io/2014/09/01/Binder-Introduce/
- http://light3moon.com/2015/01/28/Android%20Binder%20 分析——内存管理/

第 2 章
Android 系统中的进程管理

应用程序在运行时都是以进程的形式存在的。对于操作系统而言,进程管理是其最重要的职责之一。

本章我们将详细讲解 Android 系统中的进程管理。了解这些内容,对于在 Android 平台上进行应用程序开发,以及对 Android 系统的运行机制的理解都是很有意义的。

2.1 关于进程

在 Android 系统中,进程可以大致分为系统进程和应用进程两大类。

系统进程是系统内置的,属于操作系统必不可少的一部分。系统进程的作用在于:

- 管理硬件设备资源;
- 提供访问硬件设备的能力;
- 管理应用进程。

应用进程是指应用程序运行的进程。应用程序可能是系统出厂自带的(例如,Launcher、电话、短信等应用),也可能是用户自己安装的(例如,淘宝、微信、支付宝等)。

许多系统进程是常驻内存的,从系统启动完成之后就一直存在。系统进程的异常死亡将导致系统的某个功能无法正常运转。而应用程序和应用进程在每个人的设备上是不一样的。有些人安装了很多的社交软件,有些人安装了很多的游戏软件,等等。如何管理好这些不确定的应用程序，便是系统进程的职责之一。

2.2　系统进程与应用进程

通过 adb shell 连上设备终端之后，再通过 ps 命令便可以列出系统中运行的进程，其输出可能看起来像下面这样：

```
USER         PID   PPID VSIZE      RSS   WCHAN      PC NAME
root         1     0    10252      1604  SyS_epoll_ 00004ccce4 S /init
logd         339   1    20996      6964  sigsuspend 7b19f8acbc S /system/bin/logd
root         357   1    5480       1592  __skb_recv 00ee9c93f8 S /system/bin/debuggerd
root         358   1    10324      2052  __skb_recv 7658d49a94 S /system/bin/debuggerd64
root         359   1    53296      3924  hrtimer_na 7960fd14e4 S /system/bin/vold
root         388   1    8972       1948  SyS_epoll_ 73b2479af4 S /system/bin/lmkd
system       389   1    9196       2024  binder_thr 7145e9fbe4 S /system/bin/servicemanager
system       390   1    233500     22916 SyS_epoll_ 772b8a8af4 S /system/bin/surfaceflinger
root         526   1    2104356    88436 poll_sched 72972eec14 S zygote64
root         527   1    1548552    75592 poll_sched 00f0dce684 S zygote
audioserver  529   1    53412      10140 binder_thr 00e841b5dc S /system/bin/audioserver
cameraserver 530   1    15900      5096  binder_thr 00f44705dc S /system/bin/cameraserver
drm          532   1    14040      4488  binder_thr 00f4a0c5dc S /system/bin/drmserver
root         533   1    9768       2440  unix_strea 746173a5ec S /system/bin/installd
keystore     534   1    13168      3252  binder_thr 7d3cf4abe4 S /system/bin/keystore
media        537   1    17744      5724  binder_thr 00edac85dc S /system/bin/mediadrmserver
media        540   1    43256      6964  binder_thr 00e946a5dc S /system/bin/mediaserver
root         541   1    26892      3412  binder_thr 7e1c41fbe4 S /system/bin/netd
system       548   1    13668      3124  binder_thr 76f134cbe4 S /system/bin/
system       1889  526  2359904    143464 SyS_epoll_ 72972eeaf4 S system_server
bluetooth    2244  527  1011004    52304 SyS_epoll_ 00f0dce498 S com.android.bluetooth
u0_a44       2258  526  1535080    60152 SyS_epoll_ 72972eeaf4 S com.android.inputmethod.latin
u0_a23       2265  526  1613172    149840 SyS_epoll_ 72972eeaf4 S com.android.systemui
media_rw     2284  359  13908      2328  inotify_re 7bae4105ec S /system/bin/sdcard
radio        2495  526  1561548    68368 SyS_epoll_ 72972eeaf4 S com.android.phone
system       2543  526  1601404    94444 SyS_epoll_ 72972eeaf4 S com.android.settings
u0_a4        2612  526  1522828    50984 SyS_epoll_ 72972eeaf4 S com.android.cellbroadcastreceiver
u0_a2        2695  526  1524852    54088 SyS_epoll_ 72972eeaf4 S com.android.providers.calendar
nfc          2724  526  1544440    56688 SyS_epoll_ 72972eeaf4 S com.android.nfc
```

```
u0_a53      2743  526  1524796   51208 SyS_epoll_ 72972eeaf4 S com.android.printspooler
...
```

这个输出中包含了很多列，这些列说明如下。

- **USER**：进程所属的用户。
- **PID**：进程的 pid。
- **PPID**：当前进程父进程的 pid。
- **VSIZE**：Virtual Size，进程的虚拟地址空间。
- **RSS**：Resident Set Size，进程在内存中占有的空间。
- **WCHAN**：进程休眠的内核函数。
- **PC**：Program counter，程序计数器地址。
- **NAME**：进程的名称。

这里我们主要关注的是第一列和最后一列。

第一列名称是"USER"，表示该进程所属的用户。Android 是基于 Linux 开发的操作系统，对于进程的管理，自然离不开 Linux 本身的机制。这里的 USER 实际上是进程的 uid，Android 系统利用了 Linux 的 uid 进行进程身份的标识，进而进行权限的控制。上面输出的列表中，USER 主要有以下两种形式。

- 第一种：USER 名称是 u0_a*xx* 形式，这些进程都是应用进程。
- 第二种：USER 是一些特殊的名称的，例如，root、system、radio、audioserver 等。这些进程大部分都是系统进程，例如，system_server、/system/bin/netd 等。但也有例外，例如 com.android.systemui 进程的 USER 是 system，com.android.phone 进程的 USER 是 radio。这些进程虽然拥有特定的系统权限，但由于其仍然是由 APK 应用程序而产生的，因此在本书中我们认为这些进程也是应用进程（实际上，这些都是拥有系统权限的应用程序）。

注：这里提到的"用户"和第 7 章所讲解的 Android 系统上的多"用户"不是一个概念。

接下来再看最后一列，这一列是进程的名称，对于很多进程来说，同时也是其可执行程序的路径，例如，/system/bin/logd、/system/bin/mediaserver。而对于应用进程来说，进程名称是其 APK 的包名，例如，com.android.systemui、com.android.phone。

注：进程名称默认是其 APK 的包名，开发者可以通过 AndroidManifest.xml 来改变应用程序的进程名称。

2.2.1　init 进程与 init 语言

上文我们提到，有些系统进程是随着系统开机就被启动然后一直常驻内存的。那么，系统是如何启动这些进程并保证它们常驻的呢？这一切就源于 init 进程。

init 进程是一切的开始，在 Android 系统中，所有进程的 pid 都是不确定的，唯独 init 进程的 pid 一定是 1。因为这个进程是系统启动起来的第一个进程。并且，init 进程掌控了整个系统的启动流程。

我们知道，Android 可能运行在各种不同的平台上及不同的设备上。因此，启动的逻辑是不尽相同的。为了适应各种平台和设备的需求，init 进程的初始化工作通过 **init.rc** 配置文件来管理。init.rc 使用一种称之为 Android Init Language 的语言作为语法来配置。下面我们简称 Android Init Language 为 init 语言。

配置文件的主入口文件是/init.rc，这个文件会通过 import 关键字引入其他的配置文件。在这里，我们统称这些文件为 init.rc。

/init.rc 可能 import 以下路径中的.rc 文件：

- **/init.${ro.hardware}.rc** 硬件厂商提供的主配置文件；
- **/system/etc/init/**核心系统模块的配置文件；
- **/vendor/etc/init/**SoC 厂商提供的配置文件；
- **/odm/etc/init/**设备制造商提供的配置文件。很显然，这种做法使得这些厂商和制造商可以定制系统的启动内容。

init 语法说明

init 语言以换行为语句分隔，以空格来为符号分隔，以"#"为注释开始。配置文件中支持以下五种类型的表达式。

- Action：Action 中包含了一系列的 Command。
- Command：init 语言中的命令。
- Service：由 init 进程启动的服务。
- Option：对服务的配置选项。
- Import：引入其他配置文件。

其中，Action 和 Service 需要保证名称唯一。

➢ Action 与 Command

Action 表达式的语法如下：

```
on <trigger> [&& <trigger>]*
   <command>
   <command>
   <command>
```

这里的 Trigger 是 Action 执行的触发器，当触发器条件满足时，command 会被执行。触发器有如下两类。

（1）事件触发器：当指定的事件发生时触发。事件可能由"trigger"命令发出，也可能是 init 进程通过 QueueEventTrigger() 函数发出的。

（2）属性触发器：当指定的属性满足某个值时触发。

一个 Action 可以有多个属性触发器，但是只能包含一个事件触发器。下面是一些例子：

- on boot&&property:a=b 表示在"boot"事件发生，并且属性 a 的值是 b 时触发。
- on property:a=b&&property:c=d 表示在属性 a 的值是 b，并且属性 c 的值是 d 时触发。

Action 中的 Command 是 init 语言定义的命令，所有支持的命令如表 2-1 所示。

表 2-1　命令详解

命　　令	参 数 格 式	说　　明
bootchart_init	-	启动 bootchart
chmod	octal-mode path	改变文件的访问权限
chown	owner group path	改变文件的拥有者和组
class_start	serviceclass	启动指定类别的服务
class_stop	serviceclass	停止并"disable"指定类别的服务
class_reset	serviceclass	停止指定类别的服务，但是不"disable"它们
copy	src dst	复制文件
domainname	name	设置域名
enable	servicename	enable 一个被 disable 的服务
exec	[seclabel[user[group]]] -- command [argument]*	fork 一个子进程来执行指定的命令
export	name value	导出环境变量
hostname	name	设置 host 名称
ifup	iterface	使网卡在线
insmod	path	安装指定路径的模块

续表

命　　令	参 数 格 式	说　　明
load_all_props	-	从/system、/vendor 等路径载入属性
load_persist_props	-	载入持久化的属性
loglevel	level	设置内核的日志级别
mkdir	path[mode][owner][group]	创建目录
mount_all	fstab[path]*[--option]	挂载文件系统并且导入指定的.rc 文件
mount	typedevicedir[flag]*[options]	挂载一个文件系统
powerctl	-	内部实现使用
restart	service	重启服务
restorecon	path[path]*	设定文件的安全上下文
restorecon_recursive	path[path]*	restorecon 的递归版本
rm	path	对于指定路径调用 unlink(2)
rmdir	path	删除文件夹
setprop	namevalue	设置属性值
setrlimit	resourcecurmax	指定资源的 rlimit
start	service	启动服务
stop	service	停止服务
swapon_all	fstab	在指定文件上调用 fs_mgr_swapon_all
symlink	targetpath	创建符号链接
sysclktz	mins_west_of_gmt	指定系统时钟基准
trigger	event	触发一个事件
umount	path	unmount 指定的文件系统
verity_load_state	-	内部实现使用
verity_update_state	mount_point	内部实现使用
wait	path[timeout]	等待某个文件存在直到超时，若存在则直接返回
write	pathcontent	写入内容到指定文件

➢　Service 与 Option

Service 是 init 进程启动的可执行程序。Service 可以选择在自己退出之后，由 init 将其重启。因此，系统进程的常驻，就是通过这个机制来保证的（实际上，对于常驻的系统进程来说，它们通常都是不会退出的）。

Service 表达式的语法如下：

```
service <name> <pathname> [ <argument> ]*
    <option>
    <option>
```

Option 是对服务的修饰，它们影响着 init 进程如何以及何时启动服务。所有支持的 Option 如表 2-2 所示。

表 2-2　参数详解

Option	参 数 格 式	说　　明
critical	-	标识为系统关键服务，该服务 若退出多次将导致系统重启到 recovery 模式
disabled	-	不会随着类别自动启动，必须明确 start
setenv	name value	为启动的进程设置环境变量
socket	nametypeperm[user[group[seclabel]]]	创建 UNIX Domain Socket
user	username	在执行服务之前切换用户
group	groupname[groupname]*	在执行执行之前切换组
seclabel	seclabel	在执行服务之前切换 seclabel
oneshot	-	一次性服务，死亡之后不用重启
class	name	指定服务的类别
onrestart	-	当服务重启时执行指定命令
writepid	file…	写入子进程的 pid 到指定文件

> ➢ import

import 是一个关键字，而不是一个命令。可以在.rc 文件中通过这个关键字来加载其他的.rc 文件。它的语法很简单：

```
import path
```

path 可以是另外一个.rc 文件，也可以是一个文件夹。如果是文件夹，那么这个文件夹下面的所有文件都会被导入，但是它不会循环加载子目录中的文件。

init.rc 代码实例

AOSP 中包含了 Android 系统需要的最基本的.rc 文件，它们位于以下路径：

```
/system/core/rootdir/
```

我们选取其中了一两个代码片段来熟悉一下 init 语言：

```
# /system/core/rootdir/init.rc

import /init.environ.rc
import /init.usb.rc
import /init.${ro.hardware}.rc
import /init.usb.configfs.rc
import /init.${ro.zygote}.rc

on early-init
    # Set init and its forked children's oom_adj.
    write /proc/1/oom_score_adj -1000

    # Disable sysrq from keyboard
    write /proc/sys/kernel/sysrq 0

    # Set the security context of /adb_keys if present.
    restorecon /adb_keys

    # Shouldn't be necessary, but sdcard won't start without it. http://b/22568628.
    mkdir /mnt 0775 root system

    # Set the security context of /postinstall if present.
    restorecon /postinstall

    start ueventd

on init
    sysclktz 0

    # Mix device-specific information into the entropy pool
    copy /proc/cmdline /dev/urandom
    copy /default.prop /dev/urandom

    # Backward compatibility.
```

```
    symlink /system/etc /etc
    symlink /sys/kernel/debug /d

    # Link /vendor to /system/vendor for devices without a vendor partition.
    symlink /system/vendor /vendor
...
```

这是根目录/init.rc 文件中一开始的代码片段。有了前面的讲解之后，这段代码还是比较好理解的。在这段代码中：

- 通过 import 关键字引入了其他几个.rc 文件；
- 设定了一个事件为 early-init 的 Action；
- 设定了一个事件 init 的 Action。

"eraly-init"和"init"这两个事件都是由 init 进程发出的。下面，我们再来看另外一个代码片段：

```
# /system/core/rootdir/init.zygote32.rc

service zygote /system/bin/app_process -Xzygote /system/bin --zygote
--start-system-server
    class main
    socket zygote stream 660 root system
    onrestart write /sys/android_power/request_state wake
    onrestart write /sys/power/state on
    onrestart restart audioserver
    onrestart restart cameraserver
    onrestart restart media
    onrestart restart netd
    writepid /dev/cpuset/foreground/tasks
```

这段代码定义了一个名称为 zygote 的 Service，这个服务是通过可执行命令/system/bin/app_process 启动的，启动的时候传递了参数：-Xzygote/system/bin --zygote --start-system-server。

zygote 是 Android 系统中一个非常重要的服务，**zygote** 是"受精卵"的意思。这是一个很有寓意的名称，因为所有的应用进程都是由 zygote fork 出来的子进程，因此 **zygote 进程是所有应用进程的父进程**。

下面我们就来详细了解一下 app_process 与 zygote。

2.2.2　Zygote 进程

源码路径：

```
frameworks/base/cmds/app_process
frameworks/base/core/java/com/android/internal/os/ZygoteInit.java
```

让我们重新回忆一下.rc 文件中 zygote 服务的配置：

```
service zygote /system/bin/app_process -Xzygote /system/bin --zygote
--start-system-server
```

这段代码调用了 app_process 可执行文件并且传递了一些参数。要知道这段配置的详细逻辑，我们需要看一下 app process 的源码。app_process 的 main 函数代码如下：

```
// app_main.cpp
int main(int argc, char* const argv[])
{
...
   while (i < argc) {
       const char* arg = argv[i++];
       if (strcmp(arg, "--zygote") == 0) {
          zygote = true;
          niceName = ZYGOTE_NICE_NAME;
       } else if (strcmp(arg, "--start-system-server") == 0) {
          startSystemServer = true;
       ...
   }
   ...
   if (!className.isEmpty()) {
      ...
   } else {
      ...

      if (startSystemServer) {
         args.add(String8("start-system-server"));
      }
   }
```

```
...
  if (zygote) {
    runtime.start("com.android.internal.os.ZygoteInit", args, zygote);
  } else if (className) {
    runtime.start("com.android.internal.os.RuntimeInit", args, zygote);
  } else {
    fprintf(stderr, "Error: no class name or --zygote supplied.\n");
    app_usage();
    LOG_ALWAYS_FATAL("app_process: no class name or --zygote supplied.");
    return 10;
  }
}
```

这里会判断：

- 如果执行这个命令时带了--zygote 参数，就会通过 runtime.start 启动 com.android.internal. os.ZygoteInit。

- 如果参数中带有--start-system-server 参数，就会将 start-system-server 添加到 args 中。

这段代码是 C++实现的。在执行这段代码的时候还没有任何 Java 的环境。而 runtime.start 就是启动 Java 虚拟机，并在虚拟机中启动指定的类。于是接下来的逻辑就在 ZygoteInit.java 中了，这个文件的 main 函数主要代码如下：

```
// ZygoteInit.java
public static void main(String argv[]) {
  ...

  try {
    ...

    boolean startSystemServer = false;
    String socketName = "zygote";
    String abiList = null;
    for (int i = 1; i < argv.length; i++) {
      if ("start-system-server".equals(argv[i])) {
        startSystemServer = true;
      } else if (argv[i].startsWith(ABI_LIST_ARG)) {
        ...
```

```
            }
        }
        ...
        registerZygoteSocket(socketName); ①
        ...
        preload(); ②
        ...
        Zygote.nativeUnmountStorageOnInit();

        ZygoteHooks.stopZygoteNoThreadCreation();

        if (startSystemServer) {
            startSystemServer(abiList, socketName); ③
        }

        Log.i(TAG, "Accepting command socket connections");
        runSelectLoop(abiList); ④

        closeServerSocket();
    } catch (MethodAndArgsCaller caller) {
        caller.run();
    } catch (RuntimeException ex) {
        Log.e(TAG, "Zygote died with exception", ex);
        closeServerSocket();
        throw ex;
    }
}
```

在这段代码中，我们主要关注这几个地方：

（1）通过 `registerZygoteSocket(socketName)` 注册 **Zygote Socket**。

（2）通过 `preload()` 预先加载所有应用都需要的公共资源。

（3）通过 `startSystemServer(abiList,socketName)` 启动 `system_server`。

（4）通过 `runSelectLoop(abiList)` 在 Looper 上等待连接。

这里需要说明的是：zygote 进程启动之后，会启动一个 socket 套接字，并通过 Looper 一直在这个套接字上等待连接。

所有应用程序的进程都是通过发送数据到这个套接字上，然后由 zygote 进程创建的。

这里还有一点说明的是：在 zygote 进程中，会通过 preload 函数加载需要应用程序需要的公共资源。预先加载这些公共资源有如下两个好处：

- **加快应用的启动速度**。因为这些资源已经在 zygote 进程启动的时候加载好了。
- **通过共享的方式节省内存**。这是 Linux 本身提供的机制：父进程已经加载的内容可以在子进程中进行共享，而不用复制多份数据（除非子进程对这些数据进行了修改）。

preload 的资源主要是 Framework 相关的一些基础类和 Resource 资源，而这些资源正是所有应用都需要的：因为开发者通过 Android SDK 开发应用所调用的 API 都在 Framework 中。

2.2.3　system_server 进程

上文已经提到，zygote 进程启动之后会根据需要启动 system_server 进程。而 system_server 将是我们要介绍的系统里面另一个非常重要的进程。因为 system_server 进程中包含了大量的系统服务。

在讲解 Binder 的时候，我们就见过 system_server 进程。我们当时提到过：Binder 机制以及 Android 系统都是 C/S 架构的，而实际上，system_server 就是 Android 系统架构中一个很重要的 Server。system_server 与普通的应用进程运行在不同的进程里面，应用进程调用的 API，很多都是通过 Binder 机制调用到 system_server 中对应的服务上的，这样做有如下好处：

- 应用进程的异常行为（例如，卡死、异常 crash）不会对 system_server 进程造成影响。
- 应用进程和 system_server 拥有各自的权限，普通应用由于权限受限，无法对系统造成破坏。
- system_server 中集中包含了大量的系统服务。将这些系统服务集中在一个进程中，既减少了系统中的进程数量，也节省了内存（每个空进程或多或少地都会占用一点内存资源）。

system_server 的源码路径如下：

```
frameworks/base/services/java/com/android/server/SystemServer.java
```

这个类中有三个方法各自启动了三种类别的服务：

- `startBootstrapServices` 启动引导类服务；
- `startCoreServices` 启动主要的核心服务；
- `startOtherServices` 启动其他的系统服务。这三个类别各自包含了下面这些服务。

注：不同的 Android 版本上，这些服务可能会发生变化。

- Bootstrap Service 服务及说明如表 2-3 所示。

表 2-3　Bootstrap Service 服务名称及说明

服 务 名 称	说　　明
Installer	应用安装服务
ActivityManagerService	应用组件及应用进程管理服务
PowerManagerService	电源管理服务
LightsService	设备灯服务：管理背光灯、键盘灯、通知灯等
DisplayManagerService	显示器管理服务
PackageManagerService	应用包管理服务
UserManagerService	多用户管理服务
SensorService	传感器服务

- Core Service 服务及说明如表 2-4 所示。

表 2-4　Core Service 服务名称及说明

服 务 名 称	说　　明
BatteryService	电池服务
UsageStatsService	设备使用统计信息服务
WebViewUpdateService	WebView 更新服务

- Other Service 中包含了非常多的服务，随着 Android 版本的升级，这里面的服务还在不断增加。这里我们就不全部列出了，表 2-5 列出了一些（笔者认为）相对来说比较重要的服务及说明。

表 2-5　Core Service 服务名称及说明

服 务 名 称	说　　明
SchedulingPolicyService	定时策略服务
CameraService	相机服务
AccountManagerService	账号管理服务
VibratorService	震动服务
NetworkManagementService	网络管理服务
NetworkStatsService	网络状态服务
ConnectivityService	连接性服务

续表

服 务 名 称	说　明
WindowManagerService	窗口管理服务
StatusBarManagerService	状态栏管理服务
AlarmManagerService	闹钟管理服务
InputManagerService	输入事件管理服务
VrManagerService	Vr 管理服务
LocationManagerService	定位管理服务

为了便于系统服务的开发，AOSP 中定义了 SystemService 类来供系统服务继承和开发，其类图如图 2-1 所示。

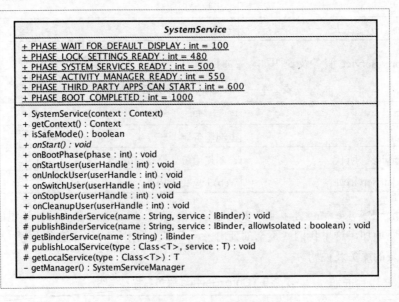

图 2-1　SystemService 类图

SystemService 类提供了系统服务生命周期的回调函数。

当服务初次启动时，onStart 会被调用，服务通常利用这个回调将自己注册到 Binder 上，以便接收 IPC 请求。由于系统启动是一个非常复杂的过程，这里面涉及很多服务和模块的初始化，并且它们之间还可能存在不同程度的依赖关系。因此在 AOSP 中，将系统启动定义成了不同的阶段，服务可以感知启动的阶段以确定自己需要处理的逻辑。系统启动的阶段通过下面这些常量来表达：

- **PHASE_WAIT_FOR_DEFAULT_DISPLAY** 等待默认显示器；

- **PHASE_LOCK_SETTINGS_READY** Lock Settings 就绪；
- **PHASE_SYSTEM_SERVICES_READY** 系统服务就绪；
- **PHASE_ACTIVITY_MANAGER_READY** ActivityManager 就绪；
- **PHASE_THIRD_PARTY_APPS_CAN_START** 第三方应用可以启动；
- **PHASE_BOOT_COMPLETED** 系统启动完成。

系统启动的每一个阶段，SystemService 的 `onBootPhase(int phase)` 都会被回调一次，但每次参数的值不一样。系统服务需要关注自己感兴趣的阶段，以便完成自己在这个阶段需要完成的启动逻辑。

2.3　应用进程的创建

本章前面的内容主要介绍了系统进程方面的一些知识，接下来我们将花更多的精力来了解应用进程。

system_server 中包含了大量的系统服务，我们很难一次性掌握它们。但随着本书内容的逐步展开，我们会尽可能地了解其中最重要的部分。本章是讲解进程管理的，因此我们就来讲解与进程管理相关的服务：**ActivityManagerService**。

ActivityManagerService，从名称上看，这个模块是专门管理 Activity 的。但实际上，它的职责远远超出其名称所代表的范畴，ActivityManagerService 负责了：

- 所有应用组件的生命周期管理；
- 所有应用进程的创建和销毁；
- 所有应用进程优先级的管理；
- 整个系统内存的管理；
- Back 栈与近期任务管理；
- 提供运行时状态查询和管理接口。

在真正接触 ActivityManagerService 之前，我们需要先对 Android 系统中的应用组件和进程模型做一个介绍。

2.3.1　关于应用组件

应用组件是 Android 应用程序的基本组成单元，在 Android 系统上，有四种类型的应用组件，分别是：Activity、Service、ContentProvider、BroadcastReceiver。本书的读者对它们应该是比较熟悉了，关于这四种应用组件我们就不多做介绍了。

在应用程序中，开发者通过：

- `startActivity(Intent intent)` 来启动 Activity；
- `startService(Intent service)` 来启动 Service；
- `sendBroadcast(Intent intent)` 来发送广播；
- `ContentResolver` 中的接口来使用 ContentProvider。

其中，`startActivity`、`startService` 和 `sendBroadcast` 还有一些重载方法。其实这里提到的所有这些方法，都是通过 Binder IPC 调用到 ActivityManagerService 中，并由 ActivityManagerService 进行处理的。这些方法的调用关系如图 2-2 所示。

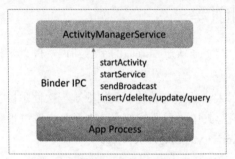

图 2-2　启动应用组件的 Binder 接口

2.3.2　进程与线程

当某个应用组件启动且该应用没有运行其他任何组件时，Android 系统便会为应用程序启动新的进程。默认情况下，同一应用的所有组件在相同的进程和线程（称为"主"线程）中运行。如果某个应用组件启动且该应用已存在进程（因为存在该应用的其他组件），则该组件会在此进程内启动并使用相同的执行线程。但是，可以安排应用中的其他组件在单独的进程中运行，并为任何进程创建额外的线程。

进程

默认情况下，同一应用的所有组件均在相同的进程中运行，且大多数应用都不会改变这一点。但是，如果发现需要控制某个组件所属的进程，则可在 AndroidManifest.xml 中执行此操作。

各类组件元素的 AndroidManifest.xml 条目——<activity>、<service>、<receiver> 和 <provider>——均支持 android:process 属性，此属性可以指定该组件应在哪个进程运行。可以设置此属性，使每个组件均在各自的进程中运行，或者使一些组件共享一个进程，而其他组件则不共享。此外，还可以设置 android:process，使不同应用的组件在相同的进程中运行，但前提是这些应用共享相同的 Linux UID，并使用相同的证书进行签名。

> 进程生命周期

Android 系统将尽量长时间地保持应用进程，但为了新建进程或运行更重要的进程，最终需要移除旧进程来回收内存。为了确定保留或终止哪些进程，系统会根据进程中正在运行的组件以及这些组件的状态，将每个进程放入"重要性层次结构"中。必要时，系统会首先消除重要性最低的进程，然后是重要性略逊的进程，以此类推，以回收系统资源。

重要性层次结构一共有 5 级，下面按照重要程度列出了各类进程（第一个进程最重要，将是最后一个被终止的进程）。

（1）前台进程：用户当前操作所必需的进程。

（2）可见进程：没有任何前台组件但仍会影响用户在屏幕上所见内容的进程。

（3）服务进程：正在运行已使用 startService()方法启动的服务且不属于上述两个更高类别进程的进程。

（4）后台进程：包含目前对用户不可见的 Activity 的进程（已调用 Activity 的 onStop()方法）。这些进程对用户体验没有直接影响，系统可能随时终止它们，以回收内存供前台进程、可见进程或服务进程使用。通常会有很多后台进程在运行，因此它们会保存在 LRU（最近最少使用）列表中，以确保包含用户最近查看的 Activity 的进程最后一个被终止。

（5）空进程：不含任何活动应用组件的进程。保留这种进程的的唯一目的是用作缓存，以缩短下次在其中运行组件所需的启动时间。为使总体系统资源在进程缓存和底层内核缓存之间保持平衡，系统往往会终止这些进程。

根据进程中当前活动组件的重要程度，Android 会将进程评定为它可能达到的最高级别。例如，如果某进程托管着服务和可见 Activity，则会将此进程评定为可见进程，而不是服务进程。

此外，一个进程的级别可能会因其他进程对它的依赖而有所提高，即服务于另一进程的进程其级别永远不会低于其所服务的进程。例如，如果进程 A 中的内容提供程序为进程 B 中的客户端提供服务，或者如果进程 A 中的服务绑定到进程 B 中的组件，则进程 A 始终被视为至少与进程 B 同样重要。

2.3.3 ActivityManagerService

源码路径：

```
frameworks/base/services/core/java/com/android/server/am/
```

有了上面这些背景知识之后，我们便可以来看看 ActivityManagerService 的内部实现了。

上面提到：zygote 进程在启动之后会启动一个 socket，然后一直在这个 socket 等待连接。而会连接它的就是 ActivityManagerService。因为 ActivityManagerService 掌控了所有应用进程的创建。

所有应用程序的进程都是由 ActivityManagerService 通过 socket 发送请求给 zygote 进程，然后由 zygote fork 创建的。

ActivityManagerService 通过 `Process.start` 方法来请求 zygote 创建进程：

```java
// Process.java
public static final ProcessStartResult start(final String processClass,
                        final String niceName,
                        int uid, int gid, int[] gids,
                        int debugFlags, int mountExternal,
                        int targetSdkVersion,
                        String seInfo,
                        String abi,
                        String instructionSet,
                        String appDataDir,
                        String[] zygoteArgs) {
    try {
        return startViaZygote(processClass, niceName, uid, gid, gids,
                debugFlags, mountExternal, targetSdkVersion, seInfo,
                abi, instructionSet, appDataDir, zygoteArgs);
    } catch (ZygoteStartFailedEx ex) {
        Log.e(LOG_TAG,
                "Starting VM process through Zygote failed");
        throw new RuntimeException(
                "Starting VM process through Zygote failed", ex);
    }
}
```

启动进程时需要指定很多的参数（例如：进程 main 函数的类名，进程的 uid、gid 等），这个方法会将这些参数组装好，并通过 socket 发送给 zygote 进程。然后 zygote 进程根据发送过来的参数将进程 "fork" 出来，并进行相应的配置。

在 ActivityManagerService 中，调用 **Process.start** 的地方是下面这个方法：

```java
// ActivityManagerService.java
```

```
private final void startProcessLocked(ProcessRecord app, String hostingType,
    String hostingNameStr, String abiOverride, String entryPoint, String[]
    entryPointArgs) {

...

  Process.ProcessStartResult startResult = Process.start(entryPoint,
      app.processName, uid, uid, gids, debugFlags, mountExternal,
      app.info.targetSdkVersion, app.info.seinfo, requiredAbi, instructionSet,
      app.info.dataDir, entryPointArgs);

...
}
```

下文中我们会看到，所有四大组件进程的创建，都是调用这里的 startProcessLocked 这个方法而创建的。

对于每一个应用进程，在 ActivityManagerService 中，都有一个 ProcessRecord 对象与之对应。这个对象记录了应用进程的所有详细状态。对于 ProcessRecord 的内部结构，在后文中我们会讲解。

在 ActivityManagerService 中，为了查找方便，每个 ProcessRecord 会存在下面两个集合中。

• **按名称和 uid 组织的集合**

```
// ActivityManagerService.java
final ProcessMap<ProcessRecord> mProcessNames = new ProcessMap<
ProcessRecord>();
```

• **按 pid 组织的集合**

```
final SparseArray<ProcessRecord> mPidsSelfLocked = new SparseArray<
ProcessRecord>();
```

让我们总结一下从系统启动到应用进程创建的几个关键步骤，如图 2-3 所示。

这些步骤描述如下：

（1）init 进程读取 init.rc 文件。

（2）init.rc 中配置了 app_process，app_process 启动了 zygote。

（3）zygote fork 出 system_server 进程，由此导致 ActivityManagerService 启动。

（4）当有对应用组件的请求时，ActivityManagerService 发现该进程还没有启动，于是发送请求给 zygote。

（5）zygote 将应用进程 fork 出来。

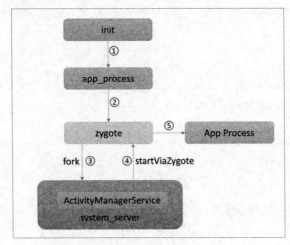

图 2-3　从系统启动到应用进程创建的过程

接下来，我们来详细看一下应用组件与应用进程的创建关系。

当任何一个组件作为应用进程中的第一个组件启动时，都会导致其所在应用进程的创建。下面就来看一下每种组件是如何导致应用进程创建出来的。

2.3.4　Activity 与进程创建

在 ActivityManagerService 中，对每一个运行中的 Activity 都有一个 `ActivityRecord` 对象与之对应，这个对象记录 Activity 的详细状态。

ActivityManagerService 中的 startActivity 方法对应了 Context.startActivity 的请求，该方法代码如下：

```
// ActivityManagerService.java
@Override
public ComponentName startService(IApplicationThread caller, Intent
service,
    String resolvedType, String callingPackage, int userId)
    throws TransactionTooLargeException {
...
synchronized(this) {
    final int callingPid = Binder.getCallingPid();
    final int callingUid = Binder.getCallingUid();
```

```
    final long origId = Binder.clearCallingIdentity();
    ComponentName res = mServices.startServiceLocked(caller, service,
            resolvedType, callingPid, callingUid, callingPackage,
            userId);
    Binder.restoreCallingIdentity(origId);
    return res;
    }
}
```

Activity 的启动是一个非常复杂的过程。这方面的细节知识在其他书籍或者网络上可以很容易获取到，这里就不详述了。这里简单介绍一下背景知识：

- ActivityManagerService 中通过 Stack 和 Task 来管理 Activity；

- 每一个 Activity 都属于一个 Task，一个 Task 可能包含多个 Activity。一个 Stack 包含多个 Task。

- ActivityStackSupervisor 类负责管理所有的 Stack。

- Activity 的启动过程会涉及：

   o Intent 的解析；

   o Stack、Task 的查询或创建；

   o Activity 进程的创建；

   o Activity 窗口的创建；

   o Activity 的生命周期调度。

Activity 的管理结构如图 2-4 所示。

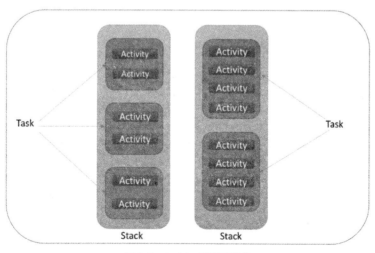

图 2-4　Activity 的管理结构

在 Activity 启动的最后，会将前一个 Activity pause，将新启动的 Activity resume，以便被用户看到。

这时，如果发现新启动的 Activity 进程还没有启动，则通过 startSpecificActivityLocked 将其启动。整个调用流程如下：

- ActivityManagerService.activityPaused=>
- ActivityStack.activityPausedLocked=>
- ActivityStack.completePauseLocked=>
- ActivityStackSupervisor.ensureActivitiesVisibleLocked=>
- ActivityStack.makeVisibleAndRestartIfNeeded=>
- ActivityStackSupervisor.startSpecificActivityLocked=>
- ActivityManagerService.startProcessLocked

ActivityStackSupervisor.startSpecificActivityLocked 的关键代码如下：

```java
// ActivityManagerService.java
void startSpecificActivityLocked(ActivityRecord r,
        boolean andResume, boolean checkConfig) {
  // Is this activity's application already running?
  ProcessRecord app = mService.getProcessRecordLocked(r.processName,
          r.info.applicationInfo.uid, true);

  r.task.stack.setLaunchTime(r);

  if (app != null && app.thread != null) {
      ...
  }

  mService.startProcessLocked(r.processName, r.info.applicationInfo, true, 0,
          "activity", r.intent.getComponent(), false, false, true);
}
```

这里的 ProcessRecordapp 描述了 Activity 所在进程。

2.3.5 Service 与进程创建

Service 的启动相对于 Activity 来说要简单一些。

在 ActivityManagerService 中，对每一个运行中的 Service 都有一个 ServiceRecord 对象
与之对应，这个对象记录了 Service 的详细状态。

ActivityManagerService 中的 startService 对应了 Context.startService 的请求，相
关代码如下：

```java
// ActivityManagerService.java
@Override
public ComponentName startService(IApplicationThread caller, Intent service,
    String resolvedType, String callingPackage, int userId)
    throws TransactionTooLargeException {
  ...
  synchronized(this) {
    final int callingPid = Binder.getCallingPid();
    final int callingUid = Binder.getCallingUid();
    final long origId = Binder.clearCallingIdentity();
    ComponentName res = mServices.startServiceLocked(caller, service,
        resolvedType, callingPid, callingUid, callingPackage, userId);
    Binder.restoreCallingIdentity(origId);
    return res;
  }
}
```

这段代码中的 mServices 是 ActiveServices 类型的对象，这个类专门负责管理活动的 Service。
启动 Service 的调用流程如下：

- ActivityManagerService.startService=>

- ActiveServices.startServiceLocked=>

- ActiveServices.startServiceInnerLocked=>

- ActiveServices.bringUpServiceLocked=>

- ActivityManagerService.startProcessLocked

ActiveServices.bringUpServiceLocked 会判断如果 Service 所在进程还没有启动，则通过
ActivityManagerService.startProcessLocked 将其启动。相关代码如下：

```java
// ActiveServices.java
if (app == null && !permissionsReviewRequired) {
  if ((app=mAm.startProcessLocked(procName, r.appInfo, true, intentFlags,
      "service", r.name, false, isolated, false)) == null) {
```

```
        String msg = "Unable to launch app "
            + r.appInfo.packageName + "/"
            + r.appInfo.uid + " for service "
            + r.intent.getIntent() + ": process is bad";
    Slog.w(TAG, msg);
    bringDownServiceLocked(r);
    return msg;
  }
  if (isolated) {
    r.isolatedProc = app;
  }
}
```

这里的 mAm 就是 ActivityManagerService。

2.3.6 ContentProvider 与进程创建

在 ActivityManagerService 中，对每一个运行中的 ContentProvider 都有一个 ContentProviderRecord 对象与之对应，这个对象记录了 ContentProvider 的详细状态。

开发者通过 ContentResolver 中的 insert、delete、update、query 这些 API 来使用 ContentProvider。在 ContentResolver 的实现中，无论使用这里的哪个接口，ContentResolver 都会先通过 acquireProvider 方法来获取到一个类型为 IContentProvider 的远程接口。这个远程接口对接了 ContentProvider 的实现提供方。

同一个 ContentProvider 可能同时被多个模块使用，而调用 ContentResolver 接口的进程只是 ContentProvider 的一个客户端而已，真正的 ContentProvider 提供方是运行在自身进程中的，两个进程的通信需要通过 Binder 的远程接口形式来调用，如图 2-5 所示。

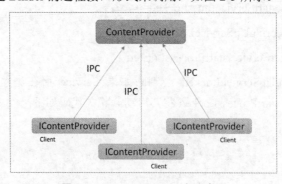

图 2-5 ContenntProvider 与客户端

ContentResolver.acquireProvider 最终会调用到 ActivityManagerService.getContentProvider 中，该方法代码如下：

```
// ActivityManagerService.java
@Override
public final ContentProviderHolder getContentProvider(
        IApplicationThread caller, String name, int userId, boolean stable) {
    enforceNotIsolatedCaller("getContentProvider");
    if (caller == null) {
        String msg = "null IApplicationThread when getting content provider "
                + name;
        Slog.w(TAG, msg);
        throw new SecurityException(msg);
    }
    // The incoming user check is now handled in
    checkContentProviderPermissionLocked() to deal
    // with cross-user grant.
    return getContentProviderImpl(caller, name, null, stable, userId);
}
```

而在 getContentProviderImpl 方法中，会判断对应的 ContentProvider 进程有没有启动，如果没有，则通过 startProcessLocked 方法将其启动。

2.3.7　BroadcastReceiver 与进程创建

ActivityManagerService 中，broadcastIntent 方法了对应发送广播的逻辑。广播是一种一对多的消息形式，广播接受者的数量是不确定的。因此发送广播本身可能是一个很耗时的过程（因为要逐个通知）。

在 ActivityManagerService 内部，是通过队列的形式来管理广播的：

- BroadcastQueue 描述了一个广播队列；
- BroadcastRecord 描述了一个广播事件。

在 ActivityManagerService 中，如果收到了一个发送广播的请求，就会先创建一个 BroadcastRecord，接着将其放入 BroadcastQueue 中。然后通知队列自己去处理这个广播，之后 ActivityManagerService 自己就可以继续处理其他请求了。BroadcastQueue 本身是用另外一个线程处理广播发送的，这样就减轻了 ActivityManagerService 主线程的负载。

ActivityManagerService 中有两个 BroadcastQueue：一个是前台的，一个是后台的。发送广播的 Intent flag 中是否包含 `Intent.FLAG_RECEIVER_FOREGROUND`，决定了这个广播会在哪个队列中处理：

```java
// ActivityManagerService.java
BroadcastQueue mFgBroadcastQueue;
BroadcastQueue mBgBroadcastQueue;

final BroadcastQueue[] mBroadcastQueues = new BroadcastQueue[2];
```

开发者可以通过 sendBroadcast 发送无序广播，也可以通过 sendOrderedBroadcast 发送有序广播。BroadcastQueue 内部会将这两种广播分开处理，如图 2-6 所示。

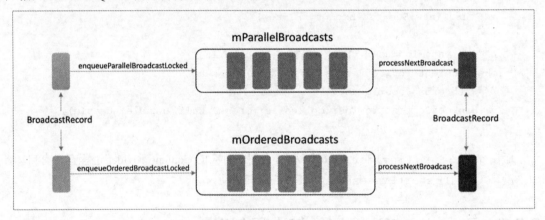

图 2-6　无序广播与有序广播

在 BroadcastQueue.processNextBroadcast(boolean fromMsg)方法中处理了通知广播事件到接收者的逻辑。在这个方法中，如果发现接收者（即 BrodcastReceiver）还没有启动，便会通过 ActivityManagerService.startProcessLocked 方法将其启动。相关代码如下：

```java
// BroadcastQueue.java
final void processNextBroadcast(boolean fromMsg) {
    ...
        // Hard case: need to instantiate the receiver, possibly
        // starting its application process to host it.

        ResolveInfo info =
            (ResolveInfo)nextReceiver;
        ComponentName component = new ComponentName(
```

```
                    info.activityInfo.applicationInfo.packageName,
                    info.activityInfo.name);
...
    // Not running -- get it started, to be executed when the app comes up.
    if (DEBUG_BROADCAST) Slog.v(TAG_BROADCAST,
            "Need to start app ["
        + mQueueName + "] " + targetProcess + " for broadcast " + r);
    if ((r.curApp=mService.startProcessLocked(targetProcess,
            info.activityInfo.applicationInfo, true,
            r.intent.getFlags() | Intent.FLAG_FROM_BACKGROUND,
            "broadcast", r.curComponent,
            (r.intent.getFlags()&Intent.FLAG_RECEIVER_BOOT_UPGRADE) != 0,
            false, false))
                == null) {
        // Ah, this recipient is unavailable. Finish it if necessary,
        // and mark the broadcast record as ready for the next.
        Slog.w(TAG, "Unable to launch app "
                + info.activityInfo.applicationInfo.packageName + "/"
                + info.activityInfo.applicationInfo.uid + " for broadcast "
                + r.intent + ": process is bad");
        logBroadcastReceiverDiscardLocked(r);
        finishReceiverLocked(r, r.resultCode, r.resultData,
                r.resultExtras, r.resultAbort, false);
        scheduleBroadcastsLocked();
        r.state = BroadcastRecord.IDLE;
        return;
    }

    mPendingBroadcast = r;
    mPendingBroadcastRecvIndex = recIdx;
  }
}
```

2.3.8　参考资料与推荐读物

- https://developer.android.com/guide/components/processes-and-threads.html
- https://developer.android.com/guide/components/fundamentals.html

2.4 进程的优先级管理

ActivityManagerService 并不是将应用进程启动之后就完成了全部工作。对于所有运行中的进程，ActivityManagerService 都必须对其进行管理。其中最重要的一项管理工作就是优先级的管理。

在前面的介绍中，我们已经大致了解了进程状态与优先级的关系。进程的优先级反映了系统对于进程重要性的判定。

在 Android 系统中，进程的优先级影响着以下三个因素。

- 当内存紧张时，系统对于进程的回收策略；
- 系统对进程的 CPU 调度策略；
- 虚拟机对于进程的内存分配和垃圾回收策略。

本小节我们就详细讲解一下 Android 系统对于进程优先级的管理逻辑。

前文中我们已经了解到，系统对于进程的优先级有如下五个分类：

（1）前台进程。

（2）可见进程。

（3）服务进程。

（4）后台进程。

（5）空进程。

实际上这只是一个粗略的划分。在系统的内部实现中，优先级远不止这五种。

2.4.1 优先级的依据

我们来简单列一下应用组件与进程的相关信息：

- 每一个 Android 的应用进程中，都可能包含四大组件中的一个/种或者多个/种。
- 对于运行中的 Service 和 ContentProvider 来说，可能有若干个客户端进程正在对其使用。
- 应用进程是由 ActivityManagerService 发送请求让 zygote 创建的，并且 ActivityManagerService 中对于每一个运行中的进程都有一个 `ProcessRecord` 对象与之对应。

`ProcessRecord` 的主要结构如图 2-7 所示。

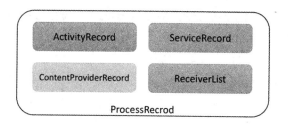

图 2-7　ProcessRecord 主要结构

在 ProcessRecord 中，详细记录了应用组件的信息，相关代码如下：

```java
// ProcessRecord.java

// all activities running in the process
final ArrayList<ActivityRecord> activities = new ArrayList<>();
// all ServiceRecord running in this process
final ArraySet<ServiceRecord> services = new ArraySet<>();
// services that are currently executing code (need to remain foreground).
final ArraySet<ServiceRecord> executingServices = new ArraySet<>();
// All ConnectionRecord this process holds
final ArraySet<ConnectionRecord> connections = new ArraySet<>();
// all IIntentReceivers that are registered from this process.
final ArraySet<ReceiverList> receivers = new ArraySet<>();
// class (String) -> ContentProviderRecord
final ArrayMap<String, ContentProviderRecord> pubProviders = new ArrayMap<>();
// All ContentProviderRecord process is using
final ArrayList<ContentProviderConnection> conProviders = new ArrayList<>();
```

这里的：

- `activities` 记录了进程中运行的 Activity；
- `services`、`executingServices` 记录了进程中运行的 Service；
- `receivers` 记录了进程中运行的 BroadcastReceiver；
- `pubProviders` 记录了进程中运行的 ContentProvider。

而：

- `connections` 记录了对于 Service 连接；
- `conProviders` 记录了对 ContentProvider 的连接。

连接就是对于客户端使用状态的记录，对于 Service 和 ContentProvider 是类似的，每有一个客户端就需要记录一个连接。**连接的意义在于：连接的客户端的进程优先级会影响被使用的 Service 和 ContentProvider 所在进程的优先级。**例如，当一个后台的 Service 正在被一个前台的 Activity 使用时，那么这个后台的 Service 就需要设置一个较高的优先级以便不会被回收（否则后台 Service 进程一旦被回收，便会对前台的 Activity 造成影响）。

而**所有这些组件的状态就是其所在进程优先级的决定性因素。组件的状态**是指：

- Activity 是否在前台，用户是否可见；
- Service 正在被哪些客户端使用；
- ContentProvider 正在被哪些客户端使用；
- BroadcastReceiver 是否正在接收广播。

2.4.2　优先级的基础

oom_score_adj

Linux 内核对于每一个运行中的进程都通过 procfs 暴露了这样一个文件来让其他程序修改优先级：

/proc/[pid]/oom_score_adj（修改这个文件需要 root 权限）

这个文件允许的值的范围是：–1000~+1000。**值越小，表示进程越重要。**

当内存非常紧张时，系统便会遍历所有进程，以确定哪个进程需要被杀死以回收内存，此时便会读取 oom_score_adj 文件的值。关于这个值的使用，下面会详细讲解。

> 注：在 Linux 2.6.36 之前的版本中，Linux 提供调整优先级的文件是 /proc/[pid]/oom_adj。这个文件允许的值的范围是-17~+15 之间。**数值越小表示进程越重要。**但这个文件在新版的 Linux 中已经废弃。不过为了兼容性，你仍然可以使用这个文件，当修改这个文件的时候，内核会进行一次换算，将结果反映到 oom_score_adj 这个文件上。Android 早期版本的实现中也是依赖 oom_adj 文件。但是在新版本中，已经切换到使用 oom_score_adj 文件。

ProcessRecord 中的属性反应了 oom_score_adj 的值：

```java
// ProcessRecord.java
int maxAdj;    // Maximum OOM adjustment for this process
int curRawAdj; // Current OOM unlimited adjustment for this process
```

```
int setRawAdj;  // Last set OOM unlimited adjustment for this process
int curAdj;     // Current OOM adjustment for this process
int setAdj;     // Last set OOM adjustment for this process
```

maxAdj 指定了该进程允许的 oom_score_adj 最大值。这个属性主要是供系统应用和常驻内存的进程使用，这些进程的优先级的计算方法与应用进程的计算方法不一样，通过设定 maxAdj 保证这些进程一直拥有较高的优先级（在后面"优先级的算法"中，我们会看到对于这个属性的使用）。

除此之外，还有四个属性。

其中，curXXX 这一组记录了这一次优先级计算的结果。在计算完成之后，会将 curXXX 复制给对应的 setXXX 这一组上进行备份（下文的其他属性也会看到 curXXX 和 setXXX 的形式，和这里的原理是一样的）。另外，xxxRawAdj 记录了没有经过限制的 adj 值，"没有经过限制" 是指这其中的值可能是超过了 oom_score_adj 文件所允许的范围：[-1000，1000]。

为了便于管理，ProcessList.java 中预定义了 oom_score_adj 的可能取值。

其实这里的预定义值也是对应用进程的一种分类，它们是：

```
// ProcessList.java
static final int UNKNOWN_ADJ = 1001; // 未知进程
static final int PREVIOUS_APP_ADJ = 700; // 前一个应用
static final int HOME_APP_ADJ = 600; // 桌面进程
static final int SERVICE_ADJ = 500; // 包含了 Service 的进程
static final int HEAVY_WEIGHT_APP_ADJ = 400; // 重量级进程
static final int BACKUP_APP_ADJ = 300; // 备份应用进程
static final int PERCEPTIBLE_APP_ADJ = 200; // 可感知的进程
static final int VISIBLE_APP_ADJ = 100; // 可见进程
static final int VISIBLE_APP_LAYER_MAX = PERCEPTIBLE_APP_ADJ - VISIBLE_APP_ADJ - 1;
static final int FOREGROUND_APP_ADJ = 0; // 前台进程
static final int PERSISTENT_SERVICE_ADJ = -700; // 常驻服务进程
static final int PERSISTENT_PROC_ADJ = -800; // 常驻应用进程
static final int SYSTEM_ADJ = -900; // 系统进程
static final int NATIVE_ADJ = -1000; // native 系统进程
```

这里我们看到，FOREGROUND_APP_ADJ=0，这个是前台应用进程的优先级。这是用户正在交互的应用，它们是很重要的，系统不应当把它们回收了。FOREGROUND_APP_ADJ 是普通应用程序能够获取到的最高优先级。

而 VISIBLE_APP_ADJ、PERCEPTIBLE_APP_ADJ、PREVIOUS_APP_ADJ 这几个级别的优先级就逐步降低了。VISIBLE_APP_ADJ 是具有可见 Activity 进程的优先级：同一时刻，不一

定只有一个 Activity 是可见的，如果前台 Activity 设置了透明属性，那么背后的 Activity 也是可见的。

PERCEPTIBLE_APP_ADJ 是指用户可感知的进程，可感知的进程包括：

- 进程中包含了处于 pause 状态或者正在 pause 的 Activity；
- 进程中包含了正在 stop 的 Activity；
- 进程中包含了前台的 Service。

另外，PREVIOUS_APP_ADJ 描述的是前一个应用的优先级。所谓"前一个应用"是指：在启动新的 Activity 时，如果新启动的 Activity 是属于一个新的进程的，那么当前即将被 stop 的 Activity 所在的进程便会成为"前一个应用"进程。

而 HEAVY_WEIGHT_APP_ADJ 描述的重量级进程是指那些通过 Manifest 指明不能保存状态的应用进程。

除此之外，Android 系统中，有一些特殊的系统应用，这些应用因为系统的需求，它们需要一直常驻内存。例如 SystemUI、系统的状态栏、锁屏，还有通过多任务键调出的近期任务都位于这个应用中。因此，系统给常驻内存的进程非常高的优先级：PERSISTENT_SERVICE_ADJ=-700，PERSISTENT_PROC_ADJ=-800。

另外，还有一些更重要的系统进程，如果这些进程不存在，系统将无法正常工作，所以这些进程拥有最高优先级：SYSTEM_ADJ=-900，NATIVE_ADJ=-1000。system_server 便是其中之一，因此其优先级是-900。

Schedule Group

内核负责了进程的 CPU 调度，所有运行中的进程并非能平等地获取相等的时间片。在 ProcessRecord 中，通过 Schedule Group 来记录进程的调度组：

```java
// ProcessRecord.java
int curSchedGroup;  // Currently desired scheduling class
int setSchedGroup;  // Last set to background scheduling class
```

它们可能的取值定义在 ProcessList.java 中：

```java
// ProcessList.java
// Activity manager's version of Process.THREAD_GROUP_BG_NONINTERACTIVE
static final int SCHED_GROUP_BACKGROUND = 0;
// Activity manager's version of Process.THREAD_GROUP_DEFAULT
static final int SCHED_GROUP_DEFAULT = 1;
// Activity manager's version of Process.THREAD_GROUP_TOP_APP
```

```
static final int SCHED_GROUP_TOP_APP = 2;
// Activity manager's version of Process.THREAD_GROUP_TOP_APP
// Disambiguate between actual top app and processes bound to the top app
static final int SCHED_GROUP_TOP_APP_BOUND = 3;
```

Process State

进程的状态会影响虚拟机对于进程的内存分配和垃圾回收策略，ProcessRecord 中的这几个属性记录了进程的状态：

```
// ProcessRecord.java
int curProcState; // Currently computed process state
int repProcState; // Last reported process state
int setProcState; // Last set process state in process tracker
int pssProcState; // Currently requesting pss for
```

这些属性可能的取值定义在 `ActivityManager` 中，它们一共有十几种之多，读者可以在 ActivityManager.java 中找到它们，这些值都以 PROCESS_STATE_ 为前缀。

2.4.3　优先级的更新

前文已经提到，系统会对处于不同状态的进程设置不同的优先级。但实际上，进程的状态是一直在变化中的。例如，用户可以随时会启动一个新的 Activity，或者将一个前台的 Activity 切换到后台。在这个时候，发生状态变化的 Activity 的所在进程的优先级就需要进行更新。更新的方法就是调用图 2-8 所示的两个方法。

图 2-8　进程优先级的更新

另外，Activity 可能会使用其他 Service 或者 ContentProvider。当 Activity 的进程优先级发生变化的时候，它所使用的 Service 或者 ContentProvider 的优先级也应当发生变化。

ActivityManagerService 中有如下两个方法用来更新进程的优先级：

- `final boolean updateOomAdjLocked(ProcessRecord app);`
- `final void updateOomAdjLocked()。`

第一个方法是针对指定的单个进程更新优先级，第二个是对所有进程更新优先级。

在下面的这些情况下，需要对指定的应用进程更新优先级：

- 当有一个新的进程开始使用本进程中的 ContentProvider；
- 当本进程中的一个 Service 被其他进程 bind 或者 unbind；
- 当本进程中的 Service 的执行完成或者退出了；
- 当本进程中一个 BroadcastReceiver 正在接收广播；
- 当本进程中的 BackUpAgent 启动或者退出了。

`final boolean updateOomAdjLocked(ProcessRecord app)` 被调用的关系如图 2-9 所示。

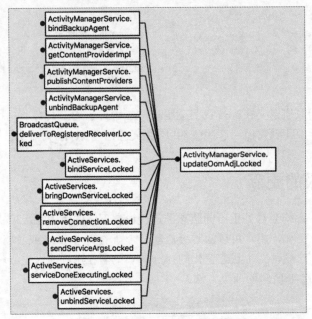

图 2-9　`updateOomAdjLocked(ProcessRecord app)` 的调用关系

在有些情况下，系统需要对所有应用进程的优先级进行更新，比如：

- 当有一个新的进程启动时；
- 当有一个进程退出时；
- 当系统在清理后台进程时；
- 当有一个进程被标记为前台进程时；
- 当有一个进程进入或者退出 cached 状态时；
- 当系统锁屏或者解锁时；
- 当有一个 Activity 启动或者退出时；
- 当系统正在处理一个广播事件时；

- 当前台 Activity 发生改变时；

- 当有一个 Service 启动时。

`final void updateOomAdjLocked()`被调用的关系如图 2-10 所示。

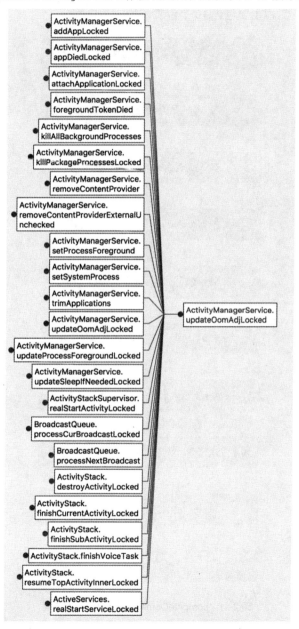

图 2-10　updateOomAdjLocked()的调用关系

2.4.4 优先级的算法

ActivityManagerService 中的 `computeOomAdjLocked` 方法负责计算进程的优先级，这个方法总计约 700 行，执行流程主要包含 10 个步骤，如图 2-11 所示。

图 2-11 computeOomAdjLocked 的计算流程

下面我们来详细看其中的每一个步骤。

1. 确认该进程是否是空进程

空进程中没有任何组件，因此主线程也为 null（`ProcessRecord.thread` 描述了应用进程的主线程）。如果是空进程，则不需要再做后面的计算了。直接设置为 `ProcessList.CACHED_APP_MAX_ADJ` 级别即可。

```
// ActivityManagerService.java
if (app.thread == null) {
    app.adjSeq = mAdjSeq;
    app.curSchedGroup = ProcessList.SCHED_GROUP_BACKGROUND;
    app.curProcState = ActivityManager.PROCESS_STATE_CACHED_EMPTY;
    return (app.curAdj=app.curRawAdj=ProcessList.CACHED_APP_MAX_ADJ);
}
```

2. 确认是否设置了 maxAdj

上文已经提到过，系统进程或者 Persistent 进程会通过设置 maxAdj 来保持其较高的优先级，对于这类进程不用按照普通进程的算法进行计算，直接按照 maxAdj 的值设置即可。

```
// ActivityManagerService.java
if (app.maxAdj <= ProcessList.FOREGROUND_APP_ADJ) {
    app.adjType = "fixed";
    app.adjSeq = mAdjSeq;
    app.curRawAdj = app.maxAdj;
    app.foregroundActivities = false;
    app.curSchedGroup = ProcessList.SCHED_GROUP_DEFAULT;
    app.curProcState = ActivityManager.PROCESS_STATE_PERSISTENT;
    app.systemNoUi = true;
    if (app == TOP_APP) {
        app.systemNoUi = false;
        app.curSchedGroup = ProcessList.SCHED_GROUP_TOP_APP;
        app.adjType = "pers-top-activity";
    } else if (activitiesSize > 0) {
        for (int j = 0; j < activitiesSize; j++) {
            final ActivityRecord r = app.activities.get(j);
            if (r.visible) {
                app.systemNoUi = false;
            }
        }
    }
```

```
    if (!app.systemNoUi) {
        app.curProcState = ActivityManager.PROCESS_STATE_PERSISTENT_UI;
    }
    return (app.curAdj=app.maxAdj);
}
```

3. 确认进程中是否有前台优先级的组件

前台优先级的组件是指：

a. 前台的 Activity。b.正在接收广播的 Receiver。c.正在执行任务的 Service。

> 注：除此之外，还有 Instrumentation 被认为是具有较高优先级的。Instrumentation 应
> 用是辅助测试用的，正常运行的系统中不用考虑这种应用。

假设进程中包含了以上提到的前台优先级的任何一个组件，则直接设置进程优先级为
FOREGROUND_APP_ADJ 即可。因为这已经是应用程序能够获取的最高优先级了。

```
// ActivityManagerService.java
  int adj;
  int schedGroup;
  int procState;
  boolean foregroundActivities = false;
  BroadcastQueue queue;
  if (app == TOP_APP) {
      adj = ProcessList.FOREGROUND_APP_ADJ;
      schedGroup = ProcessList.SCHED_GROUP_TOP_APP;
      app.adjType = "top-activity";
      foregroundActivities = true;
      procState = PROCESS_STATE_CUR_TOP;
  } else if (app.instrumentationClass != null) {
      adj = ProcessList.FOREGROUND_APP_ADJ;
      schedGroup = ProcessList.SCHED_GROUP_DEFAULT;
      app.adjType = "instrumentation";
      procState = ActivityManager.PROCESS_STATE_FOREGROUND_SERVICE;
  } else if ((queue = isReceivingBroadcast(app)) != null) {
      adj = ProcessList.FOREGROUND_APP_ADJ;
      schedGroup = (queue == mFgBroadcastQueue)
              ? ProcessList.SCHED_GROUP_DEFAULT : ProcessList.SCHED_GROUP_BACKGROUND;
      app.adjType = "broadcast";
```

```
      procState = ActivityManager.PROCESS_STATE_RECEIVER;
} else if (app.executingServices.size() > 0) {
    adj = ProcessList.FOREGROUND_APP_ADJ;
    schedGroup = app.execServicesFg ?
            ProcessList.SCHED_GROUP_DEFAULT : ProcessList.SCHED_GROUP_BACKGROUND;
    app.adjType = "exec-service";
    procState = ActivityManager.PROCESS_STATE_SERVICE;
} else {
    schedGroup = ProcessList.SCHED_GROUP_BACKGROUND;
    adj = cachedAdj;
    procState = ActivityManager.PROCESS_STATE_CACHED_EMPTY;
    app.cached = true;
    app.empty = true;
    app.adjType = "cch-empty";
}
```

4. 确认进程中是否有较高优先级的 Activity

这里需要遍历进程中的所有 Activity，找出其中优先级最高的设置为进程的优先级。

即便 Activity 不是前台 Activity，但是处于下面这些状态的 Activity 优先级也被认为是较高优先级的：

（1）该 Activity 处于可见状态。

（2）该 Activity 处于 Pause 状态。

（3）该 Activity 正在 stop。

```
// ActivityManagerService.java
if (!foregroundActivities && activitiesSize > 0) {
 int minLayer = ProcessList.VISIBLE_APP_LAYER_MAX;
 for (int j = 0; j < activitiesSize; j++) {
    final ActivityRecord r = app.activities.get(j);
    if (r.app != app) {
       Log.e(TAG, "Found activity " + r + " in proc activity list using " + r.app
             + " instead of expected " + app);
       if (r.app == null || (r.app.uid == app.uid)) {
          // Only fix things up when they look sane
          r.app = app;
       } else {
          continue;
```

```
        }
    }
    if (r.visible) {
        // App has a visible activity; only upgrade adjustment.
        if (adj > ProcessList.VISIBLE_APP_ADJ) {
            adj = ProcessList.VISIBLE_APP_ADJ;
            app.adjType = "visible";
        }
        if (procState > PROCESS_STATE_CUR_TOP) {
            procState = PROCESS_STATE_CUR_TOP;
        }
        schedGroup = ProcessList.SCHED_GROUP_DEFAULT;
        app.cached = false;
        app.empty = false;
        foregroundActivities = true;
        if (r.task != null && minLayer > 0) {
            final int layer = r.task.mLayerRank;
            if (layer >= 0 && minLayer > layer) {
                minLayer = layer;
            }
        }
        break;
    } else if (r.state == ActivityState.PAUSING || r.state ==
ActivityState.PAUSED) {
        if (adj > ProcessList.PERCEPTIBLE_APP_ADJ) {
            adj = ProcessList.PERCEPTIBLE_APP_ADJ;
            app.adjType = "pausing";
        }
        if (procState > PROCESS_STATE_CUR_TOP) {
            procState = PROCESS_STATE_CUR_TOP;
        }
        schedGroup = ProcessList.SCHED_GROUP_DEFAULT;
        app.cached = false;
        app.empty = false;
        foregroundActivities = true;
    } else if (r.state == ActivityState.STOPPING) {
        if (adj > ProcessList.PERCEPTIBLE_APP_ADJ) {
            adj = ProcessList.PERCEPTIBLE_APP_ADJ;
```

```
            app.adjType = "stopping";
        }
        if (!r.finishing) {
            if (procState > ActivityManager.PROCESS_STATE_LAST_ACTIVITY) {
                procState = ActivityManager.PROCESS_STATE_LAST_ACTIVITY;
            }
        }
        app.cached = false;
        app.empty = false;
        foregroundActivities = true;
    } else {
        if (procState > ActivityManager.PROCESS_STATE_CACHED_ACTIVITY) {
            procState = ActivityManager.PROCESS_STATE_CACHED_ACTIVITY;
            app.adjType = "cch-act";
        }
    }
}
if (adj == ProcessList.VISIBLE_APP_ADJ) {
    adj += minLayer;
}
}
```

5. 确认进程中是否有前台 Service

通过 startForeground 启动的 Service 被认为是前台 Service。给予这类进程 PERCEPTIBLE_APP_ADJ 级别的优先级。

```
// ActivityManagerService.java
if (adj > ProcessList.PERCEPTIBLE_APP_ADJ
    || procState > ActivityManager.PROCESS_STATE_FOREGROUND_SERVICE) {
  if (app.foregroundServices) {
    // The user is aware of this app, so make it visible.
    adj = ProcessList.PERCEPTIBLE_APP_ADJ;
    procState = ActivityManager.PROCESS_STATE_FOREGROUND_SERVICE;
    app.cached = false;
    app.adjType = "fg-service";
    schedGroup = ProcessList.SCHED_GROUP_DEFAULT;
  } else if (app.forcingToForeground != null) {
    // The user is aware of this app, so make it visible.
```

```
    adj = ProcessList.PERCEPTIBLE_APP_ADJ;
    procState = ActivityManager.PROCESS_STATE_IMPORTANT_FOREGROUND;
    app.cached = false;
    app.adjType = "force-fg";
    app.adjSource = app.forcingToForeground;
    schedGroup = ProcessList.SCHED_GROUP_DEFAULT;
  }
}
```

6. 确认是否是特殊类型进程

特殊类型的进程包括：重量级进程、桌面进程、前一个应用进程、正在执行备份的进程。"重量级进程"和"前一个应用"进程在上文中已经说过了。而桌面就是指 Android 上的 Launcher。

```
// ActivityManagerService.java
if (app == mHeavyWeightProcess) {
 if (adj > ProcessList.HEAVY_WEIGHT_APP_ADJ) {
    adj = ProcessList.HEAVY_WEIGHT_APP_ADJ;
    schedGroup = ProcessList.SCHED_GROUP_BACKGROUND;
    app.cached = false;
    app.adjType = "heavy";
 }
 if (procState > ActivityManager.PROCESS_STATE_HEAVY_WEIGHT) {
    procState = ActivityManager.PROCESS_STATE_HEAVY_WEIGHT;
 }
}


if (app == mHomeProcess) {
 if (adj > ProcessList.HOME_APP_ADJ) {
    adj = ProcessList.HOME_APP_ADJ;
    schedGroup = ProcessList.SCHED_GROUP_BACKGROUND;
    app.cached = false;
    app.adjType = "home";
 }
 if (procState > ActivityManager.PROCESS_STATE_HOME) {
    procState = ActivityManager.PROCESS_STATE_HOME;
 }
}
```

```
if (app == mPreviousProcess && app.activities.size() > 0) {
 if (adj > ProcessList.PREVIOUS_APP_ADJ) {
    adj = ProcessList.PREVIOUS_APP_ADJ;
    schedGroup = ProcessList.SCHED_GROUP_BACKGROUND;
    app.cached = false;
    app.adjType = "previous";
 }
 if (procState > ActivityManager.PROCESS_STATE_LAST_ACTIVITY) {
    procState = ActivityManager.PROCESS_STATE_LAST_ACTIVITY;
 }
}

if (false) Slog.i(TAG, "OOM " + app + ": initial adj=" + adj
    + " reason=" + app.adjType);

app.adjSeq = mAdjSeq;
app.curRawAdj = adj;
app.hasStartedServices = false;

if (mBackupTarget != null && app == mBackupTarget.app) {
 if (adj > ProcessList.BACKUP_APP_ADJ) {
    if (DEBUG_BACKUP) Slog.v(TAG_BACKUP, "oom BACKUP_APP_ADJ for " + app);
    adj = ProcessList.BACKUP_APP_ADJ;
    if (procState > ActivityManager.PROCESS_STATE_IMPORTANT_BACKGROUND) {
       procState = ActivityManager.PROCESS_STATE_IMPORTANT_BACKGROUND;
    }
    app.adjType = "backup";
    app.cached = false;
 }
 if (procState > ActivityManager.PROCESS_STATE_BACKUP) {
    procState = ActivityManager.PROCESS_STATE_BACKUP;
 }
}
```

7. 根据所有 Service 的客户端计算优先级

　　这里需要遍历所有的 Service，并且还需要遍历每一个 Service 的所有连接。然后根据连接的关系确认客户端进程的优先级，进而确定当前进程的优先级。

ConnectionRecord.binding.client 为客户端进程 ProcessRecord，由此便可以知道客户端进程的优先级。

```java
// ActivityManagerService.java
for (int is = app.services.size()-1;
     is >= 0 && (adj > ProcessList.FOREGROUND_APP_ADJ
            || schedGroup == ProcessList.SCHED_GROUP_BACKGROUND
            || procState > ActivityManager.PROCESS_STATE_TOP);
     is--) {
  ServiceRecord s = app.services.valueAt(is);
  if (s.startRequested) {
    app.hasStartedServices = true;
    if (procState > ActivityManager.PROCESS_STATE_SERVICE) {
      procState = ActivityManager.PROCESS_STATE_SERVICE;
    }
    if (app.hasShownUi && app != mHomeProcess) {
      if (adj > ProcessList.SERVICE_ADJ) {
        app.adjType = "cch-started-ui-services";
      }
    } else {
      if (now < (s.lastActivity + ActiveServices.MAX_SERVICE_INACTIVITY)) {
        if (adj > ProcessList.SERVICE_ADJ) {
          adj = ProcessList.SERVICE_ADJ;
          app.adjType = "started-services";
          app.cached = false;
        }
      }
      if (adj > ProcessList.SERVICE_ADJ) {
        app.adjType = "cch-started-services";
      }
    }
  }

  for (int conni = s.connections.size()-1;
       conni >= 0 && (adj > ProcessList.FOREGROUND_APP_ADJ
              || schedGroup == ProcessList.SCHED_GROUP_BACKGROUND
              || procState > ActivityManager.PROCESS_STATE_TOP);
       conni--) {
```

```
ArrayList<ConnectionRecord> clist = s.connections.valueAt(conni);
for (int i = 0;
        i < clist.size() && (adj > ProcessList.FOREGROUND_APP_ADJ
                || schedGroup == ProcessList.SCHED_GROUP_BACKGROUND
                || procState > ActivityManager.PROCESS_STATE_TOP);
```

8. 根据所有 Provider 的客户端确认优先级

这里与 Service 类似，需要遍历所有的 Provider，以及每一个 Provider 的所有连接。然后根据连接的关系确认客户端进程的优先级，进而确定当前进程的优先级。

类似的，`ContentProviderConnection.client` 为客户端进程的 `ProcessRecord`。

```
// ActivityManagerService.java
for (int provi = app.pubProviders.size()-1;
    provi >= 0 && (adj > ProcessList.FOREGROUND_APP_ADJ
            || schedGroup == ProcessList.SCHED_GROUP_BACKGROUND
            || procState > ActivityManager.PROCESS_STATE_TOP);
    provi--) {
ContentProviderRecord cpr = app.pubProviders.valueAt(provi);
for (int i = cpr.connections.size()-1;
        i >= 0 && (adj > ProcessList.FOREGROUND_APP_ADJ
                || schedGroup == ProcessList.SCHED_GROUP_BACKGROUND
                || procState > ActivityManager.PROCESS_STATE_TOP);
        i--) {
ContentProviderConnection conn = cpr.connections.get(i);
ProcessRecord client = conn.client;
if (client == app) {
    // Being our own client is not interesting.
    continue;
}
int clientAdj = computeOomAdjLocked(client, cachedAdj, TOP_APP, doingAll,
now);
...
```

9. 收尾工作

收尾工作主要是根据进程中的 Service、Provider 的一些特殊状态做一些处理，另外还有针对空进程以及设置了 `maxAdj` 的进程做一些处理，这里就不贴出代码了。

这里需要专门说明一下的是，在这一步还会对 Service 进程做 ServiceB 的区分。系统将

Service 进程分为 ServiceA 和 ServiceB。ServiceA 是相对来说较新的 Service，而 ServiceB 相对来说是比较"老旧"的，对用户来说可能是不那么感兴趣的，因此 ServiceB 的优先级会相对低一些。

```
static final int SERVICE_B_ADJ = 800;
static final int SERVICE_ADJ = 500;
```

而 ServiceB 的标准是：app.serviceb=mNewNumAServiceProcs>(mNumServiceProcs/3)；即所有 Service 进程的前 1/3 为 ServiceA，剩下的为 ServiceB。

```
// ActivityManagerService.java
if (adj == ProcessList.SERVICE_ADJ) {
  if (doingAll) {
    app.serviceb = mNewNumAServiceProcs > (mNumServiceProcs/3);
    mNewNumServiceProcs++;
    if (!app.serviceb) {
      if (mLastMemoryLevel > ProcessStats.ADJ_MEM_FACTOR_NORMAL
          && app.lastPss >= mProcessList.getCachedRestoreThresholdKb()) {
        app.serviceHighRam = true;
        app.serviceb = true;
      } else {
        mNewNumAServiceProcs++;
      }
    } else {
      app.serviceHighRam = false;
    }
  }
  if (app.serviceb) {
    adj = ProcessList.SERVICE_B_ADJ;
  }
}

app.curRawAdj = adj;
```

10. 保存结果

最终需要把本次的计算结果保存到 ProcessRecord 中：

```
// ActivityManagerService.java
```

```
app.curAdj = app.modifyRawOomAdj(adj);
app.curSchedGroup = schedGroup;
app.curProcState = procState;
app.foregroundActivities = foregroundActivities;
```

2.4.5　优先级的生效

优先级的生效是指：将计算出来的优先级真正应用到系统中，`applyOomAdjLocked` 方法负责了此项工作。

前文中我们提到，优先级意味着三个方面，这里的生效就对应了这三个方面：

（1）`ProcessList.setOomAdj(app.pid,app.info.uid,app.curAdj)`将计算出来的 **adj** 值写入到 procfs 中，即`/proc/[pid]/oom_score_adj` 文件中。

（2）`Process.setProcessGroup(app.pid,processGroup)`用来设置进程的调度组。

（3）app.thread.setProcessState(app.repProcState)方法会最终调用 VMRuntime.getRuntime().updateProcessState()将进程的状态设置到虚拟机中。

2.4.6　结束语

本节开始的时候我们就说了，进程的优先级反应了系统对于进程重要性的判定。

那么，系统如何评价进程的优先级，便是系统本身很重要的一个特性。了解系统的这一特性对我们开发应用程序，以及对于应用程序的运行行为分析有很重要的意义。

系统在判定优先级的时候，应当做到公平公正，并且不能让开发者有机可乘。

"公平公正"是指系统需要站在一个中间人的状态下，不偏倚任何一个应用，公正地将系统资源分配给真正需要的进程。并且在系统资源紧张的时候，回收不重要的进程。

通过上文的分析，我们看到，Android 系统认为"重要"的进程主要有三类：

（1）系统进程。

（2）前台与用户交互的进程。

（3）前台进程所使用到的进程。

不过对于这一点是有改进的空间的，例如，可以引入用户习惯的分析：如果是用户频繁使用的应用，则可以给予这些应用更高的优先级以提升这些应用的响应速度。目前，国内一些 Android 定制厂商已经开始做这类功能的支持。

"不能让开发者有机可乘"是指：系统对于进程优先级的判定应该是系统的内部行为，这个行为不能被开发者利用。因为一旦开发者可以利用，每个开发者都会将自己的应用设置为高优先级，来抢占更多的资源。

需要说明的是，Android 在这个方面是存在缺陷的：在 Android 系统上，可以通过 android.app.Notification.startForeground 拿到前台的优先级。后来 Google 也意识到这个问题，于是在 API Level 18 以上的版本上，调用 `startForeground` 这个 API 会在通知栏显示一条通知以告知用户。但是，这个改进还是有缺陷的：开发者可以同时通过 `startForeground` 启动两个 Service，指定同样的通知 id，然后退出其中一个。这样的应用不会在通知栏显示通知图标，却拿到了前台的优先级。这个便是让开发者"有机可乘"了。

2.4.7　参考资料与推荐读物

- 《*Embedded Android: Porting, Extending, and Customizing*》
- http://man7.org/linux/man-pages/man5/proc.5.html
- http://man7.org/linux/man-pages/man2/sched_setscheduler.2.html

2.5　进程与内存的回收

内存是系统中非常宝贵的资源，即便如今的移动设备上，内存已经达到 4GB 甚至 6GB 的级别，但对于内存的回收也依然重要，因为在 Android 系统上，同时运行的进程有可能会有几十甚至上百个之多。如何将系统内存合理地分配给每个进程，以及如何进行内存回收，便是操作系统需要处理的问题之一。本节会讲解 Android 系统中内存回收相关的知识。

对于内存回收，主要可以分为两个层次：

- **进程内的内存**回收：通过释放进程中的资源进行内存回收；
- **进程级的内存**回收：通过杀死进程来进行内存回收。

其中，**进程内的内存回收**主要分为两个方面：

- 虚拟机自身的垃圾回收机制；
- 在系统内存状态发生变化时，通知应用程序，让应用程序配合进行内存回收。

而**进程级的内存回收**主要依靠系统自身的两个模块，它们是：

- Linux OOM Killer；
- LowMemoryKiller。

在特定场景下，它们都会通过杀死进程来进行内存回收。

图 2-12 描述了这几种内存回收机制。

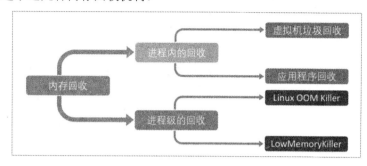

图 2-12　系统中的内存回收的机制

2.5.1　开发者 API

下面是一些与内存相关的开发者 API，它们是 Android SDK 的一部分。

ComponentCallbacks2

Android 系统会根据当前的系统内存状态和应用的自身状态对应用进行通知。这种通知的目的是希望应用能够感知到系统和自身的状态变化，以便开发者可以更准确地把握应用的运行。

例如，在系统内存充足时，为了提升响应性能，应用可以缓存更多的资源。但是当系统内存紧张时，开发者应当释放一定的资源来缓解内存紧张的状态。

ComponentCallbacks2 接口中的 `void onTrimMemory(int level)` 回调函数用来接收这个通知。关于这一点，在"开发者的内存回收"一节，我们会详细讲解。

ActivityManager

ActivityManager 是 ActivityManagerService 的客户端。这两个类之间的关系，我们在上一章讲解 Binder 的时候就已经讲解过了。

ActivityManagerService 负责了系统内存的管理，自然也少不了在 ActivityManager 上提供相应的接口。ActivityManager 中包含的与内存管理相关的几个接口如下：

- `int getMemoryClass()` 获取当前设备上，单个应用的内存大小限制，单位是 MB。注意，这个函数的返回值只是一个大致的值。

- `void getMemoryInfo(ActivityManager.MemoryInfo outInfo)` 获取系统的内存信息，具体结构可以查看 **ActivityManager.MemoryInfo** 这个类，开发者最关心的可能就是 `availMem` 和 `totalMem`。

- `void getMyMemoryState(ActivityManager.RunningAppProcessInfo outState)`

获取调用进程的内存信息。

- `MemoryInfo[]getProcessMemoryInfo(int[]pids)`通过 pid 获取指定进程的内存信息。
- `boolean isLowRamDevice()`查询当前设备是否是低内存设备。

Runtime

Java 应用程序都会有一个 Runtime 接口的实例，通过这个实例可以查询运行时的信息，与内存相关的接口有：

- `freeMemory()`获取当前虚拟机的剩余内存；
- `maxMemory()`获取当前虚拟机所能使用的最大内存；
- `totalMemory()`获取当前虚拟机拥有的最大内存。

2.5.2　虚拟机的垃圾回收

垃圾回收是指：虚拟机会监测应用程序的对象创建和使用，并在一些特定的时候销毁无用的对象以回 收内存。

垃圾回收的基本想法是要找出虚拟机中哪些对象已经不会再被使用然后将其释放。关于虚拟机是如何 进程垃圾回收的，在下一章中，我们会详细讲解。

2.5.3　开发者的内存回收

内存回收并不是仅仅是系统的事情，作为应用程序，也需要在合适的场合下进行内存释放。无节制的消耗内存将导致应用程序发生 OutOfMemoryError。

虚拟机的垃圾回收会回收那些不会再被使用到的对象。因此，开发者所需要做的就是：当确定某些对象不会再被使用时，要主动释放对其引用，这样虚拟机才能将其回收。对于不再被用到对象，仍然保持对其引用导致其无法释放，也就是我们常说的内存泄漏。

为了更好地进行内存回收，系统会在一些场景下通知应用，希望应用能够配合进行内存的释放。

`ComponentCallbacks2` 接口中的 `void onTrimMemory(int level)`回调就是用来接收这个事件的。

Activity、Service、ContentProvider 和 Application 都实现了这个接口，因此这些类及其子类都可以接收这个事件。

　　onTrimMemory 回调的参数是一个级别，系统会根据整体的内存状态以及应用自身的状态发送不同的级别，可以在 Android 开发网站上找到详细的级别说明。

　　而负责这个事件通知的系统模块其实就是 ActivityManagerService。在 updateOomAdjLocked 的时候，ActivityManagerService 会根据系统内存以及应用的状态通过 app.thread. scheduleTrimMemory 发送通知给应用程序。这里的 app 是 ProcessRecord 的对象，即代表了应用所处的进程，thread 是应用的主线程。而 scheduleTrimMemory 通过 BinderIPC 的方式将消息发送到应用进程上。

　　在 ActivityThread 中（这个是应用程序的主线程），接收到这个通知之后，便会遍历应用进程中所有能接收这个通知的组件，然后逐个回调通知。

　　相关代码如下：

```java
// ActivityThread.java
final void handleTrimMemory(int level) {
  if (DEBUG_MEMORY_TRIM) Slog.v(TAG, "Trimming memory to level: " + level);

  ArrayList<ComponentCallbacks2> callbacks = collectComponentCallbacks(true, null);

  final int N = callbacks.size();
  for (int i = 0; i < N; i++) {
     callbacks.get(i).onTrimMemory(level);
  }

  WindowManagerGlobal.getInstance().trimMemory(level);
}
```

2.5.4　Linux OOM Killer

　　前面提到的机制都是在进程内部通过释放对象来进行内存回收的。而实际上，系统中运行的进程数量，以及每个进程所消耗的内存都是不确定的。在极端的情况下，系统的内存可能处于非常严峻的状态，假设这个时候所有进程都不愿意释放内存，如果系统再不采取措施的话，将会导致系统内存彻底耗尽，那么任何进程都将无法申请内存。

　　为了使系统能够继续运转不至于进入这种状态，系统会尝试杀死一些"不重要"的进程来进行内存回收，其中涉及的模块主要是：Linux OOM Killer 和 LowMemoryKiller。而如何判定进程的"重要"和"不重要"便是这两个模块需要处理的逻辑。

　　Linux OOM Killer 是 Linux 内核的一部分，其基本想法是：

当系统已经无法再分配内存的时候，内核会遍历所有的进程，对每个进程计算 badness 值，得分（badness）最高的进程将会被杀死。

即：badness 值越低表示进程越重要，反之表示不重要。

Linux OOM Killer 的执行流程如下：

```
_alloc_pages -> out_of_memory() -> select_bad_process() -> oom_badness()
```

其中，_alloc_pages 是内核在分配内存时调用的函数。当内核发现无法再分配内存时，便会计算每个进程的 badness 值，然后选择最大的（系统认为最不重要的）将其杀死。

那么，内核是如何计算进程的 badness 值的呢？请看下面的代码：

```
unsigned long oom_badness(struct task_struct *p, struct mem_cgroup *memcg,
          const nodemask_t *nodemask, unsigned long totalpages)
{
    long points;
    long adj;

    ...

    points = get_mm_rss(p->mm) + p->mm->nr_ptes + get_mm_counter(p->mm,
    MM_SWAPENTS);
    task_unlock(p);

    if (has_capability_noaudit(p, CAP_SYS_ADMIN))
        points -= (points * 3) / 100;

    adj *= totalpages / 1000;
    points += adj;

    return points > 0 ? points : 1;
}
```

从这段代码中，我们可以看到，影响进程 badness 值的因素主要有三个：

- 进程的 oom_score_adj 值；
- 进程的内存占用大小；
- 进程是否是 root 用户的进程。

即 oom_score_adj 值越小，进程占用的内存越小，并且如果是 root 用户的进程，系统就认为这个进程越重要。反之则被认为越不重要，越容易被杀死。

这也是为什么 ActivityManagerService 在计算完进程的优先级之后要更新进程的 oom_score_adj。

2.5.5　LowMemoryKiller

OOM Killer 在系统内存使用情况非常严峻的时候才会起作用。但直到这个时候才开始杀死进程来回收内存是有点晚的。因为在进程被杀死之前，其他进程都无法再申请内存了。因此，Google 在 Android 上新增了一个 LowMemoryKiller 模块。LowMemoryKiller 通常会在 Linux OOM Killer 工作之前就开始杀死进程。

LowMemoryKiller 的做法是：

提供 6 个可以设置的内存级别，当系统内存低于某个级别时，将 oom_score_adj 大于对应指定值的进程全部杀死。

这么说会有些抽象，但具体看一下 LowMemoryKiller 的配置文件就好理解了。

LowMemoryKiller 在 sysfs 上暴露了两个文件来供系统调整参数，这两个文件的路径是：

- /sys/module/lowmemorykiller/parameters/minfree
- /sys/module/lowmemorykiller/parameters/adj

通过 adb shell 连上设备之后，通过 cat 命令查看这两个文件的内容。这两个文件是配对使用的，每个文件中都是由逗号分隔的 6 个整数值。

在某个设备上，这两个文件的值可能分别是下面这样：

- 18432,23040,27648,32256,55296,80640
- 0,100,200,300,900,906

这组配置的含义是、当系统内存少于 80640 页时，将 oom_score_adj 值大于 906 的进程全部杀死；当系统内存少于 55296 页时，将 oom_score_adj 值大于 900 的进程全部杀死，其他类推。

LowMemoryKiller 的源码也在内核中，路径是：kernel/drivers/staging/android/lowmemorykiller.c。

这里需要说明一下的是，LowMemoryKiller 杀死进程的时候会通过内核输出日志，可以通过 dmesg 命令查看这个日志。从这个日志中，我们可以看到被杀死进程的名称、进程 pid 和 oom_score_adj 值。另外还有系统在杀死这个进程之前的系统剩余内存，以及杀死这个进程释放了多少内存。这对于我们开发过程中的调试可能会有帮助。

2.5.6 进程的死亡处理

在任何时候，应用进程都可能死亡，例如被 OOM Killer 或者 LowMemoryKiller 杀死，又或者进程自身 crash，甚至被用户手动杀死。无论哪种情况，作为应用进程的管理者 ActivityManagerService 都需要知道。

在应用进程死亡之后，ActivityManagerService 需要执行如下工作：

- **执行清理工作** ActivityManagerService 内部的 ProcessRecord 以及可能存在的四大组件的相关结构需要全部清理干净。

- **重新计算进程的优先级** 上文已经提到过，进程的优先级是有关联性的，有其中一个进程死亡了，可能会连到影响到其他进程的优先级需要调整。

ActivityManagerService 是利用 Binder 提供的死亡通知机制来进行进程的死亡处理的。简单来说，死亡通知机制提供了进程间的一种死亡监听的能力：当目标进程死亡的时候，监听回调会执行。

ActivityManagerService 中的 AppDeathRecipient 监听了应用进程的死亡消息，该类代码如下：

```java
// ActivityManagerService.java
private final class AppDeathRecipient implements IBinder.DeathRecipient {
    final ProcessRecord mApp;
    final int mPid;
    final IApplicationThread mAppThread;

    AppDeathRecipient(ProcessRecord app, int pid,
            IApplicationThread thread) {
        mApp = app;
        mPid = pid;
        mAppThread = thread;
    }

    @Override
    public void binderDied() {
        synchronized(ActivityManagerService.this) {
            appDiedLocked(mApp, mPid, mAppThread, true);
        }
    }
}
```

每一个应用进程在启动之后，都会"attach"到 ActivityManagerService 上通知它自己的进程已经启动完成了。这时 ActivityManagerService 便会为其创建一个死亡通知的监听器。在这之后如果进程死亡了，ActivityManagerService 便会收到通知。

```java
// ActivityManagerService.java
private final boolean attachApplicationLocked(IApplicationThread thread,
    int pid) {
...
    try {
        AppDeathRecipient adr = new AppDeathRecipient(
                app, pid, thread);
        thread.asBinder().linkToDeath(adr, 0);
        app.deathRecipient = adr;
    } catch (RemoteException e) {
        app.resetPackageList(mProcessStats);
        startProcessLocked(app, "link fail", processName);
        return false;
    }
...
}
```

进程死亡之后的处理工作是在 appDiedLocked 方法中处理的，这部分还是比较容易理解的，这里就不过多讲解了。

2.5.7　参考资料与推荐读物

- https://developer.android.com/studio/profile/investigate-ram.html

- https://developer.android.com/topic/performance/memory-overview.html

- https://lwn.net/Articles/317814/

- https://linux-mm.org/OOM_Killer

- https://www.kernel.org/doc/gorman/html/understand/understand016.html

2.6　结束语

本章我们讲解了 Android 系统启动的管理方式，也介绍了几个主要的系统进程。

我们详细讲解了 Android 系统中进程的创建、优先级的管理和内存的回收。这些内容对于所有运行在 Android 系统中的应用进程都是适用的。优秀的开发者应该充分了解这些内容，因为这是与应用的生命周期密切相关的。

而所有的应用程序都是运行在 Android 上的虚拟机中的，了解虚拟机的运作方式，将让我们更清晰地明白进程的运行状态。因此，下一章我们就来详细讲解 Android 系统上的虚拟机。

第 3 章
Android 系统上的虚拟机

本章我们来讲解每个应用程序都依赖的运行环境：虚拟机。

Android 应用程序主要是通过 Java 语言开发的（当然，也可以结合 NDK 通过 C/C++开发。另外，从 Android N 开始，Kotlin 已经成为 Android 官方开发语言，但实际上 Kotlin 的编译产物仍然是在虚拟机上运行的）。Java 语言的编译产物是不能直接在设备上运行的，而必须借助于虚拟机来执行。

本章我们先从 Java 虚拟机的基本概念说起，了解虚拟机的组成结构及其是如何运作的。在这之后，我们会分别讲解 Android 系统上的 Davlik 和 ART 两种虚拟机。

需要注意的是，无论是 Dalvik 还是 ART，严格意义上来说，它们都不算标准的 Java 虚拟机，因为它们不符合 Java 虚拟机的规范，最基本的：它们不能执行 class 文件。之所以我们还是要讲 Java 虚拟机的基本概念是因为：它们与标准的 Java 虚拟机有很多类似的地方。例如，它们都是运行 Java 语言编译产物的虚拟机，都有类加载器，垃圾回收等概念。因此，了解这些基础知识对我们是很有意义的。

Android 上的虚拟机是由 Google 为 Android 专门开发的。早期的虚拟机是 Dalvik，从 Android 5.0 开始，Dalvik 已经被废弃，新的虚拟机名称是 Android Runtime，简称 ART。

Dalvik 虚拟机虽然已经不再使用，但由于 Dalvik 遗留下的很多机制在 ART 中得到了延伸和兼容，因此我们先从它讲起。

在讲解完 Dalvik 虚拟机之后，我们会花比较多的精力来讲解 ART 虚拟机。

3.1 Java 语言与 Java 虚拟机

3.1.1 Java 语言

Java 是一种计算机编程语言，拥有跨平台、面向对象、泛型编程的特性，广泛应用于企业级 Web 应用开发和移动应用开发。

Java 不同于一般的编译语言或直译语言。它首先将源代码编译成字节码，然后依赖各种不同平台上的虚拟机来解释执行字节码，从而实现了"一次编写，到处运行"的跨平台特性。在早期 JVM 中，这在一定程度上降低了 Java 程序的运行效率。但在 J2SE 1.4.2 发布后，Java 的运行速度有了大幅提升。

2009 年 Sun 公司被甲骨文公司并购，Java 也随之成为甲骨文公司的产品。

3.1.2 Java 虚拟机

Java 虚拟机（Java Virtual Machine，缩写为 JVM）是一种能够运行 Java bytecode 的虚拟机，以堆栈结构来进行操作。JVM 有三个概念：**规范、实现和实例**。规范是一个正式描述 JVM 实现所需要的文档，具有单个规范确保所有实现是可互操作的。JVM 实现是一种满足 JVM 规范要求的计算机程序。JVM 的实例是在执行编译成 Java 字节码的计算机程序的过程中运行的实现。

Java 虚拟机有自己完善的硬体架构，如处理器、堆栈、寄存器等，还具有相应的指令系统。JVM 屏蔽了与具体操作系统平台相关的信息，使得 Java 程序只需生成在 Java 虚拟机上运行的目标代码（字节码），就可以在多种平台上不加修改地运行。

Java 虚拟机并不知道 Java 编程语言，只知道一个特定的二进制格式：class 文件格式。class 文件包含了 Java 虚拟机的指令（或字节码）和符号表，以及其他辅助信息。

3.1.3 Java 虚拟机实现架构

图 3-1 是 HotSpot JVM 的实现架构。

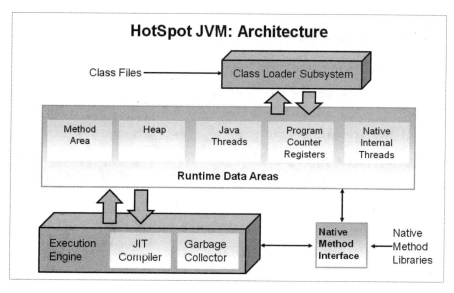

图 3-1　HotSpot JVM 架构

HotSpot 是我们最为熟悉的 Java 虚拟机实现。因为这是 Sun JDK 以及 OpenJDK 中所带的虚拟机。从这幅图中我们看到，HotSpot 虚拟机的实现包含如下几个组成部分。

- **类加载器子系统**：负责加载和验证 class 文件。
- **运行时数据区**：JVM 运行时的内存资源，运行时数据区可以分为以下几个部分。
  - **方法区**：存储类代码和方法代码；
  - **堆**：通过 new 创建的对象都在堆中分配；
  - **Java 线程**：一个 Java 程序可能创建了多个线程，每个线程都会有自己的栈；
  - **程序计数寄存器**：存储执行指令的内存地址；
  - **本地方法栈**：本地方法（例如：C/C++语言）执行的区域。
- **执行引擎**：执行引擎是真正运行 Java 代码的模块，它包括
  - **JIT（Just-In-Time）编译器**：负责将字节码转换为机器码；
  - **垃圾收集器**：负责回收不再使用的对象。
- **本地方法接口**：运行虚拟机与本地方法互相调用。
- **本地方法库**：包含了本地库的信息。

需要注意的是，HotSpot 并非唯一的 JVM 实现，目前市面上还有很多其他公司和组织实现的 Java 虚拟机，例如 BEA JRockit、IBM J9 等。

3.1.4 类加载器（Class loader）

JVM 字节码以 class 文件为组织单位。类加载器实现必须能够识别和加载符合 Javaclass 文件格式的任何内容。任何实现都可以自由地识别除类文件外的其他二进制形式，但它必须识别 class 文件。

类加载器以这个严格的顺序执行三个基本活动。

（1）**加载**：查找和导入类的二进制数据。

（2）**链接**：执行验证，准备和（可选）解析。

- **验证**：确保导入类型的正确性；
- **准备**：为类变量分配内存并将内存初始化为默认值；
- **解析**：将符号引用从类型转换为直接引用。

（3）**初始化**：调用将代码初始化为正确的初始值的 Java 代码。

一般来说，有两种类型的类加载器：**引导类加载器**和**用户自定义类加载器**。每个 Java 虚拟机实现必须一个引导类加载器，用来加载受信任的类。但 Java 虚拟机规范没有指定类加载器应该如何定位类。

3.1.5 垃圾回收

Java 与 C++之间有一堵由内存动态分配和垃圾收集技术所围成的"高墙"，墙外面的人想进去，墙里面的人却想出来——周志明，《深入理解 Java 虚拟机：JVM 高级特性与最佳实践（第 2 版）》。

Java 语言与 C/C++语言最大的区别在于内存的管理。在 C/C++中，内存的申请和释放都必须由程序员手动管理，而在 Java 语言中，程序员只需要关注对象的创建即可。虚拟机中包含了垃圾回收器，专门负责内存的回收。

垃圾回收是一种自动的内存管理机制。当内存中的对象不再需要时，就应该予以释放，以让出存储空间，这种内存资源管理，称为垃圾回收（garbage collection）。垃圾回收器可以减轻程序员的负担，也减少程序员犯错的机会。垃圾回收最早起源于 LISP 语言。目前许多语言如 Smalltalk、C#和 D 语言都支持垃圾回收。

垃圾回收包括两个问题需要解决。

- **收集**：确定哪些对象已经不会再被使用到。
- **回收**：释放这些对象以回收内存。

收集的过程就是确定堆中的对象有哪些已经不再使用。如图 3-2 所示，蓝色部分的对象是仍然存活的对象，而黄色部分的对象已经不再被使用，可以被回收。

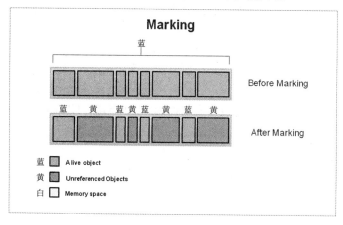

图 3-2　虚拟机中的对象

而回收就是将这些对象销毁掉以回收内存，但直接释放会造成堆中留下很多大小不一的碎片，如图 3-3 所示。

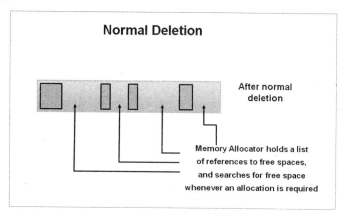

图 3-3　对象释放后留下的碎片

碎片会影响大对象的内存分配，因此好的回收算法还要对遗留下的碎片进行处理。

接下来我们就来看一下主流的垃圾收集和回收算法。

收集算法

垃圾收集主要有下面两种算法。

引用计数

为每个对象附上一个引用计数的状态记录，每当对象被另外一个对象引用时，引用计数加

1，每当引用减少时，引用计数减 1。当对象的引用计数为 0 时，便认为该对象不再被使用。但这种算法有一个很明显的问题，就是需要解决两个对象互相引用对方的问题。

对象追踪

对象追踪算法是以根对象为起点，追踪所有被这些对象所引用的对象，并顺着这些被引用的对象继续往下追踪，在追踪的过程中，对所有被追踪到的对象打上标记。而剩下的那些没有被打过标记的对象便可以认为是没有被使用的，因此这些对象可以被释放掉。虚拟机中垃圾回收的根对象通常是下面这四种类型的对象：

（1）栈中的 local 变量，即方法中的局部变量。

（2）活动的线程（包括主线程和应用程序创建的子线程）。

（3）static 变量。

（4）JNI 中的引用。

回收算法

回收算法包括下面几种。

- **标记—清除**：先暂停整个程序的全部运行线程，让回收线程以单线程进行扫描标记，并进行直接清除回收，然后回收完成，再恢复运行线程。前面我们已经说了，这种算法会产生大量零碎的空闲空间碎片，导致大容量对象不容易获得连续的内存空间，而造成空间浪费。

- **标记—压缩**：和"标记—清除"相似，不同的是，该算法在回收期间会同时将保留下来的对象移动聚集到连续的内存空间，从而避免内存空间碎片。以图 3-3 为例，该算法会将蓝色区域的对象全部移动到一起，使得中间不出现黄色的碎片区域。但读者应该能够想到，对象的移动是需要时间成本的。

- **复制**：该算法会将所拥有的内存空间分成两个部分。程序运行所需的存储对象先存储在其中一个分区中（例如，定义为"分区 0"）。算法执行过程中暂停整个程序的全部运行线程后，进行标记，然后将保留下来的对象移动聚集到另一个分区（例如：定义为"分区 1"），这样便完成了回收。在下一次回收时，两个分区的角色对调。很显然，这种算法虽然避免了内存碎片，但对内存空间的使用是比较浪费的，因为始终只能有一半的空间用来使用。

- **增量回收**：该算法将所拥有的内存空间分成若干分区。程序运行所需的存储对象会分布在这些分区中，每次只对其中一个分区进行回收操作，从而避免程序全部运行线程暂停来进行回收，允许部分线程在不影响回收行为而保持运行，并且降低回收时间，增加程序的响应速度。

- **分代**："复制"算法在极端的情况下，会出现明显的问题，例如：某些很大的对象，它们的生命周期又很长，那么这些对象便会在分区之间来回移动，这显示是很耗时的。而基于"分代"的算法是这样运作的：将所拥有的内存空间分成若干个分区，并标记为"年轻代"空间和"老年代"空间。程序运行所需的存储对象会先存放在年轻代分区，年轻代分区会较为频繁地进行较为激进垃圾回收行为，每次回收完成存活下来的对象的寿命计数器加一。当年轻代分区存储对象的寿命计数器达到一定阈值或存储对象的占用空间超过一定阈值时，则被移动到老年代空间，老年代空间会较少的运行垃圾回收行为。一般情况下，还有永久代的空间，用于涉及程序整个运行生命周期的对象存储，例如运行代码、数据常量等，该空间通常不进行垃圾回收的操作。通过分代，存活在局限域、小容量、寿命短的存储对象会被快速回收；存活在全局域、大容量、寿命长的存储对象就较少被回收行为处理干扰。

后面的内容中我们将看到，Davlik 虚拟机的垃圾回收主要使用了"标记-清除"算法。而 ART 虚拟机中垃圾回收机制，其实是结合了多种垃圾回收算法（其实不仅仅是 ART 虚拟机，大部分的现代虚拟机都会同时包含多个垃圾回收器），而这些算法，基本就是上面提到的这些。

3.1.6　结束语

由于本书不是一本专门讲解 Java 虚拟机的书，因此对于这部分内容我们不会深入展开。有兴趣的读者可以参阅周志明编写的《深入理解 Java 虚拟机：JVM 高级特性与最佳实践（第 2 版）》一书，这是市面上为数不多的深入讲解 Java 虚拟机书，强烈推荐给大家。

3.1.7　参考资料与推荐读物

- https://docs.oracle.com/javase/specs/jvms/se7/html/
- http://www.oracle.com/webfolder/technetwork/tutorials/obe/java/gc01/index.html
- https://docs.oracle.com/javase/8/docs/technotes/guides/vm/gctuning/
- http://www.oracle.com/technetwork/java/javase/tech/memorymanagement-whitepaper-1-150020.pdf
- 《深入理解 Java 虚拟机：JVM 高级特性与最佳实践（第 2 版）》

3.2　Dalvik 虚拟机

Dalvik 是 Google 专门为 Android 操作系统开发的虚拟机。它支持.dex（即 Dalvik Executable）

格式的 Java 应用程序的运行。.dex 格式是专为 Dalvik 设计的一种压缩格式,适合内存和处理器速度有限的系统。Dalvik 由 Dan Bornstein 编写,名字来源于他的祖先曾经居住过的小渔村达尔维克(Dalvík),位于冰岛。

3.2.1 Stack–based VS. Register–based

大多数虚拟机都是基于堆栈架构的,例如前面提到的 HotSpot JVM。然而 Dalvik 虚拟机却恰好不是,它是基于寄存器架构的虚拟机。

对于基于栈的虚拟机来说,每一个运行时的线程,都有一个独立的栈。栈中记录了方法调用的历史,每有一次方法调用,栈中便会多一个栈桢。最顶部的栈桢称作当前栈桢,其代表着当前执行的方法。栈桢中通常包含四个信息。

- **局部变量:**方法参数和方法中定义的局部变量。
- **操作数栈:**后入先出的栈。
- **动态连接:**指向运行时常量池该栈桢所属方法的引用。
- **返回地址:**当前方法的返回地址。

栈帧的结构如图 3-4 所示。

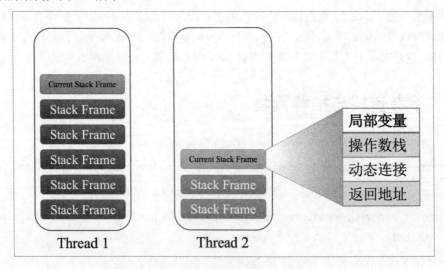

图 3-4 栈帧的结构

基于堆栈架构的虚拟机的执行过程,就是不断在操作数栈上操作的过程。例如,对于计算"1+1"的结果这样一个计算,基于栈的虚拟机需要先将这两个数压入栈,然后通过一条指针对栈顶的两个数字进行加法运算,然后再将结果存储起来。其指令集会是这样子:

```
iconst_1
iconst_1
iadd
istore_0
```

而对于基于寄存器的虚拟机来说执行过程是完全不一样的。该类型虚拟机会将运算的参数放至寄存器中，然后在寄存器上直接进行运算。因此如果是基于寄存器的虚拟机，其指令可能会是这个样子：

```
mov eax, 1
add eax, 1
```

这两种架构哪种更好呢？

很显然，既然它们同时存在，那就意味着它们各有优劣，假设其中一种明显优于另外一种，那劣势的那一种便就不会存在了。

如果我们对这两种架构进行对比，我们会发现它们存在如下的区别：

- 基于栈的架构具有更好的可移植性，因为其实现不依赖于物理寄存器；
- 基于栈的架构通常指令更短，因为其操作不需要指定操作数和结果的地址；
- 基于寄存器的架构通常运行速度更快，因为有寄存器的支撑；
- 基于寄存器的架构通常需要较少的指令来完成同样的运算，因为不需要进行压栈和出栈。

3.2.2　Dalvik Executable(dex)文件

如果我们对比 jar 文件和 dex 文件，就会发现：dex 文件格式相对来说更加紧凑。

jar 文件以 class 为区域进行划分，在连续的 class 区域中会包含每个 class 中的常量、方法、字段等。而 dex 文件按照类型（例如：常量、字段、方法）划分，将同一类型的元素集中到一起进行存放。这样可以更大程度上避免重复，减少文件大小。

两种文件格式的对比如图 3-5 所示。

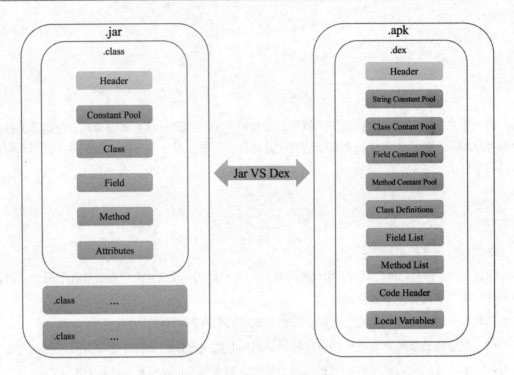

图 3-5　jar 与 dex 文件格式对比

dex 文件的完整格式参见这里：http://source.android.google.cn/devices/tech/dalvik/dex-format。

由于 dex 文件相较于 jar 来说，对同一类型的元素进行了规整，并且去掉了重复项。因此通常情况下，对于同样的内容，前者比后者文件要更小。以下是 Google 给出的数据，从这个对比数据可以看出，两者的差距还是很大的。

内容	未压缩 jar 包	已压缩 jar 包	未压缩 dex 文件
系统库	100%	50%	48%
Web 浏览器	100%	49%	44%
闹钟应用	100%	52%	44%

为了便于开发者分析 dex 文件中的内容，Android 系统中内置了 dexdump 工具。借助这个工具，我们可以详细了解到 dex 的文件结构和内容。以下是这个工具的帮助文档。在接下来的内容中，我们将借这个工具来反编译出 dex 文件中的 Dalvik 指令。

```
angler:/ # dexdump
dexdump: no file specified
Copyright (C) 2007 The Android Open Source Project
```

```
dexdump: [-c] [-d] [-f] [-h] [-i] [-l layout] [-m] [-t tempfile] dexfile...

 -c : verify checksum and exit
 -d : disassemble code sections
 -f : display summary information from file header
 -h : display file header details
 -i : ignore checksum failures
 -l : output layout, either 'plain' or 'xml'
 -m : dump register maps (and nothing else)
 -t : temp file name (defaults to /sdcard/dex-temp-*)
```

3.2.3　Dalvik 指令

Dalvik 虚拟机一共包含两百多条指令。读者可以访问下面这个网址获取这些指令的详细信息：

```
http://source.android.google.cn/devices/tech/dalvik/dalvik-bytecode.html
```

我们这里不会对每条指令做详细讲解，建议读者大致浏览一下上面这个网页。下面以一个简单的例子来让读者对 Dalvik 指令有一个直观的认识。

下面是一个 Activity 的源码，在这个 Activity 中，我们定义了一个 sum 方法，进行两个整数的相加。然后在 Activity 的 onCreate 方法中，在 setContentView 之后，调用这个 sum 方法并传递 1 和 2，然后再将结果通过 System.out.print 进行输出。这段代码很简单，简单到几乎没有什么实际的作用，不过这不要紧，因为这里我们的目的仅仅想看一下我们编写的源码最终得到的 Dalvik 指令究竟是什么样的。

```
package test.android.com.helloandroid;

import android.app.Activity;
import android.os.Bundle;

public class MainActivity extends Activity {

    int sum(int a, int b) {
        return a + b;
    }
```

```
    @Override
    protected void onCreate(Bundle savedInstanceState) {
        super.onCreate(savedInstanceState);
        setContentView(R.layout.activity_main);

        System.out.print(sum(1,2));
    }
}
```

将这个工程编译之后获得了 APK 文件。APK 文件其实是一种压缩格式，我们可以使用任何可以解压 Zip 格式的软件对其解压缩。解压缩之后的文件列表如下所示。

```
├── AndroidManifest.xml
├── META-INF
│   ├── CERT.RSA
│   ├── CERT.SF
│   └── MANIFEST.MF
├── classes.dex
├── res
│   ├── layout
│   │   └── activity_main.xml
│   ├── mipmap-hdpi-v4
│   │   ├── ic_launcher.png
│   │   └── ic_launcher_round.png
│   ├── mipmap-mdpi-v4
│   │   ├── ic_launcher.png
│   │   └── ic_launcher_round.png
│   ├── mipmap-xhdpi-v4
│   │   ├── ic_launcher.png
│   │   └── ic_launcher_round.png
│   ├── mipmap-xxhdpi-v4
│   │   ├── ic_launcher.png
│   │   └── ic_launcher_round.png
│   └── mipmap-xxxhdpi-v4
│       ├── ic_launcher.png
│       └── ic_launcher_round.png
└── resources.arsc
```

其他的文件不用在意，这里我们只要关注 dex 文件即可。我们可以通过 adb push 命令将
classes.dex 文件复制到手机上，然后通过手机上的 dexdump 命令来进行分析。

直接输入 dexdump classes.dex 会得到一个非常长的输出。下面是其中的一个片段：

```
...
Class #40           -
  Class descriptor  : 'Ltest/android/com/helloandroid/MainActivity;'
  Access flags      : 0x0001 (PUBLIC)
  Superclass        : 'Landroid/app/Activity;'
  Interfaces        -
  Static fields     -
  Instance fields   -
  Direct methods    -
    #0              : (in Ltest/android/com/helloandroid/MainActivity;)
      name          : '<init>'
      type          : '()V'
      access        : 0x10001 (PUBLIC CONSTRUCTOR)
      code          -
      registers     : 1
      ins           : 1
      outs          : 1
      insns size    : 4 16-bit code units
      catches       : (none)
      positions     :
        0x0000 line=6
      locals        :
        0x0000 - 0x0004 reg=0 this Ltest/android/com/helloandroid/MainActivity;
  Virtual methods   -
    #0              : (in Ltest/android/com/helloandroid/MainActivity;)
      name          : 'onCreate'
      type          : '(Landroid/os/Bundle;)V'
      access        : 0x0004 (PROTECTED)
      code          -
      registers     : 5
      ins           : 2
      outs          : 3
      insns size    : 20 16-bit code units
      catches       : (none)
```

```
      positions       :
        0x0000 line=14
        0x0003 line=15
        0x0008 line=17
        0x0013 line=18
      locals           :
        0x0000 - 0x0014 reg=3 this Ltest/android/com/helloandroid/MainActivity;
        0x0000 - 0x0014 reg=4 savedInstanceState Landroid/os/Bundle;
    #1                 : (in Ltest/android/com/helloandroid/MainActivity;)
      name             : 'sum'
      type             : '(II)I'
      access           : 0x0000 ()
      code             -
      registers        : 4
      ins              : 3
      outs             : 0
      insns size       : 3 16-bit code units
      catches          : (none)
      positions        :
        0x0000 line=9
      locals           :
        0x0000 - 0x0003 reg=1 this Ltest/android/com/helloandroid/MainActivity;
        0x0000 - 0x0003 reg=2 a I
        0x0000 - 0x0003 reg=3 b I
  source_file_idx      : 455 (MainActivity.java)
...
```

从这个片段中，我们看到了刚刚编写的 MainActivity 类的详细信息。包括每一个方法的名称、签名、访问级别、使用的寄存器等信息。

接下来，我们通过 dexdump-d classes.dex 来反编译代码段，以查看方法实现逻辑所对应的 Dalvik 指令。

通过这个命令，我们得到 sum 方法的指令如下：

```
[019f98] test.android.com.helloandroid.MainActivity.sum:(II)I
0000: add-int v0, v2, v3
```

为了看懂 add-int 指令的含义，我们可以查阅 Dalvik 指令的说明文档：

Mnemonic / Syntax	Arguments	Description
binop vAA, vBB, vCC 90: add-int	A: destination register or pair (8 bits)B: first source register or pair (8 bits)C: second source register or pair (8 bits)	Perform the identified binary operation on the two source registers, storing the result in the destination register.

这段说明文档的含义是：add-int 是一个需要两个操作数的指令，其指令格式是：add-int vAA, vBB, vCC。其指令的运算过程，是将后面两个寄存器中的值进行（加）运算，然后将结果放在（第一个）目标寄存器中。

很显然，对应到 add-int v0,v2,v3 就是将 v2 和 v3 两个寄存器的值相加，并将结果存储到 v0 寄存器上。这正好对应了我们所写的代码：return a+b。

下面，我们再看一下稍微复杂一点的 onCreate 方法对应的 Dalvik 指令：

```
[019f60] test.android.com.helloandroid.MainActivity.onCreate:(Landroid/os/Bundle;)V
0000: invoke-super {v3, v4}, Landroid/app/Activity;.onCreate:(Landroid/os/Bundle;) V //
method@0001
0003: const/high16 v0, #int 2130903040 // #7f03
0005: invoke-virtual {v3, v0}, Ltest/android/com/helloandroid/MainActivity;
.setContentView:(I)V // method@0318
0008: sget-object v0, Ljava/lang/System;.out:Ljava/io/PrintStream; // field@02e0
000a: const/4 v1, #int 1 // #1
000b: const/4 v2, #int 2 // #2
000c: invoke-virtual {v3, v1, v2}, Ltest/android/com/helloandroid/MainActivity;
.sum:(II)I // method@0319
000f: move-result v1
0010: invoke-virtual {v0, v1}, Ljava/io/PrintStream;.print:(I)V // method@02d7
0013: return-void
```

同样，通过查阅指令的说明文档，我们可以知道这里涉及的几条指令含义。

- invoke-super：调用父类中的方法。
- const/high16：将指定的字面值的高 16 位复制到指定的寄存器中，这是一个 16bit 的操作。
- invoke-virtual：调用一个 virtual 方法。
- sget-object：获取类中 static 字段的对象，并存放到指定的寄存器上。
- const/4：将指定的字面值复制到指定的寄存器中，这是一个 32bit 的操作。

- `move-result`：该指令紧接着 invoke-xxx 指令，将上一条指令的结果移动到指定的寄存器中。
- `return-void`：void 方法返回。

由此，我们便能看懂这段指令的含义了。甚至我们已经具备了阅读任何 Dalvik 代码的能力，因为无非就是明白每个指令的含义罢了。

单纯地阅读指令的说明文档可能很枯燥，也不容易记住。建议读者继续写一些复杂的代码，然后通过反编译方式查看其对应的虚拟机指令来进行学习。或者对已有的项目进行反编译来查看其机器指令。也许一些读者觉得，开发者根本不必去阅读这些原本就不准备给人类阅读的机器指令。但实际上，对于底层指令越是熟悉，对底层机制越是了解，越是能让我们写出高效的程序来，因为一旦我们深刻理解机制背后的运行原理，就可以避过或者减少一些不必要的重复运算。再者，具备对于底层指令的理解能力，也为我们分析解决一些从源码层无法分析的问题提供了一个新的手段。

最后想提醒一下，即便在 ART 虚拟机时代，这里学习的 Dalvik 指令和反编译手段仍然是没有过时的。因为这种分析方式是依然可用的。这也是为什么我们要讲解 Dalvik 虚拟机的原因。

3.2.4　Dalvik 启动过程

> 注：自 Android 5.0 开始，Dalvik 虚拟机已经被废弃，其源码也已经从 AOSP 中删除。因此想要查看其源码，需要获取 Android 4.4 或之前版本的代码。本小节接下来贴出的源码取自 AOSP 代码 TAG **android-4.4_r1**。

Dalvik 虚拟机的源码位于下面这个目录中：

```
/dalvik/vm/
```

在 2.1 节中，我们讲解了系统的启动过程，并且也介绍了 zygote 进程。我们提到 zygote 进程会启动虚拟机，但是却没有深入了解过虚拟机是如何启动的，而这正是接下来要讲解的内容。

zygote 进程是由 app_process 启动的，我们来回顾一下 **app_process** `main` 函数中的关键代码：

```
// app_process.cpp

int main(int argc, char* const argv[])
{
...
    if (zygote) {
```

```
        runtime.start("com.android.internal.os.ZygoteInit", args, zygote);
    } else if (className) {
        runtime.start("com.android.internal.os.RuntimeInit", args, zygote);
    } else {
        fprintf(stderr, "Error: no class name or --zygote supplied.\n");
        app_usage();
        LOG_ALWAYS_FATAL("app_process: no class name or --zygote supplied.");
        return 10;
    }
}
```

这里通过 runtime.start 方法指定入口类启动了虚拟机。虚拟机在启动之后，会以入口类的 main 函数为起点来执行。

runtime 是 AppRuntime 类 的 对 象，start 方法是在 AppRuntime 类 的父 类 AndroidRuntime 中定义的方法。该方法中的关键代码如下：

```
// AndroidRuntime.cpp

void AndroidRuntime::start(const char* className, const char* options)
{
    ...

    /* start the virtual machine */
    JniInvocation jni_invocation;
    jni_invocation.Init(NULL);
    JNIEnv* env;
    if (startVm(&mJavaVM, &env) != 0) { ①
        return;
    }
    onVmCreated(env);

    /*
     * Register android functions.
     */
    if (startReg(env) < 0) { ②
        ALOGE("Unable to register all android natives\n");
        return;
    }
```

```
...

    char* slashClassName = toSlashClassName(className);
    jclass startClass = env->FindClass(slashClassName); ③
    if (startClass == NULL) {
        ALOGE("JavaVM unable to locate class '%s'\n", slashClassName);
        /* keep going */
    } else {
        jmethodID startMeth = env->GetStaticMethodID(startClass, "main",
            "([Ljava/lang/String;)V");
        if (startMeth == NULL) {
            ALOGE("JavaVM unable to find main() in '%s'\n", className);
            /* keep going */
        } else {
            env->CallStaticVoidMethod(startClass, startMeth, strArray); ④

#if 0
            if (env->ExceptionCheck())
                threadExitUncaughtException(env);
#endif
        }
    }
    free(slashClassName);

    ALOGD("Shutting down VM\n");  ⑤
    if (mJavaVM->DetachCurrentThread() != JNI_OK)
        ALOGW("Warning: unable to detach main thread\n");
    if (mJavaVM->DestroyJavaVM() != 0)
        ALOGW("Warning: VM did not shut down cleanly\n");
}
```

这段代码主要逻辑如下：

（1）通过 startVm 方法启动虚拟机。

（2）通过 startReg 方法注册 Android Framework 类相关的 JNI 方法。

（3）查找入口类的定义。

（4）调用入口类的 main 方法。

（5）处理虚拟机退出前执行的逻辑。

接下来我们先看 startVm 方法的实现，然后再看 startReg 方法。

AndroidRuntime::startVm 方法有三百多行代码。但其逻辑却很简单，因为这个方法中的绝大部分代码都是在确定虚拟机的启动参数的值。这些值主要来自于许多系统属性，这个方法中读取的属性以及这些属性的含义如表 3-1 所示。

表 3-1　属性及含义

属 性 名 称	属性的含义
dalvik.vm.checkjni	是否要执行扩展的 JNI 检查，CheckJNI 是一种添加额外 JNI 检查的模式；出于性能考虑，这些选项在默认情况下并不会启用。此类检查将捕获一些可能导致堆损坏的错误，例如，使用无效/过时的局部和全局引用。如果这个值为 false，则读取 ro.kernel.android.checkjni 的值
ro.kernel.android.checkjni	只读属性，是否要执行扩展的 JNI 检查。当 dalvik.vm.checkjni 为 false，此值才生效
dalvik.vm.execution-mode	Dalvik 虚拟机的执行模式，即所使用的解释器，下文会讲解
dalvik.vm.stack-trace-file	指定堆栈跟踪文件路径
dalvik.vm.check-dex-sum	是否要检查 dex 文件的校验和
log.redirect-stdio	是否将 stdout/stderr 转换成 log 消息
dalvik.vm.enableassertions	是否启用断言
dalvik.vm.jniopts	JNI 可选配置
dalvik.vm.heapstartsize	堆的起始大小
dalvik.vm.heapsize	堆的大小
dalvik.vm.jit.codecachesize	JIT 代码缓存大小
dalvik.vm.heapgrowthlimit	堆增长的限制
dalvik.vm.heapminfree	堆的最小剩余空间
dalvik.vm.heapmaxfree	堆的最大剩余空间
dalvik.vm.heaptargetutilization	理想的堆内存利用率，其取值位于 0 与 1 之间
ro.config.low_ram	该设备是否是低内存设备
dalvik.vm.dexopt-flags	是否要启用 dexopt 特性，例如字节码校验以及为精确 GC 计算寄存器映射
dalvik.vm.lockprof.threshold	控制 Dalvik 虚拟机调试记录程序内部锁资源争夺的阈值
dalvik.vm.jit.op	对于指定的操作码强制使用解释模式

属 性 名 称	属性的含义
dalvik.vm.jit.method	对于指定的方法强制使用解释模式
dalvik.vm.extra-opts	其他选项

> 注：Android 系统中很多服务都有类似的做法，即通过属性的方式将模块的配置参数外化（暴露出来供外部调整）。这样外部只要设置属性值即可以改变这些模块的内部行为。

这些属性的值会被读取并最终会被组装到 initArgs 中，并以此传递给 JNI_CreateJavaVM 函数来启动虚拟机：

```
// AndroidRuntime.cpp

if (JNI_CreateJavaVM(pJavaVM, pEnv, &initArgs) < 0) {
    ALOGE("JNI_CreateJavaVM failed\n");
    goto bail;
}
```

JNI_CreateJavaVM 函数是虚拟机实现的一部分，因此该方法代码已经位于 Dalvik 中。具体是在这个文件中：/dalvik/vm/Jni.pp。

JNI_CreateJavaVM 方法中的关键代码如下所示。

```
// Jni.cpp

jint JNI_CreateJavaVM(JavaVM** p_vm, JNIEnv** p_env, void* vm_args) {
    const JavaVMInitArgs* args = (JavaVMInitArgs*) vm_args;
    ...

    memset(&gDvm, 0, sizeof(gDvm));

    JavaVMExt* pVM = (JavaVMExt*) calloc(1, sizeof(JavaVMExt));
    pVM->funcTable = &gInvokeInterface;
    pVM->envList = NULL;
    dvmInitMutex(&pVM->envListLock);

    UniquePtr<const char*[]> argv(new const char*[args->nOptions]);
    memset(argv.get(), 0, sizeof(char*) * (args->nOptions));
```

```
...

JNIEnvExt* pEnv = (JNIEnvExt*) dvmCreateJNIEnv(NULL);

gDvm.initializing = true;
std::string status =
        dvmStartup(argc, argv.get(), args->ignoreUnrecognized, (JNIEnv*)pEnv);
gDvm.initializing = false;

...

dvmChangeStatus(NULL, THREAD_NATIVE);
*p_env = (JNIEnv*) pEnv;
*p_vm = (JavaVM*) pVM;
ALOGV("CreateJavaVM succeeded");
return JNI_OK;
}
```

在这个函数中，会读取启动的参数值，并将这些值设置到两个全局变量中，它们是：

```
// Init.cpp

struct DvmGlobals gDvm;
struct DvmJniGlobals gDvmJni;
```

DvmGlobals 这个结构体的定义非常大，总计约 700 行，其中存储了 Dalvik 虚拟机相关的全局属性，这些属性在虚拟机运行过程中会被用到。而 gDvmJni 中则记录了 Jni 相关的属性。

JNI_CreateJavaVM 函数中最关键的就是调用 dvmStartup 函数。很显然，这个函数的含义是：Dalvik Startup。因此这个函数负责了 Dalvik 虚拟机的初始化工作，由于虚拟机本身也是由很多子模块和组件构成的，因此这个函数中调用了一系列的初始化方法来完成整个虚拟机的初始化工作。

在这些方法中，将完成虚拟机堆的创建，内存分配跟踪器的创建，线程的启动，基本核心类加载等一系列工作，在这之后整个虚拟机就启动完成了。

这些方法是与 Dalvik 的实现细节紧密相关的，这里我们就不深入了，有兴趣的读者可以自行去学习。

虚拟机启动完成之后就可以用了。但对于 Android 系统来说，还有一些工作要做，那就是

Android Framework 相关类的 JNI 方法注册。我们知道，Android Framework 主要是 Java 语言实现的，但其中很多类都需要依赖于 native 实现，因此需要通过 JNI 将两种实现衔接起来。例如，在第 1 章我们讲解 Binder 机制中的 Parcel 类就是既有 Java 层接口也有 native 层的实现。除了 Parcel 类，还有其他类也是类似的。并且，Framework 中的类是几乎每个应用程序都可能会被用到的，为了减少每个应用程度单独加载的逻辑，因此虚拟机在启动之后直接就将这些类的 JNI 方法全部注册到虚拟机中了。完成这个逻辑的便是上面我们看到的 startReg 方法：

```
/*
 * Register android functions.
 */
if (startReg(env) < 0) {
    ALOGE("Unable to register all android natives\n");
    return;
}
```

这个函数是在注册所有 Android Framework 中类的 JNI 方法，在 AndroidRuntime 类中，通过 gRegJNI 全局组数记录了这些信息。这个数组包含了一百多个条目，下面是其中的一部分：

```
static const RegJNIRec gRegJNI[] = {
    REG_JNI(register_android_debug_JNITest),
    REG_JNI(register_com_android_internal_os_RuntimeInit),
    REG_JNI(register_android_os_SystemClock),
    REG_JNI(register_android_util_EventLog),
    REG_JNI(register_android_util_Log),
    REG_JNI(register_android_util_FloatMath),
    REG_JNI(register_android_text_format_Time),
    REG_JNI(register_android_content_AssetManager),
    REG_JNI(register_android_content_StringBlock),
    REG_JNI(register_android_content_XmlBlock),
    REG_JNI(register_android_emoji_EmojiFactory),
    REG_JNI(register_android_text_AndroidCharacter),
    REG_JNI(register_android_text_AndroidBidi),
    REG_JNI(register_android_view_InputDevice),
    REG_JNI(register_android_view_KeyCharacterMap),
    REG_JNI(register_android_os_Process),
    REG_JNI(register_android_os_SystemProperties),
    REG_JNI(register_android_os_Binder),
    REG_JNI(register_android_os_Parcel),
```

```
      ...
   };
```

这个数组中的每一项包含了一个函数，每个函数由 Framework 中对应的类提供，负责该类的 JNI 函数注册。这其中就包含我们在第 2 章提到的 Binder 和 Parcel。

我们以 Parcel 为例来看一下，`register_android_os_Parcel` 函数由 android_os_Parcel.cpp 提供，代码如下：

```
int register_android_os_Parcel(JNIEnv* env)
{
   jclass clazz;

   clazz = env->FindClass(kParcelPathName);
   LOG_FATAL_IF(clazz == NULL, "Unable to find class android.os.Parcel");

   gParcelOffsets.clazz = (jclass) env->NewGlobalRef(clazz);
   gParcelOffsets.mNativePtr = env->GetFieldID(clazz, "mNativePtr", "I");
   gParcelOffsets.obtain = env->GetStaticMethodID(clazz, "obtain",
                                        "()Landroid/os/Parcel;");
   gParcelOffsets.recycle = env->GetMethodID(clazz, "recycle", "()V");

   return AndroidRuntime::registerNativeMethods(
      env, kParcelPathName,
      gParcelMethods, NELEM(gParcelMethods));
}
```

这段代码的最后是调用 `AndroidRuntime::registerNativeMethods` 对每个 JNI 方法进行注册，`gParcelMethods` 包含了 Parcel 类中的所有 JNI 方法列表，下面是其中一部分：

```
static const JNINativeMethod gParcelMethods[] = {
   {"nativeDataSize",         "(I)I",
    (void*)android_os_Parcel_dataSize},
   {"nativeDataAvail",        "(I)I",
    (void*)android_os_Parcel_dataAvail},
   {"nativeDataPosition",     "(I)I",
    (void*)android_os_Parcel_dataPosition},
   {"nativeDataCapacity",     "(I)I",
    (void*)android_os_Parcel_dataCapacity},
   {"nativeSetDataSize",      "(II)V",
    (void*)android_os_Parcel_setDataSize},
   {"nativeSetDataPosition",  "(II)V",
```

```
        (void*)android_os_Parcel_setDataPosition},
    {"nativeSetDataCapacity",    "(II)V",
        (void*)android_os_Parcel_setDataCapacity},
    ...
}
```

总结起来这里的逻辑就是：

- Android Framework 中每个包含了 JNI 方法的类负责提供一个，register_xxx 方法，这个方法负责该类中所有 JNI 方法的注册。
- 类中的所有 JNI 方法通过一个二维数组记录。
- gRegJNI 中罗列了所有 Framework 层类提供的 register_xxx 函数指针，并以此指针来完成调用，以使得整个 JNI 注册过程完成。

至此，Dalvik 虚拟机的启动过程就讲解完了，图 3-6 描述了完整的 Dalvik 虚拟机启动过程。

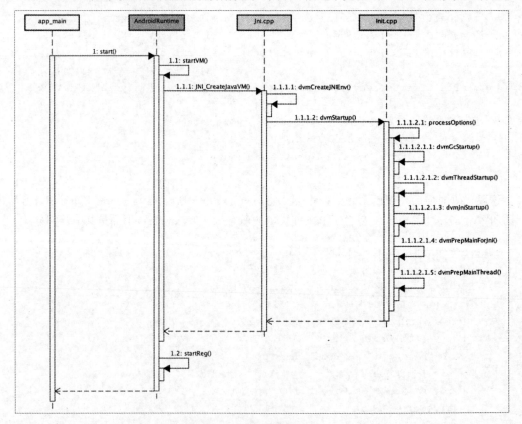

图 3-6　Dalvik 的启动过程

3.2.5　程序的执行：解释与编译

程序员通过源码的形式编写程序，而机器只能认识机器码。从编写完的程序到在机器上运行，中间必须经过一个转换的过程。这个转换的过程有两种做法，那就是：**解释**和**编译**。

- **解释**：源程序由程序解释器边扫描边翻译执行，这种方式不会产生目标文件，因此如果程序执行多次就需要重复解释多次。

- **编译**：通过编译器将源程序完整地翻译成用机器语言表示的与之等价的目标程序。因此，这种方式只要编译一次，得到的产物可以反复执行。

许多脚本语言，例如 JavaScript 用的就是解释方式，因此其开发的过程中不涉及任何编译的步骤（注意，这里仅仅是指程序员的开发阶段，在虚拟机的内部解释过程中，仍然会有编译的过程，只不过对程序员隐藏了）。而对于 C/C++ 这类静态编译语言来说，在写完程序之后到真正运行之前，必须经由编译器将程序编译成机器对应的机器码。

正如前面说过的观点那样：既然一个问题还存在两种解决方法，那么它们自然各有优势。解释性语言通常都具有的一个优点就是跨平台：因为这些语言由解释器承担了不同平台上的兼容工作，而开发者不用关心这一点。相反，编译性语言的编译产物是与平台向对应的，Windows 上编译出来的 C++ 可执行文件（不使用交叉编译工具链）不能在 Linux 或者 Mac 中运行。但反过来，解释性语言的缺点就是运行效率较慢，因为有很多编译的动作延迟到运行时来执行了，这就必然导致运行时间较长。

而 Java 语言介于完全解释和静态编译两者之间。因为无论是 JVM 上的 class 文件还是 Dalvik 上的 dex 文件，这些文件是已经经过词法和语法分析的中间产物。但这个产物与 C/C++ 语言所对应的编译产物还不一样，因为 Java 语言的编译产物只是一个中间产物，并没有完全对应到机器码。在运行时，还需要虚拟机进行解释执行或者进一步编译。

有些 Java 的虚拟机只包含解释器，有些只包含编译器。而在 Dalvik 在最早期的版本中，只包含了解释器，从 Android 2.2 版本开始，包含了 JIT 编译器。图 3-7 细化了解释和编译的流程。

Dalvik 上的解释器

解释器正如其名称那样：负责程序的解释执行。在 Dalvik 中，内置了三个解析器。

- **fast**：默认解释器。这个解释器专门为平台优化过，因为其中包含了手写的汇编代码。

- **portable**：顾名思义，具有较好可移植性的解释器，因为这个解释器是用 C 语言实现的。

- **debug**：专门为 debug 和 profile 所用的解析器，性能较弱。

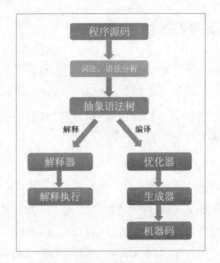

图 3-7　解释和编译的细节流程

用户可以通过设置属性来选择解释器，例如，下面这条命令设定解释器为 portable：

```
adb shell "echo dalvik.vm.execution-mode = int:portable >> /data/local.prop"
```

前面我们已经看到，Dalvik 虚拟机在启动的时候会读取这个属性，因此当你修改了这个属性之后，需要重新启动才能使之生效。

Dalvik 解释器的源码位于这个路径：

```
/dalvik/vm/mterp
```

portable 是最先实现的解释器，这个解释器是以单个 C 语言函数的形式实现的。但是为了改进性能，Google 后来使用汇编语言重写了，这也就是 fast 解释器。为了使得这些汇编程序更容易移植，解释器的实现采用了模块化的方法：这使得允许每次开发特定平台上的特定操作码。

每个配置都有一个"config-*"文件来控制来源代码的生成。源代码被写入 /dalvik/vm/mterp/out 目录，Android 编译系统会读取这里的文件。

熟悉解释器的最好方法就是看翻译生成的文件在"out"目录下的文件。

关于这部分内容就不深入展开了，有兴趣的读者可以自定阅读这部分代码。

Dalvik 上的 Just-in-time（JIT）编译

Java 虚拟机的引入是将传统静态编译的过程进行了分解：首先编译出一个中间产物（无论是 JVM 的 class 文件格式还是 Android 的 dex 文件格式），这个中间产物是平台无关的。而在真正运行这个中间产物的时候，再由解释器将其翻译成具体设备上的机器码，然后执行。

而虚拟机上的解释器通常只对运行到的代码进行机器码翻译。这样做效率就很低，因为有些代码可能要重复执行很多遍（例如，日志输出），但每遍都要重新翻译。

而 JIT 就是为了解决这个问题而产生的，JIT 在运行时进行代码的编译，这样下次再次执行同样的代码时，就不用再次解释翻译了，而是可以直接使用编译后的结果，这样就加快了执行的速度。但它并非编译所有代码，而是有选择性地进行编译，并且这个"选择性"是 JIT 编译器尤其需要考虑的。因为编译是一个非常耗时的事情，对于那些运行较少的"冷门"代码进行编译可能会适得其反。

总的来说，JIT 在选择哪些代码进行编译时，有两种做法：

（1）Method JIT。

（2）Trace JIT。

第一种是以 Java 方法为单位进行编译。第二种是以代码行为单位进行编译。考虑到移动设备上内存较小（编译的过程需要消耗内存），因此 Dalvik 上的 JIT 以后一种做法为主。

实际上，对于 JIT 来说，最重要还是需要确定哪些代码是"热门"代码并需要编译，解决这个问题的做法如图 3-8 所示。

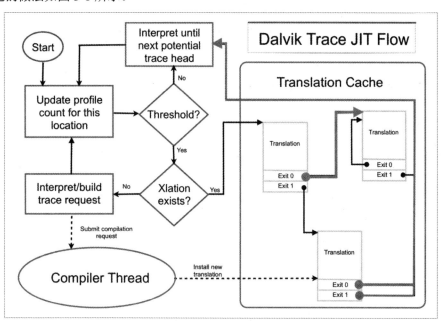

图 3-8　Dalvik 上的 Trace JIT 工作流程

这个过程如下：

• 　首先需要记录代码的执行次数。

- 并设定一个"热门"代码的阈值，每次执行时都比对一下看看有没有到阈值。
  - 如果没有，则还是继续用解释的方式执行。
  - 如果到了阈值，则检查该代码是否存在已经编译好的产物。
    - ✓ 如果有编译好的产物，则直接使用；
    - ✓ 如果没有编译好的产物，则发送编译的请求。
- 虚拟机需要对已经编译好的机器码进行缓存。

3.2.6 Dalvik 上的垃圾回收

垃圾回收是 Java 虚拟机最为重要的一个特性。垃圾回收使得程序员不用再关心对象的释放问题，极大地简化了开发的过程。在前面的内容中，我们已经介绍了主要的垃圾回收算法。这里具体看一下 Dalvik 虚拟机上的垃圾回收。

Davlik 上的垃圾回收主要是在下面的这些时机触发：

- 堆中无法再创建对象的时候；
- 堆中的内存使用率超过阈值的时候；
- 程序通过 Runtime.gc() 主动 GC 的时候；
- 在 OOM 发生之前的时候。

不同时机下 GC 的策略是有区别的，在 Heap.h 中定义了这四种 GC 的策略：

```
// Heap.h

/* Not enough space for an "ordinary" Object to be allocated. */
extern const GcSpec *GC_FOR_MALLOC;

/* Automatic GC triggered by exceeding a heap occupancy threshold. */
extern const GcSpec *GC_CONCURRENT;

/* Explicit GC via Runtime.gc(), VMRuntime.gc(), or SIGUSR1. */
extern const GcSpec *GC_EXPLICIT;

/* Final attempt to reclaim memory before throwing an OOM. */
extern const GcSpec *GC_BEFORE_OOM;
```

不同的垃圾回收策略会有一些不同的特性，例如：是否只清理应用程序的堆，还是连 Zygote 的堆也要清理；该垃圾回收算法是否是并行执行的；是否需要对软引用进行处理等。

Dalvik 的垃圾回收算法在下面这个文件中实现：

```
/dalvik/vm/alloc/MarkSweep.h
/dalvik/vm/alloc/MarkSweep.cpp
```

从文件名称上我们就能看得出，Dalvik 使用的是标记清除的垃圾回收算法。

Heap.cpp 中的 `dvmCollectGarbageInternal` 函数控制了整个垃圾回收过程，其主要过程如图 3-9 所示。

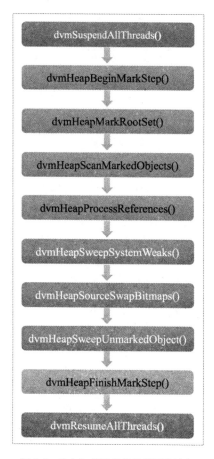

图 3-9　Dalvik 虚拟机的垃圾回收流程

在垃圾收集过程中，Dalvik 使用的是对象追踪方法，其中的详细步骤说明如下。

- 在开始垃圾回收之前，要暂停所有线程的执行：`dvmSuspendAllThreads(SUSPEND_FOR_GC)`;
- 创建 GC 标记的上下文：`dvmHeapBeginMarkStep`;

- 对 GC 的根对象进行标记：dvmHeapMarkRootSet；
- 然后以此为起点进行对象的追踪：dvmHeapScanMarkedObjects；
- 处理引用关系：dvmHeapProcessReferences；
- 执 行 清 理 ：dvmHeapSweepSystemWeaks， dvmHeapSourceSwapBitmaps，dvmHeapSweepUnmarkedObjects；
- 完成标记工作：dvmHeapFinishMarkStep；
- 恢复所有线程的执行：dvmResumeAllThreads。

dvmHeapSweepUnmarkedObjects 函数会调用 sweepBitmapCallback 来清理对象，这个函数的代码如下所示。

```
// MarkSweep.cpp

static void sweepBitmapCallback(size_t numPtrs, void **ptrs, void *arg)
{
    assert(arg != NULL);
    SweepContext *ctx = (SweepContext *)arg;
    if (ctx->isConcurrent) {
        dvmLockHeap();
    }
    ctx->numBytes += dvmHeapSourceFreeList(numPtrs, ptrs);
    ctx->numObjects += numPtrs;
    if (ctx->isConcurrent) {
        dvmUnlockHeap();
    }
}
```

3.2.5 节中，我们讲过：垃圾回收清理完对象之后会遗留下内存碎片，因此虚拟机还需要对碎片进行整理。在 Dalvik 虚拟机中，直接利用了底层内存管理库完成这项工作。Dalvik 的内存管理是基于 dlmalloc 实现的，这是由 Doug Lea 实现的内存分配器。而 Dalvik 的内存整理直接利用了 dlmalloc 中的 mspace_bulk_free 函数进行了处理。读者可以在这里了解 dlmalloc：http://g.oswego.edu/dl/html/malloc.html。

看到 Dalvik 垃圾回收算法的读者应该能够发现，Dalvik 虚拟机上的垃圾回收有一个很严重的问题，那就是在进行垃圾回收的时候，会暂停所有线程。而这个在程序执行过程中几乎是不能容忍的，这个暂停会造成应用程序的卡顿，并且这个卡顿会伴随着每次垃圾回收而存在。这也是为什么早期 Android 系统给大家的感受就是：很卡。这也是 Google 要用新的虚拟机来彻底替代 Dalvik 的原因之一。

在 3.3 节中，我们会讲解 Android 系统上新的虚拟机，也会看到它是如何解决垃圾回收的卡顿问题的。

3.2.7　参考资料与推荐读物

- https://source.android.com/devices/tech/dalvik/dalvik-bytecode.html

- https://source.android.com/devices/tech/dalvik/dex-format.html

- https://www.youtube.com/watch?v=Ls0tM-c4Vfo

- http://sites.google.com/site/io/dalvik-vm-internals

- http://www.usenix.org/events/vee05/full_papers/p153-yunhe.pdf

- http://davidehringer.com/software/android/The_Dalvik_Virtual_Machine.pdf

- http://NewAndroidBook.com/files/Andevcon-DEX.pdf

- http://www.anandtech.com/show/8231/a-closer-look-at-android-runtime-art-in-android-l/

- http://blog.reverberate.org/2012/12/hello-jit-world-joy-of-simple-jits.html

- http://blog.csdn.net/luoshengyang/article/details/8852432

3.3　Android Runtime（ART）

从 Android 5.0（Lollipop）开始，Android Runtime（下文简称 ART）就彻底代替了原先的 Dalvik，成为 Android 系统上新的虚拟机。

本节我们就来详细了解一下 ART 虚拟机。

3.3.1　ART VS.Dalvik

Dalvik 虚拟机是 2008 年跟随 Android 系统一起发布的。当时的移动设备的系统内存只有 64MB 左右，CPU 频率在 250～500MHz 之间。现在硬件水平早已发生了巨大变化。随着智能设备的兴起，这些年移动芯片的性能每年都有大幅提升。如今的智能手机内存已经有 6GB 甚至 8GB 至多。CPU 也已经步入了 64 位的时代，频率高达 2.0GHz 甚至更高。硬件的更新，常常也伴随着软件的换代。因此，Dalvik 虚拟机被淘汰也是情理之中的事情。

Dalvik 之所以要被 ART 替代包含下面几个原因：

- Dalvik 是为 32 位设计的，不适用于 64 位 CPU。

- 单纯的字节码解释加 JIT 编译的执行方式，性能要弱于本地机器码的执行。

- 无论是解释执行还是 JIT 编译都是单次运行过程中发生，每运行一次都可能需要重新做这些工作，这样做太浪费资源。

- 原先的垃圾回收机制不够好，会导致卡顿。

很显然，ART 虚拟机对上面提到的这些地方做了改进。除了支持 64 位，最主要的是下面两项改进。

- **AOT 编译**：Ahead-of-time（AOT）是相对于 Just-in-time（JIT）而言的。JIT 是在运行时进行字节码到本地机器码的编译，这也是为什么 Java 普遍被认为效率比 C++差的原因。无论是解释器的解释，还是运行过程中即时编译，都比 C++编译出的本地机器码执行多了一个耗费时间的过程。而 AOT 就是向 C++编译过程靠拢的一项技术：当 APK 在安装的时候，系统会通过一个名称为 dex2oat 的工具将 APK 中的 dex 文件编译成包含本地机器码的 oat 文件存放下来。这样做之后，在程序执行的时候，就可以直接使用已经编译好的机器码以加快效率。

- **垃圾回收的改进**：GC（Garbage Collection）是虚拟机非常重要的一个特性，因为它的实现好坏会影响所有在虚拟机上运行的应用。GC 实现得不好可能会导致画面跳跃、掉帧、UI 响应过慢等问题。ART 的垃圾回收机制相较于 Dalvik 虚拟机有如下改进：

  o 将 GC 的停顿由 2 次改成 1 次；

  o 在仅有一次的 GC 停顿中进行并行处理；

  o 在特殊场景下，对近期创建的具有较短生命的对象消耗更少的时间进行垃圾回收；

  o 改进垃圾收集的工效，更频繁地执行并行垃圾收集；

  o 对于后台进程的内存在垃圾回收过程进行压缩以解决碎片化的问题。

AOT 编译是在应用程序安装时就进行的工作，图 3-10 描述了 Dalvik 虚拟机与（Android 5.0 上的）ART 虚拟机在安装 APK 时的区别。

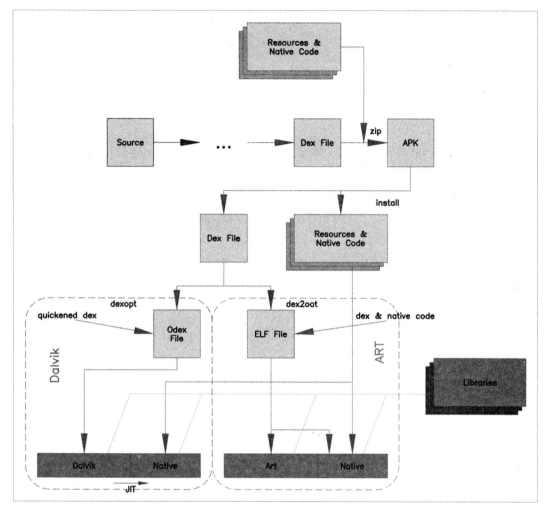

图 3-10　两种虚拟机上安装 APK 时的流程

从这幅图中我们看到：

- 在 Dalvik 虚拟机上，APK 中的 Dex 文件在安装时会被优化成 odex 文件，在运行时，会被 JIT 编译器编译成 native 代码。

- 而在 ART 虚拟机上安装时，Dex 文件会直接由 dex2oat 工具翻译成 oat 格式的文件，oat 文件中既包含了 dex 文件中原先的内容，也包含了已经编译好的 native 代码。

dex2oat 生成的 oat 文件在设备上位于/data/dalvik-cache/目录下。同时，由于 32 位和 64 位的机器码有所区别，因此这个目录下还会通过子文件夹对 oat 文件进行分类。例如，手机上通常会有下面两个目录：

- /data/dalvik-cache/arm/

- /data/dalvik-cache/arm64/

接下来，我们就以 oat 文件为起点来了解 ART 虚拟机。

3.3.2 OAT 文件格式

OAT 文件遵循 ELF 格式。ELF 是 UNIX 系统上可执行文件、目标文件、共享库和 Core dump 文件的标准格式。ELF 全称是 Executable and Linkable Format，该文件格式如图 3-11 所示。

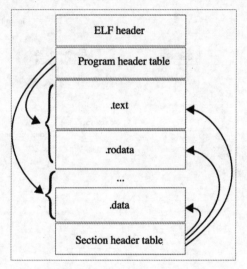

图 3-11　ELF_layout

每个 ELF 文件包含一个 ELF 头信息，以及文件数据。

头信息描述了整个文件的基本属性，例如，ELF 文件版本、目标机器型号、程序入口地址等。

文件数据包含三种类型的数据。

- 程序表（Program header table）：该数据会影响系统加载进程的内存地址空间。

- 段表（Section header table）：描述了 ELF 文件中各个段（Section）的信息。

- 若干个段。常见的段包括

  o 代码段（.text）：程序编译后的指令；

  o 只读数据段（.rodata）：只读数据，通常是程序里面的只读变量和字符串常量；

  o 数据段（.data）：初始化了的全局静态变量和局部静态变量；

  o BSS 端（.bss）：未初始化的全局变量和局部静态变量。

关于 ELF 文件格式的详细说明可以参见维基百科：https://en.wikipedia.org/wiki/Executable_and_Linkable_Format，这里不再深入讨论。

下面我们再来看一下 OAT 文件的格式，如图 3-12 所示。

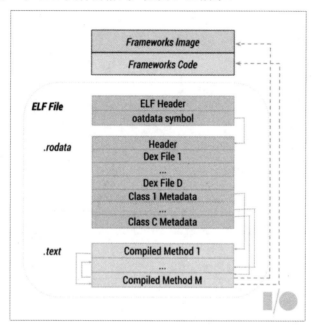

图 3-12　ELF_layout

从这个图中我们看到，OAT 文件中包含以下内容。

- ELF Header：ELF 头信息。
- oatdata symbol：oatdata 符号，其地址指向了 OAT 头信息。
- Header：Oat 文件的头信息，详细描述了 Oat 文件中的内容。例如，Oat 文件的版本、Dex 文件个数、指令集等等信息。Header、Dex File 数组及 Class Metadata 数组都位于 ELF 的只读数据段（.rodata）中。
- Dex File 数组：生成该 Oat 文件的 Dex 文件，可能包含多个。
- Class Metadata 数组：Dex 中包含的类的基本信息，可能包含多个。通过其中的信息可以索引到编译后的机器码。
- 编译后的方法代码数组：每个方法编译后对应的机器码，可能包含多个。这些内容位于代码段（.text）中。

我们可以通过/art/目录下的这些源码文件来详细了解 Oat 文件的结构：

- compiler/oat_witer.h
- compiler/oat_writer.cc
- dex2oat/dex2oat.cc
- runtime/oat.h
- runtime/oat.cc
- runtime/oat_file.h
- runtime/oat_file.cc
- runtime/image.h
- runtime/image.cc

Oat 文件的主要组成结构如表 3-2 所示。

表 3-2　Oat 文件组成结构说明

字 段 名 称	说　明
OatHeader	Oat 文件头信息
OatDexFile 数组	Dex 文件的详细信息
Dex 数组	.dex 文件的副本
TypeLookupTable 数组	用来辅助查找 Dex 文件中的类
ClassOffsets 数组	OatDexFile 中每个类的偏移表
OatClass 数组	每个类的详细信息
padding	如果需要，通过填充 padding 来让后面的内容进行页面对齐
OatMethodHeader	Oat 文件中描述方法的头信息
MethodCode	类的方法代码，OatMethodHeader 和 MethodCode 会交替出现多次

dex 文件可以通过 dexdump 工具进行分析。Oat 文件也有对应的 dump 工具，这个工具就叫 oatdump。

通过 adb shell 连上设备之后，可以通过输入 oatdump 来查看该命令的帮助：

```
angler:/ # oatdump
No arguments specified
Usage: oatdump [options] ...
    Example: oatdump --image=$ANDROID_PRODUCT_OUT/system/framework/boot.art
    Example: adb shell oatdump --image=/system/framework/boot.art
```

```
--oat-file=<file.oat>: specifies an input oat filename.
   Example: --oat-file=/system/framework/boot.oat

--image=<file.art>: specifies an input image location.
   Example: --image=/system/framework/boot.art

--app-image=<file.art>: specifies an input app image. Must also have a specified
boot image and app oat file.

...
```

例如，可以通过--list-classes 命令参数来列出 dex 文件中的所有类。

```
oatdump --list-classes --oat-file=/data/dalvik-cache/arm64/
system@app@Calendar@Calendar.apk@classes.dex
```

3.3.3　boot.oat 与 boot.art

任何应用程序都不是孤立存在的，几乎所有应用程序都会依赖 Android Framework 中提供的基础类，例如，`Activity`、`Intent`、`Parcel` 等类。所以在应用程序的代码中，自然少不了对于这些类的引用。因此，在图 3-12 中我们看到，代码（.text）段中的的代码会引用 Framework Image 和 Framrwork Code 中的内容。

考虑到几乎所有应用都存在这种引用关系，在运行时都会依赖于 Framework 中的类，因此系统如何处理这部分逻辑就显得非常重要了，因为这个处理的方法将影响到所有应用程序。

在 AOSP 编译时，会将所有这些公共类放到专门的一个 Oat 文件中，这个文件就是 boot.oat。与之配合的还有一个 boot.art 文件。

我们可以在设备上的/data/dalvik-cache/[platform]/目录下找到这两个文件：

```
-rw-r--r-- 1 root   root   11026432 1970-06-23 01:35 system@framework@boot.art
-rw-r--r-- 1 root   root   31207992 1970-06-23 01:35 system@framework@boot.oat
```

boot.art 中包含了指向 boot.oat 中方法代码的指针，它被称之为启动镜像（BootImage），并且被加载的位置是固定的。boot.oat 被加载的地址紧随 boot.art。包含在启动镜像中的类是一个很长的列表，它们在这个文件中配置：`frameworks/base/config/preloaded-classes`。从 Android L（5.0）之后的版本开始，设备厂商可以在设备的 device.mk 中通过 `PRODUCT_DEX_PREOPT_ BOOT_FLAGS` 变量来添加配置到启动镜像中的类。像这样：

```
PRODUCT_DEX_PREOPT_BOOT_FLAGS += --image-classes=<filename>
```

系统在初次启动时，会根据配置的列表来生成 boot.oat 和 boot.art 两个文件（读者也可以手动将/data/dalvik-cache/目录下文件都删掉来让系统重新生成），生成时的相关日志如下：

```
    1249:10-04 04:25:45.700   530   530 I art      : GenerateImage: /system/bin/
dex2oat --image=/data/dalvik-cache/arm64/system@framework@boot.art
--dex-file=/system/framework/core-oj.jar
--dex-file=/system/framework/core-libart.jar
--dex-file=/system/framework/conscrypt.jar
--dex-file=/system/framework/okhttp.jar
--dex-file=/system/framework/core-junit.jar
--dex-file=/system/framework/bouncycastle.jar
--dex-file=/system/framework/ext.jar --dex-file=/system/framework/framework.jar
--dex-file=/system/framework/telephony-common.jar
--dex-file=/system/framework/voip-common.jar
--dex-file=/system/framework/ims-common.jar
--dex-file=/system/framework/apache-xml.jar
--dex-file=/system/framework/org.apache.http.legacy.boot.jar
--oat-file=/data/dalvik-cache/arm64/system@framework@boot.oat
--instruction-set=arm64 --instruction-set-features=smp,a53 --base=0x6f96c000
--runtime-arg -Xms64m --runtime-arg -Xmx64m --compiler-filter=verify-at-runtime
--image-classes=/system/etc/preloaded-classes
--compiled-classes=/system/etc/compiled-classes -j4 --instruction-set-variant=cor
```

3.3.4　Dalvik 到 ART 的切换

ART 虚拟机是在 Android 5.0 上正式启用的。实际上在 Android 4.4 上就已经内置了 ART 虚拟机，只不过默认没有启用。但是 Android 在系统设置中提供了选项让用户可以切换。那么我们可能会很好奇，这里到底是如何进行虚拟机的切换的呢？

要知道这里是如何实现的，我们可以从设置界面的代码入手。Android 4.4 上是在开发者选项中提供了切换虚拟机的入口，其实现类是 DevelopmentSettings。

如果查看相关代码你就会发现，这里切换的过程其实就是设置了一个属性值，然后将系统直接重启。相关代码如下：

```
// DevelopmentSettings.java
```

```
private static final String SELECT_RUNTIME_PROPERTY = "persist.sys.dalvik.vm.lib";
...


SystemProperties.set(SELECT_RUNTIME_PROPERTY, newRuntimeValue);
pokeSystemProperties();
PowerManager pm = (PowerManager)
      context.getSystemService(Context.POWER_SERVICE);
pm.reboot(null);
```

那么接下来我们要关注的自然是 persist.sys.dalvik.vm.lib 属性被哪里读取到了。

回顾一下 AndroidRuntime::start 方法，读者可能会发现这个方法中有两行代码我们看到了却没有关注过：

```
// AndroidRuntime.cpp

void AndroidRuntime::start(const char* className, const char* options)
{
    ...

    /* start the virtual machine */
    JniInvocation jni_invocation;
    jni_invocation.Init(NULL);
    JNIEnv* env;
    if (startVm(&mJavaVM, &env) != 0) { ①
        return;
    }
```

就是下面这两行。实际上，它们就是切换虚拟机的关键。

```
JniInvocation jni_invocation;
jni_invocation.Init(NULL);
```

JniInvocation 这个结构是在/libnativehelper/目录下定义的。对于虚拟机的选择也就是在这里确定的。persist.sys.dalvik.vm.lib 属性的值实际上是 so 文件的路径，可能是 **libdvm.so**，也可能是 libart.so，前者是 Dalvik 虚拟机的实现，而后者就是 ART 虚拟机的实现。

JniInvocation::Init 方法代码如下：

```cpp
// JniInvocation.cpp

bool JniInvocation::Init(const char* library) {
#ifdef HAVE_ANDROID_OS
  char default_library[PROPERTY_VALUE_MAX];
  property_get("persist.sys.dalvik.vm.lib", default_library, "libdvm.so"); ①
#else
  const char* default_library = "libdvm.so";
#endif
  if (library == NULL) {
    library = default_library;
  }

  handle_ = dlopen(library, RTLD_NOW); ②
  if (handle_ == NULL) { ③
    ALOGE("Failed to dlopen %s: %s", library, dlerror());
    return false;
  }
  if (!FindSymbol(reinterpret_cast<void**>(&JNI_GetDefaultJavaVMInitArgs_), ④
              "JNI_GetDefaultJavaVMInitArgs")) {
    return false;
  }
  if (!FindSymbol(reinterpret_cast<void**>(&JNI_CreateJavaVM_),
              "JNI_CreateJavaVM")) {
    return false;
  }
  if (!FindSymbol(reinterpret_cast<void**>(&JNI_GetCreatedJavaVMs_),
              "JNI_GetCreatedJavaVMs")) {
    return false;
  }
  return true;
}
```

这段代码的逻辑其实很简单：

（1）获取 persist.sys.dalvik.vm.lib 属性的值（可能是 libdvm.so，或者是 libart.so）。

（2）通过 dlopen 加载这个 so 库。

（3）如果加载失败则报错。

（4）确定 so 中包含了 JNI 接口需要的三个函数，它们分别是：`JNI_GetDefaultJavaVMInitArgs`、`JNI_CreateJavaVM`、`JNI_GetCreatedJavaVMs`。

而每当用户通过设置修改了 `persist.sys.dalvik.vm.lib` 属性值之后，便会改变这里加载的 so 库。由此导致了虚拟机的切换，如图 3-13 所示。

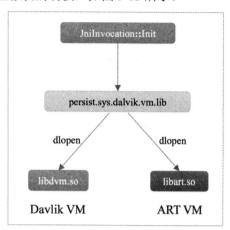

图 3-13　Dalvik 与 ART 虚拟机的切换

3.3.5　ART 虚拟机的启动过程

ART 虚拟机的代码位于下面的路径：

```
/art/runtime
```

前一小节中我们看到，`JNI_CreateJavaVM` 是由 Dalvik 虚拟机提供的用来创建虚拟机实例的函数。并且在 `JniInvocation::Init` 方法中会检查，ART 虚拟机的实现中也要包含这个函数。

实际上，这个函数是由 JNI 标准接口定义的，提供 JNI 功能的虚拟机都需要提供这个函数，用来从 native 代码中启动虚拟机。

因此要知道 ART 虚拟机的启动逻辑，我们需要从 ART 的 `JNI_CreateJavaVM` 函数看起。

这个函数代码如下：

```
// java_vm_ext.cc

extern "C" jint JNI_CreateJavaVM(JavaVM** p_vm, JNIEnv** p_env, void* vm_args) {
  ScopedTrace trace(__FUNCTION__);
```

```
const JavaVMInitArgs* args = static_cast<JavaVMInitArgs*>(vm_args);
if (IsBadJniVersion(args->version)) {
  LOG(ERROR) << "Bad JNI version passed to CreateJavaVM: " << args->version;
  return JNI_EVERSION;
}
RuntimeOptions options;
for (int i = 0; i < args->nOptions; ++i) {
  JavaVMOption* option = &args->options[i];
  options.push_back(std::make_pair(std::string(option->optionString),
  option->extraInfo));
}
bool ignore_unrecognized = args->ignoreUnrecognized;
if (!Runtime::Create(options, ignore_unrecognized)) {
  return JNI_ERR;
}

// Initialize native loader. This step makes sure we have
// everything set up before we start using JNI.
android::InitializeNativeLoader();

Runtime* runtime = Runtime::Current();
bool started = runtime->Start();
if (!started) {
  delete Thread::Current()->GetJniEnv();
  delete runtime->GetJavaVM();
  LOG(WARNING) << "CreateJavaVM failed";
  return JNI_ERR;
}

*p_env = Thread::Current()->GetJniEnv();
*p_vm = runtime->GetJavaVM();
return JNI_OK;
}
```

这段代码中涉及的逻辑较多，这里就不贴出更多的代码了。图 3-14 总结了 ART 虚拟机的启动过程。

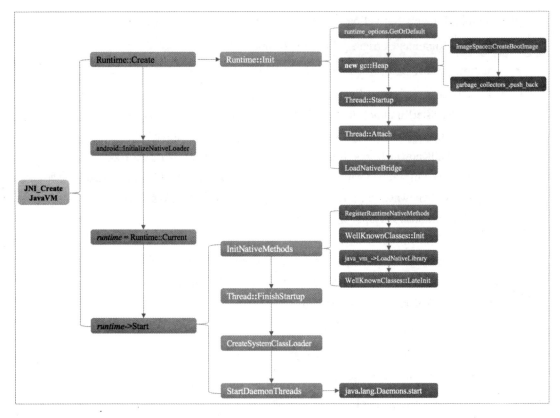

图 3-14　ART 虚拟机的启动过程

图中的步骤说明如下。

- Runtime::Create：创建 Runtime 实例。
  - Runtime::Init：对 Runtime 进行初始化。
    - ✔ runtime_options.GetOrDefault：读取启动参数。
    - ✔ new gc::Heap：创建虚拟机的堆，Java 语言中通过 new 创建的对象都位于 Heap 中。
      - ➢ ImageSpace::CreateBootImage：初次启动会创建 Boot Image，即 boot.art。
      - ➢ garbage_collectors_.push_back：创建若干个垃圾回收器并添加到列表中，见下文垃圾回收部分。
    - ✔ Thread::Startup：标记线程为启动状态。
    - ✔ Thread::Attach：设置当前线程为虚拟机主线程。
    - ✔ LoadNativeBridge：通过 dlopen 加载 native bridge，见下文。

- android::InitializeNativeLoader：初始化 native loader，见下文。

- runtime=Runtime::Current：获取当前 Runtime 实例。

- runtime->Start：通过 Start 接口启动虚拟机。
  - InitNativeMethods：初始化 native 方法。
    - ✓ RegisterRuntimeNativeMethods：注册 dalvik.system、java.lang、libcore.util、org.apache.harmony 以及 sun.misc 几个包下类的 native 方法。
    - ✓ WellKnownClasses::Init：预先缓存一些常用的类、方法和字段。
    - ✓ java_vm_->LoadNativeLibrary：加载 libjavacore.so 和 libopenjdk.so 两个库。
    - ✓ WellKnownClasses::LateInit：预先缓存一些前面无法缓存的方法和字段。
  - Thread::FinishStartup：完成初始化。
  - CreateSystemClassLoader：创建系统类加载器。
  - StartDaemonThreads：调用 java.lang.Daemons.start 方法启动守护线程。
    - ✓ java.lang.Daemons.start：启动了下面四个 Daemon
      - ➤ ReferenceQueueDaemon；
      - ➤ FinalizerDaemon；
      - ➤ FinalizerWatchdogDaemon；
      - ➤ HeapTaskDaemon。

从这个过程中我们看到，ART 虚拟机的启动涉及：创建堆；设置线程；加载基础类；创建系统类加载器；以及启动虚拟机需要的 daemon 等工作。

除此之外，这里再对 native bridge 和 native loader 做一些说明。这两个模块的源码位于下面这个路径：

```
/system/core/libnativebridge/
/system/core/libnativeloader/
```

- **native bridge**：我们知道，Android 系统主要是为 ARM 架构的 CPU 为开发的。因此，很多的库都是为 ARM 架构的 CPU 编译的。但是如果将 Android 系统移植到其他平台（如 Intel 的 x86 平台），就会出现很多的兼容性问题（ARM 的指令无法在 x86CPU 上执行）。而这个模块的作用就是：在运行时动态地进行 native 指令的转译，即将 ARM 的指令转译成其他平台（如 x86）的指令，这也是为什么这个模块的名字叫 "Bridge"。

- **native loader**：顾名思义，这个模块专门负责 native 库的加载。一旦应用程序使用 JNI 调用，就会涉及 native 库的加载。Android 系统自 Android 7.0 开始，加强了应用程序对于 native 库链接的限制：只有系统明确公开的库才允许应用程序链接。这么做的目的是为了减少因为系统升级导致了二进制库不兼容（例如：某个库没有了，或者函数符号变了），从而导致应用程序 crash 的问题。而这个限制的工作就是在这个模块中完成的。系统公开的二进制库在这个文件（设备上的路径）中列了出来：/etc/public.libraries.txt。除此之外，厂商也可能会公开一些扩展的二进制库，厂商需要将这些库放在 vendor/lib（或者/vendor/lib64）目录下，同时将它们列在/vendor/etc/public.libraries.txt 中。

3.3.6　内存分配

应用程序在任何时候都可能会创建对象，因此虚拟机对于内存分配的实现方式会严重影响应用程序的性能。

原先 Davlik 虚拟机使用的是传统的 dlmalloc 内存分配器进行内存分配。这个内存分配器是 Linux 上很常用的，但是它没有为多线程环境做过优化，因此 Google 为 ART 虚拟机并发了一个新的内存分配器：RoSalloc，它的全称是 Rows of Slots allocator。RoSalloc 相较于 dlmalloc 来说，在多线程环境下有更好的支持：在 dlmalloc 中，分配内存时使用了全局的内存锁，这就很容易造成性能不佳。而在 RoSalloc 中，允许在线程本地区域存储小对象，这样就避免了全局锁的等待时间。ART 虚拟机中，这两种内存分配器都有使用。

要了解 ART 虚拟机对于内存的分配和回收，我们需要从 Heap 入手，/art/runtime/gc/目录下的代码对应了这部分逻辑的实现。

在前面讲解 ART 虚拟机的启动过程中，我们已经看到过，ART 虚拟机启动中便会创建 Heap 对象。其实在 Heap 的构造函数，还会创建下面两类对象：

- 若干个 Space 对象：Space 用来响应应用程序对内存分配的请求；
- 若干个 GarbageCollector 对象：GarbageCollector 用来进行垃圾收集，不同的 GarbageCollector 执行的策略不一样，见下文"垃圾回收"。

Space 有下面几种类型：

```
enum SpaceType {
  kSpaceTypeImageSpace,
  kSpaceTypeMallocSpace,
  kSpaceTypeZygoteSpace,
  kSpaceTypeBumpPointerSpace,
  kSpaceTypeLargeObjectSpace,
  kSpaceTypeRegionSpace,
};
```

图 3-15 是 Space 的具体实现类。从这幅图中我们看到，Space 主要分为两类：

- 一类是内存地址连续的，它们是 ContinuousSpace 的子类；
- 还有一类是内存地址不连续的，它们是 DiscontinuousSpace 的子类。

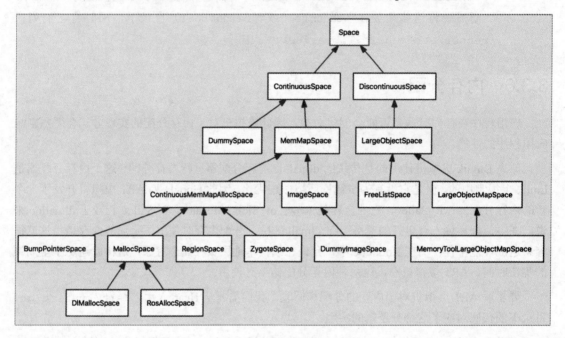

图 3-15　ART 虚拟机中的 Space

在一个运行的 ART 的虚拟机中，上面这些 Space 未必都会创建。哪些 Space 会创建由 ART 虚拟机的启动参数决定。Heap 对象中会记录所有创建的 Space，如下所示。

```
// heap.h

// All-known continuous spaces, where objects lie within fixed bounds.
std::vector<space::ContinuousSpace*> continuous_spaces_ GUARDED_BY(Locks::
mutator_lock_);

// All-known discontinuous spaces, where objects may be placed throughout virtual memory.
std::vector<space::DiscontinuousSpace*> discontinuous_spaces_ GUARDED_BY(Locks::
mutator_lock_);

// All-known alloc spaces, where objects may be or have been allocated.
```

```
std::vector<space::AllocSpace*> alloc_spaces_;

// A space where non-movable objects are allocated, when compaction is enabled it contains
// Classes, ArtMethods, ArtFields, and non moving objects.
space::MallocSpace* non_moving_space_;

// Space which we use for the kAllocatorTypeROSAlloc.
space::RosAllocSpace* rosalloc_space_;

// Space which we use for the kAllocatorTypeDlMalloc.
space::DlMallocSpace* dlmalloc_space_;

// The main space is the space which the GC copies to and from on process state updates. This
// space is typically either the dlmalloc_space_ or the rosalloc_space_.
space::MallocSpace* main_space_;

// The large object space we are currently allocating into.
space::LargeObjectSpace* large_object_space_;
```

Heap 类的 AllocObject 是为对象分配内存的入口,这是一个模板方法,该方法代码如下:

```
// heap.h

// Allocates and initializes storage for an object instance.
template <bool kInstrumented, typename PreFenceVisitor>
mirror::Object* AllocObject(Thread* self,
                 mirror::Class* klass,
                 size_t num_bytes,
                 const PreFenceVisitor& pre_fence_visitor)
 SHARED_REQUIRES(Locks::mutator_lock_)
 REQUIRES(!*gc_complete_lock_, !*pending_task_lock_, !*backtrace_lock_,
      !Roles::uninterruptible_) {
return AllocObjectWithAllocator<kInstrumented, true>(
  self, klass, num_bytes, GetCurrentAllocator(), pre_fence_visitor);
}
```

在这个方法的实现中,会首先通过 Heap::TryToAllocate 尝试进行内存的分配。在

Heap::TryToAllocate 方法中，会根据 AllocatorType 选择不同的 Space 进行内存的分配，下面是部分代码片段：

```cpp
// heap-inl.h

case kAllocatorTypeRosAlloc: {
  if (kInstrumented && UNLIKELY(is_running_on_memory_tool_)) {
    ...
  } else {
    DCHECK(!is_running_on_memory_tool_);
    size_t max_bytes_tl_bulk_allocated =
        rosalloc_space_->MaxBytesBulkAllocatedForNonvirtual(alloc_size);
    if (UNLIKELY(IsOutOfMemoryOnAllocation<kGrow>(allocator_type,
                                        max_bytes_tl_bulk_allocated))) {
      return nullptr;
    }
    if (!kInstrumented) {
      DCHECK(!rosalloc_space_->CanAllocThreadLocal(self, alloc_size));
    }
    ret = rosalloc_space_->AllocNonvirtual(self, alloc_size, bytes_allocated,
                                    usable_size, bytes_tl_bulk_allocated);
  }
  break;
}
case kAllocatorTypeDlMalloc: {
  if (kInstrumented && UNLIKELY(is_running_on_memory_tool_)) {
    // If running on valgrind, we should be using the instrumented path.
    ret = dlmalloc_space_->Alloc(self, alloc_size, bytes_allocated, usable_size,
                        bytes_tl_bulk_allocated);
  } else {
    DCHECK(!is_running_on_memory_tool_);
    ret = dlmalloc_space_->AllocNonvirtual(self, alloc_size, bytes_allocated,
                                    usable_size, bytes_tl_bulk_allocated);
  }
  break;
}
...
case kAllocatorTypeLOS: {
```

```
        ret = large_object_space_->Alloc(self, alloc_size, bytes_allocated, usable_size,
                            bytes_tl_bulk_allocated);
        // Note that the bump pointer spaces aren't necessarily next to
        // the other continuous spaces like the non-moving alloc space or
        // the zygote space.
        DCHECK(ret == nullptr || large_object_space_->Contains(ret));
        break;
    }
    case kAllocatorTypeTLAB: {
        ...
    }
    case kAllocatorTypeRegion: {
        DCHECK(region_space_ != nullptr);
        alloc_size = RoundUp(alloc_size, space::RegionSpace::kAlignment);
        ret = region_space_->AllocNonvirtual<false>(alloc_size, bytes_allocated,
                                usable_size, bytes_tl_bulk_allocated);
        break;
    }
    case kAllocatorTypeRegionTLAB: {
        ...
        // The allocation can't fail.
        ret = self->AllocTlab(alloc_size);
        DCHECK(ret != nullptr);
        *bytes_allocated = alloc_size;
        *usable_size = alloc_size;
        break;
    }
```

AllocatorType 的类型有如下一些：

```
enum AllocatorType {
    kAllocatorTypeBumpPointer,  // Use BumpPointer allocator, has entrypoints.
    kAllocatorTypeTLAB,  // Use TLAB allocator, has entrypoints.
    kAllocatorTypeRosAlloc,  // Use RosAlloc allocator, has entrypoints.
    kAllocatorTypeDlMalloc,  // Use dlmalloc allocator, has entrypoints.
    kAllocatorTypeNonMoving,  // Special allocator for non moving objects, doesn't
                             // have entrypoints.
    kAllocatorTypeLOS,  // Large object space, also doesn't have entrypoints.
```

```
  kAllocatorTypeRegion,
  kAllocatorTypeRegionTLAB,
};
```

如果 `Heap::TryToAllocate` 失败（返回 nullptr），会尝试进行垃圾回收，然后再进行内存的分配：

```
obj = TryToAllocate<kInstrumented, false>(self, allocator, byte_count, ,
                    &bytes_allocated &usable_size, &bytes_tl_bulk_allocated);
  if (UNLIKELY(obj == nullptr)) {
    obj = AllocateInternalWithGc(self,
                          allocator,
                          kInstrumented,
                          byte_count,
                          &bytes_allocated,
                          &usable_size,
                          &bytes_tl_bulk_allocated, &klass);
...
```

在 `AllocateInternalWithGc` 方法中，会先尝试进行内存回收，然后再进行内存的分配。

3.3.7 垃圾回收

在 Dalvik 虚拟机上，垃圾回收会造成两次停顿，第一次需要 34 毫秒，第二次需要 56 毫秒，虽然两次停顿累计只有约 10 毫秒的时间，但是即便这样也是不能接受的。因为对于 60FPS 的渲染要求来说，每秒钟需要更新 60 次画面，那么留给每一帧的时间最多也就只有 16 毫秒。如果垃圾回收就造成的 10 毫秒的停顿，那么就必然造成丢帧卡顿的现象。

因此垃圾回收机制是 ART 虚拟机重点改进的内容之一。

ART 虚拟机垃圾回收概述

ART 有多个不同的 GC 方案，这些方案包括运行不同垃圾回收器。默认方案是 CMS（Concurrent Mark Sweep，并发标记清除）方案，主要使用黏性（sticky）CMS 和部分（partial）CMS。黏性 CMS 是 ART 的不移动（non-moving）分代垃圾回收器。它仅扫描堆中自上次 GC 后修改的部分，并且只能回收自上次 GC 后分配的对象。除 CMS 方案外，当应用将进程状态更改为察觉不到卡顿的进程状态（例如，后台或缓存）时，ART 将执行堆压缩。

与 Dalvik 相比，ART CMS 垃圾回收计划在很多方面都有一定的改善：

- 与 Dalvik 相比，暂停次数 2 次减少到 1 次。Dalvik 的第一次暂停主要是为了进行根标记。而在 ART 中，标记过程是并发进行的，它让线程标记自己的根，然后马上就恢复运行。

- 与 Dalvik 类似，ART GC 在清除过程开始之前也会暂停 1 次。两者在这方面的主要差异在于：在此暂停期间，某些 Dalvik 的处理阶段在 ART 中以并发的方式进行。这些阶段包括 java.lang.ref.Reference 处理、系统弱引用清除（例如，JNI 全局弱引用等）、重新标记非线程根和卡片预清理。在 ART 暂停期间仍进行的阶段包括扫描脏卡片以及重新标记线程根，这些操作有助于缩短暂停时间。

- 相对于 Dalvik，ART GC 改进的最后一个方面黏粘性 CMS 回收器增加了 GC 吞吐量。不同于普通的分代 GC，黏性 CMS 不会移动。年轻对象被保存在一个分配堆栈（基本上是 java.lang.Object 数组）中，而非为其设置一个专用区域。这样可以避免移动所需的对象以维持低暂停次数，但缺点是容易在堆栈中加入大量复杂对象图像而使堆栈变长。

ART GC 与 Dalvik 的另一个主要区别在于 ART GC 引入了移动垃圾回收器。使用移动 GC 的目的在于通过堆压缩来减少后台应用使用的内存。目前，触发堆压缩的事件是 ActivityManager 进程状态的改变（参见 2.3 节）。当应用转到后台运行时，它会通知 ART 已进入不再"感知"卡顿的进程状态。此时 ART 会进行一些操作（例如，压缩和监视器压缩），从而导致应用线程长时间暂停。目前正在使用的两个移动 GC 是同构空间压缩（Homogeneous Space Compact）和半空间（Semispace Compact）压缩。

- 半空间压缩将对象在两个紧密排列的碰撞指针空间之间进行移动。这种移动 GC 适用于小内存设备，因为它可以比同构空间压缩稍微多节省一点内存。额外节省出的空间主要来自紧密排列的对象，这样可以避免 RosAlloc/DlMalloc 分配器占用开销。由于 CMS 仍在前台使用，且不能从碰撞指针空间中进行收集，因此当应用在前台使用时，半空间还要再进行一次转换。这种情况并不理想，因为它可能引起较长时间的暂停。

- 同构空间压缩通过将对象从一个 RosAlloc 空间复制到另一个 RosAlloc 空间来实现。这有助于通过减少堆碎片来减少内存使用量。这是目前非低内存设备的默认压缩模式。相比半空间压缩，同构空间压缩的主要优势在于应用从后台切换到前台时无须进行堆转换。

GC 验证和性能选项

可以采用多种方法来更改 ART 使用的 GC 计划。更改前台 GC 计划的主要方法是更改 dalvik.vm.gctype 属性或传递-Xgc:选项。你可以通过以逗号分隔的格式传递多个 GC 选项。

为了导出可用-Xgc 设置的完整列表，可以键入 adb shell dalvikvm-help 来输出各种运行时命令行选项。

以下是将 GC 更改为半空间并打开 GC 前堆验证的一个示例：adb shell setprop dalvik.vm.gctype SS,preverify。

- CMS（这也是默认值）指定并发标记清除 GC 计划。该计划包括运行黏性分代 CMS、部分 CMS 和完整 CMS。该计划的分配器是适用于可移动对象的 RosAlloc 和适用于不可移动对象的 DlMalloc。

- SS 指定半空间 GC 计划。该计划有两个适用于可移动对象的半空间和一个适用于不可移动对象的 DlMalloc 空间。可移动对象分配器默认设置为使用原子操作的共享碰撞指针分配器。但是，如果-XX:UseTLAB 标记也被传入，则分配器使用线程局部碰撞指针分配。

- GSS 指定分代半空间计划。该计划与半空间计划非常相似，但区别在于其会将存留期较长的对象提升到大型 RosAlloc 空间中。这样就可明显减少典型用例中需复制的对象。

内部实现

在 ART 虚拟机中，很多场景都会触发垃圾回收的执行。ART 代码中通过 GcCause 这个枚举进行描述，包括下面这些事件，如表 3-3 所示。

表 3-3　常量及说明

常　　量	说　　明
kGcCauseForAlloc	内存分配失败
kGcCauseBackground	后台进程的垃圾回收，为了确保内存的充足
kGcCauseExplicit	明确的 System.gc()调用
kGcCauseForNativeAlloc	由于 native 的内存分配
kGcCauseCollectorTransition	垃圾收集器发生了切换
kGcCauseHomogeneousSpaceCompact	当前景和后台收集器都是 CMS 时，发生了后台切换
kGcCauseClassLinker	ClassLinker 导致

另外，垃圾回收策略有三种类型：

- Sticky 仅仅释放上次 GC 之后创建的对象；
- Partial 仅仅对应用程序的堆进行垃圾回收，但是不处理 Zygote 的堆；
- Full 会对应用程序和 Zygote 的堆进行垃圾回收。

这里 Sticky 类型的垃圾回收便是基于"分代"的垃圾回收思想，根据 IBM 的一项研究表明，新生代中的对象有 98%是生命周期很短的。所以将新创建的对象单独归为一类来进行 GC 是一种很高效的做法。

真正负责垃圾回收的逻辑是下面这个方法：

```
// heap.cc

collector::GcType Heap::CollectGarbageInternal(collector::GcType gc_type,
                            GcCause gc_cause,
                            bool clear_soft_references)
```

在 CollectGarbageInternal 方法中，会根据当前的 GC 类型和原因，选择合适的垃圾回收器，然后执行垃圾回收。

ART 虚拟机中内置了多个垃圾回收器，包括下面这些，如图 3-16 所示。

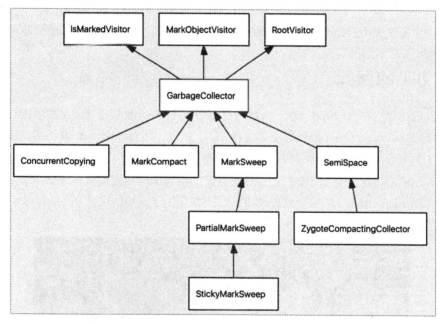

图 3-16　ART 虚拟机中的垃圾回收器

这里的 Compact 类型的垃圾回收器便是前面提到的"标记–压缩"算法。这种类型的垃圾回收器，会在将对象清理之后，将最终还在使用的内存空间移动到一起，这样可以既可以减少堆中的碎片，也节省了堆空间。但是由于这种垃圾回收器需要对内存进行移动，所以耗时较多，因此这种垃圾回收器适合于切换到后台的应用。

前面我们提到过：垃圾收集器会在 Heap 的构造函数中被创建，然后添加到 garbage_collectors_列表中。

　　尽管各种垃圾回收器算法不一定，但它们都包含相同的垃圾回收步骤，垃圾回收器的回收过程主要包括下面四个步骤，如图 3-17 所示。

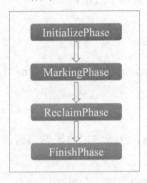

图 3-17　垃圾回收的四个阶段

　　所以，想要深入明白每个垃圾回收器的算法细节，只要按照这个逻辑来理解即可。

3.3.8　JIT 的回归

　　前面我们提到：在 Android 5.0 上，系统在安装 APK 时会直接将 dex 文件中的代码编译成机器码。我们应该知道，编译的过程是比较耗时的。因此，用过 Android 5.0 的用户应该都会感觉到，在这个版本上安装应用程序明显比之前要慢了很多。

　　编译一个应用程序已经比较耗时，但如果系统中所有的应用都要重新编译一遍，那等待时间将是难以忍受的。但不幸的事，这样的事情却刚好发生了，相信用过 Android 5.0 的 Nexus 用户都看到过这样一个画面，如图 3-18 所示。

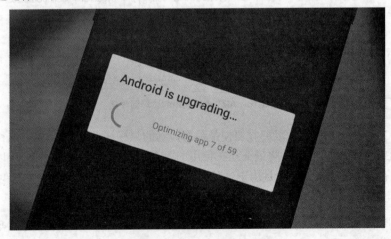

图 3-18　Android 5.0 的启动画面

之所以发生这个问题，是因为：

- 应用程序编译生成的 Oat 文件会引用 Framework 中的代码。一旦系统发生升级，Framework 中的实现发生变化，就需要重新修正所有应用程序的 OAT 文件，使得它们的引用是正确的，这就需要重新编译所有的应用。

- 出于系统的安全性考虑，自 2015 年 8 月开始，Nexus 设备每个月都会收到一次安全更新。要让用户每个月都要忍受一次这么长的等待时间，显然是不能接受的。由此我们看到，单纯的 AOT 编译存在如下两个问题：

- 应用安装时间过长；

- 系统升级时，所有应用都需要重新编译。

其实这里还有另外一个问题，我们也应该能想到：编译生成的 Oat 文件中，既包含了原先的 Dex 文件，又包含了编译后的机器代码。而实际上，对于用户来说，并非会用到应用程序中的所有功能，因此很多时候编译生成的机器码是一直用不到的。一份数据存在两份结果（尽管它们的格式是不一样的），显然是一种存储空间的浪费。

因此，为了解决上面提到的这些问题，在 Android 7.0 中，Google 又为 Android 添加了即时（JIT）编译器。JIT 和 AOT 的配合，是取两者之长，避两者之短：在 APK 安装时，并不是一次性将所有代码全部编译成机器码。而是在实际运行过程中，对代码进行分析，将热点代码编译成机器码，让它可以在应用运行时持续提升 Android 应用的性能。

JIT 编译器补充了 ART 当前的预先（AOT）编译器的功能，有助于提高运行时性能，节省存储空间，以及加快应用及系统更新速度。相较于 AOT 编译器，JIT 编译器的优势也更为明显，因为它不会在应用自动更新期间或重新编译应用（在无线下载(OTA)更新期间）时拖慢系统速度。

尽管 JIT 和 AOT 使用相同的编译器，它们所进行的一系列优化也较为相似，但它们生成的代码可能会有所不同。JIT 会利用运行时类型信息，可以更高效地进行内联，并可让堆栈替换（On Stack Replacement）编译成为可能，而这一切都会使其生成的代码略有不同。

JIT 的运行流程如图 3-19 所示。

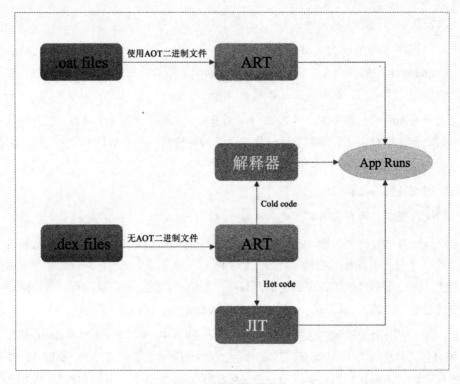

图 3-19 JIT 的运行流程

（1）用户运行应用，随后就会触发 ART 加载.dex 文件。

- 如果有.oat 文件（即.dex 文件的 AOT 二进制文件），则 ART 会直接使用该文件。
  虽然.oat 文件会定期生成，但文件中不一定会包含经过编译的代码（即 AOT 二进
  制文件）。

- 如果没有.oat 文件，则 ART 会通过 JIT 或解释器执行.dex 文件。如果有.oat 文件，
  ART 将一律使用这类文件。否则，它将在内存中使用并解压 APK 文件，从而得
  到.dex 文件，但是这会导致消耗大量内存（相当于 dex 文件的大小）。

（2）针对任何未根据 speed 编译过滤器编译（见下文）的应用启用 JIT（也就是说，要尽
可能多地编译应用中的代码）。

（3）将 JIT 配置文件数据转存到只限应用访问的系统目录内的文件中。

（4）AOT 编译（dex2oat）守护进程通过解析该文件来推进其编译。

控制 JIT 日志记录

要开启 JIT 日志记录，运行以下命令：

```
adb root
adb shell stop
adb shell setprop dalvik.vm.extra-opts -verbose:jit
adb shell start
```

要停用 JIT，运行以下命令：

```
adb root
adb shell stop
adb shell setprop dalvik.vm.usejit false
adb shell start
```

3.3.9　ART 虚拟机的演进与配置

从 Android 7.0 开始，ART 组合使用了 AOT 和 JIT，并且这两者是可以单独配置的。例如，在 Pixel 设备上，相应的配置如下：

（1）最初在安装应用程序的时候不执行任何 AOT 编译。应用程序运行的前几次都将使用解释模式，并且经常执行的方法将被 JIT 编译。

（2）当设备处于空闲状态并正在充电时，编译守护进程会根据第一次运行期间生成的 Profile 文件对常用代码运行 AOT 编译。

（3）应用程序的下一次重新启动将使用 Profile 文件引导的代码，并避免在运行时为已编译的方法进行 JIT 编译。在新运行期间得到 JIT 编译的方法将被添加到 Profile 文件中，然后被编译守护进程使用。在应用程序安装时，APK 文件会传递给 dex2oat 工具，该工具会为根据 APK 文件生成一个或多个编译产物，这些产物文件名和扩展名可能会在不同版本之间发生变化，但从 Android 8.0 版本开始，生成的文件如下：

- .vdex：包含 APK 的未压缩 dex 代码，以及一些额外的元数据用来加速验证。
- .odex：包含 APK 中方法的 AOT 编译代码（注意，虽然 Dalvik 虚拟机时代也会生成 odex 文件，但和这里的 odex 文件仅仅是后缀一样，文件内容已经完全不同了）。
- .art（可选）：包含 APK 中列出的一些字符串和类的 ART 内部表示，用于加速应用程序的启动。

配置编译选项

ART 虚拟机在演进的过程中，提供了很多的配置参数供系统调优，这部门内容可参见 https://source.android.google.cn/devices/tech/dalvik/configure。

针对运行时的配置

Jit 选项

以下这些选项仅仅在 JIT 编译器可用才有会生效。

- `dalvik.vm.usejit`：是否启用 JIT。

Dex2oat 选项

请注意，这些选项会影响设备编译期间以及预先优化期间的 dex2oat，而上面讨论的大多数选项只会影响预先优化期间。

3.3.10　参考资料与推荐读物

- https://source.android.com/devices/tech/dalvik/jit-compiler.html

- https://source.android.com/devices/tech/dalvik/configure

- https://android-developers.googleblog.com/2016/06/improving-stability-with-private-cc.html

- https://www.youtube.com/watch?v=EBlTzQsUoOw&t=450s

- https://www.youtube.com/watch?v=fwMM6g7wpQ8&t=9s

- https://en.wikipedia.org/wiki/Executable_and_Linkable_Format

- http://vaioco.github.io/art/art-part-i/

- http://blog.csdn.net/luoshengyang/article/details/39256813

- http://www.aosabook.org/en/llvm.html

- http://newandroidbook.com/files/Andevcon-ART.pdf

- https://www.blackhat.com/docs/asia-15/materials/asia-15-Sabanal-Hiding-Behind-ART-wp.pdf

- https://conference.hitb.org/hitbsecconf2014ams/materials/D1T2-State-of-the-Art-Exploring-the-New-Android-KitKat-Runtime.pdf

- 《程序员的自我修养：链接、装载与库》

第 4 章
用户界面改进

前面三章所讲解的内容是 Android 系统底层的运行机制，这些机制会应用于所有运行在 Android 上的应用程序。以进程管理和虚拟机来说，它们是应用程序赖以生存的环境。了解这些机制可以帮助我们改造应用程序，使其更适应于 Android 系统环境。

从本章开始，我们将讲解在应用程序开发过程中的一些特定技术，这些技术并非所有应用程序都需要或者必要，开发者应当根据自己的情况选用其中的部分。

因此，接下来的章节，你未必需要按顺序阅读，可以优先阅读你感兴趣的部分。

Android 用户界面改进最明显的就是 Material Design 了。Material Design 是 Google 于 2014 年推出的设计语言，它是一套完整的设计系统，它包含动画、样式、布局、组件等一系列与设计有关的元素。通过对这些行为的描述，让开发者设计出更符合目标的软件，同时对这些软件的功能也更易于用户的理解。Material Design 在其官方网站上已经有非常丰富的资料了，读者可以直接访问其官网学习相关内容：https://www.google.com/design/sepc/material-design/introduction.html。

本章我们讲解另外两个用户界面方面的改进，包括：

* 多窗口功能；
* App Shortcuts。

4.1 多窗口功能

在 Android N（7.0）之前的版本上，所有 Activity 都是全屏的，如果不设置透明效果，一次只能看到一个 Activity 的界面。

但是从 Android 7.0 开始，系统支持了多窗口功能。在有了多窗口支持之后，用户可以同时打开和看到多个应用的界面。这对于用户来说，是非常方便的。

在这一节中，我们就来详细了解一下 Android 系统上的多窗口功能。

4.1.1　概述

Android 上的多窗口功能有下面三种模式。

二分屏模式：这种模式主要在手机上使用。该模式将屏幕一分为二，同时显示两个应用的界面。屏幕的中间是一条可以移动调整窗口大小的分隔线，如图 4-1 所示。

图 4-1　二分屏模式

画中画模式：这种模式主要在 TV 上使用，在该模式下，某个应用的界面（通常是视频播放类应用）以一个小的浮动窗口形式在屏幕上显示。在 Android 8.0 上，系统支持在 TV 之外的设备上使用这一功能。例如，手机上的视频聊天软件可以利用这一功能。画中画模式如图 4-2 所示。

图 4-2　画中画模式

Freeform 模式：这种模式类似于我们常见的桌面操作系统，窗口可以自由拖动和修改大小，如图 4-3 所示。

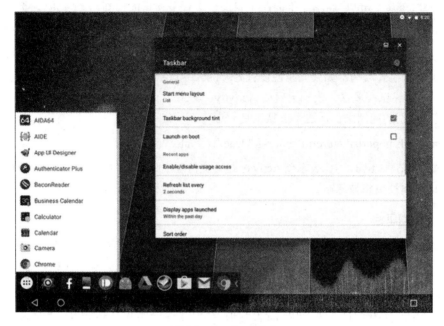

图 4-3　Freeform 模式

4.1.2　开发者相关

生命周期

多窗口不影响和改变原先 Activity 的生命周期。

在多窗口模式下，多个 Activity 可以同时可见，但只有一个 Activity 是 resumed 状态。所有其他 Activity 都会处于 paused 状态（尽管它们是可见的）。

在以下三种场景下，系统会通知应用有状态变化，应用可以进行处理：

- 当用户以多窗口的模式启动的应用；
- 当用户改变了 Activity 的窗口大小；
- 当用户将应用窗口从多窗口模式改为全屏模式。

关于应用如何进行时状态变化的处理，请参见：https://developer.android.com/guide/topics/resources/runtimechanges.html，这里不再赘述。

Manifest 新增属性

AndroidManifest.xml 中新增了下面两个属性来进行多窗口的控制。

- android:resizeableActivity=[" true " | " false "]

这个属性可以用在<activity>或者<application>上。如果该属性设置为 true，Activity 将能以分屏和自由形状模式启动。如果此属性设置为 false，Activity 将不支持多窗口模式。如果该值为 false，且用户尝试在多窗口模式下启动 Activity，该 Activity 将全屏显示。对于 API 目标 Level 为 24 或更高级别的应用来说，这个值默认是 true。

- android:supportsPictureInPicture=[" true " | " false "]

这个属性用在<activity>上，表示该 Activity 是否支持画中画模式。如果 android:resizeableActivity 为 false，这个属性值将被忽略。

Layout 新增属性

除了 AndroidManifest.xml，在 Layout 文件中，也新增了一些属性来进行相应的控制。

- android:defaultWidth、android:defaultHeight 指定了 Freeform 模式下的默认宽度和高度；
- android:gravity 指定了 Freeform 模式下的初始 Gravity；
- android:minWidth、android:minHeight 指定了分屏和 Freeform 模式下的最小高度和宽度。如果用户在分屏模式中移动分界线，使 Activity 尺寸低于指定的最小值，系统会将 Activity 裁剪为用户请求的尺寸。

例如，以下代码显示了如何指定 Activity 在 Freeform 模式中显示时 Activity 的默认大小、位置和最小尺寸：

```
<activity android:name=".MyActivity">
    <layout android:defaultHeight="500dp"
       android:defaultWidth="600dp"
       android:gravity="top|end"
       android:minHeight="450dp"
       android:minWidth="300dp" />
</activity>
```

Activity 相关 API

除此之外，Android 7.0 上（API Level 24）还增加了下面这些 API：

- `Activity.isInMultiWindowMode()`查询是否处于多窗口模式；
- `Activity.isInPictureInPictureMode()`查询是否处于画中画模式；

- Activity.onMultiWindowModeChanged()多窗口模式变化时进行通知（进入或退出多窗口）；
- Activity.onPictureInPictureModeChanged()画中画模式变化时进行通知（进入或退出画中画模式）；
- Activity.enterPictureInPictureMode()调用这个接口进入画中画模式，如果系统不支持，这个调用无效；
- ActivityOptions.setLaunchBounds()在系统已经处于 Freeform 模式时，可以通过这个参数来控制新启动的 Activity 大小，如果系统不支持，这个调用无效。

拖曳相关 API

Android 7.0 之前，系统只允许在一个 Activity 内部进行拖曳。但从 Android 7.0 开始，系统支持在多个 Activity 之间进行拖曳，下面是相关的 API。

- DragAndDropPermissions 令牌对象，负责指定对接收拖放数据的应用授予的权限。
- View.startDragAndDrop()是 View.startDrag()的新别名。要启用跨 Activity 拖放，请传递新标志 View.DRAG_FLAG_GLOBAL。如需对接收拖放数据的 Activity 授予 URI 权限，可根据情况传递新标志 View.DRAG_FLAG_GLOBAL_URI_READ 或 View.DRAG_FLAG_GLOBAL_URI_WRITE。
- View.cancelDragAndDrop()取消当前正在进行的拖动操作。只能由发起拖动操作的应用调用。
- View.updateDragShadow()替换当前正在进行的拖动操作的拖动阴影。只能由发起拖动操作的应用调用。
- Activity.requestDragAndDropPermissions()请求使用 DragEvent 中包含的 ClipData 传递的内容 URI 的权限。

4.1.3　内部实现

整体介绍

这里我们先对实现多窗口功能的主要类和模块做一个整体性的介绍。

多窗口功能的实现主要依赖于 ActivityManagerService 与 WindowManagerService 两个系统服务，它们都位于 system_server 进程中。前者负责所有 Activity 的管理，后者负责所有窗口的管理（不仅 Activity 具有窗口，其他模块也会有窗口，例如，输入法）。

ActivityManagerService 与 WindowManagerService 需要紧密配合在一起工作，因为无论是创

建还是销毁 Activity 都涉及 Activity 对象和窗口对象的创建和销毁。因此这两个系统服务在运行时是紧密关联在一起的。

➢ ActivityManagerService

代码路径：

```
/frameworks/base/services/core/java/com/android/server/am
```

对于 ActivityManagerService，在第 2 章讲解进程管理时，我们已经接触过。对于应用中创建的每一个 Activity，在 ActivityManagerService 中都会有一个与之对应的 ActivityRecord，这个 ActivityRecord 记录了应用程序中的 Activity 的状态。ActivityManagerService 会利用这个 ActivityRecord 作为标识，对应用程序中的 Activity 进程调度，例如，生命周期的管理。

除了 ActivityRecord，这里我们再来了解一下 ActivityManagerService 中与多窗口实现相关的其他类：

- **TaskRecord、ActivityStack** 管理 Activity 的容器，多窗口的实现依赖于 ActivityStack，下文会详细讲解。
- **ActivityStackSupervisor** 顾名思义，专门负责管理 ActivityStack 的类。
- **ActivityStarter** Android 7.0 中系统实现的新增类。这个类掌控了 Activity 的启动。

➢ WindowManagerService

代码路径：

```
/frameworks/base/services/core/java/com/android/server/wm
```

WindowManagerService 负责 Window 管理。包括：

- 窗口的创建和销毁；
- 窗口的显示与隐藏；
- 窗口的布局；
- 窗口的 Z-Order 管理；
- 焦点的管理；
- 输入法和壁纸管理等。

每一个 Activity 都会有（至少）一个自己的窗口，在 WindowManagerService 中，会有一个与之对应的 WindowState 对象。WindowManagerService 以此标示应用程序中的窗口，并用这个 WindowState 来存储、查询和控制窗口的状态。另外，WindowManagerService 中还包含了下面这些与多窗口实现相关的类：

- **Task、TaskStack** 管理窗口对象的容器，与 TaskRecord 和 ActivityStack 对应。
- **WindowLayersController** Android 7.0 中系统实现的新增类，专门负责 Z-Order 的计算。Z-Order 决定了窗口的前后关系。

➢ SystemUI

代码路径：

```
/frameworks/base/packages/SystemUI/
```

SystemUI 中包含了用户交互最多的 UI 组件，系统上方的 Status Bar，以及下方的 Navigation bar 都属于系统界面。除此之外，近期任务界面、锁屏也都属于系统界面。在下一章中，我们将重点讲解 SystemUI。

对于多窗口功能来说，SystemUI 提供了使用多窗口功能的入口和控制界面。

Task 和 Stack

无论是 ActivityManagerService，还是 WindowManagerService，它们都是以 Task 和 Stack 结构来管理运行中的 Activity 的。上文中我们已经提到，这两个系统服务在运行时会紧密关联在一起，它们中有一些数据结构是互相对应的，对应关系如下：

- **ActivityStack<–>TaskStack**
- **TaskRecord<–>Task**

ActivityManagerService 中的每一个 ActivityStack 或者 TaskRecord 在 WindowManagerService 中都有对应的 TaskStack 和 Task，这两类对象都有唯一的 id，它们通过 id 进行关联。

Android 系统中的每一个 Activity 都位于一个 Task 中。一个 Task 可以包含多个 Activity。

在 AndroidManifest.xml 中，我们可以通过 android:launchMode 来控制 Activity 在 Task 中的实例。在 startActivity 的时候，我们也可以通过 Intent.setFlag 来控制启动的 Activity 在 Task 中的实例。

一个 Task 描述了一次完整的用户操作过程。系统中的近期任务列表以及 Back 栈都是基于 Task 结构实现的。

ActivityManagerService 与 WindowManagerService 内部管理中，在 Task 之外，还有一层容器，这个容器应用开发者和用户可能都不会感觉到或者用到，但它却非常重要，那就是 Stack。

下文中我们将看到，**Android 系统中的多窗口管理，就是建立在 Stack 的数据结构上的。**一个 Stack 中包含了多个 Task，一个 Task 中包含了多个 Activity（Window），这个结构在第 2 章我们已经看到过。

多窗口与 Stack

用过 macOS 或者 Ubuntu 的人应该都用过虚拟桌面的功能，Mac 上的虚拟桌面如图 4-4 所示。

图 4-4　Mac 上的虚拟桌面

这里创建了多个"虚拟桌面"，并在最上面一排列出了出来。每个虚拟桌面里面都可以放置任意多个应用窗口，虚拟桌面可以作为一个整体进行切换。

Android 为了支持多窗口，在运行时创建了多个 Stack，Stack 就是类似这里虚拟桌面的作用。

每个 Stack 会有一个唯一的 Id，在 ActivityManager.java 中定义了这些 Stack 的 Id：

```java
// ActivityManager.java
public static final int FIRST_STATIC_STACK_ID = 0;

public static final int HOME_STACK_ID = FIRST_STATIC_STACK_ID;

public static final int FULLSCREEN_WORKSPACE_STACK_ID = 1;

public static final int FREEFORM_WORKSPACE_STACK_ID = FULLSCREEN_WORKSPACE_
STACK_ID + 1;

public static final int DOCKED_STACK_ID = FREEFORM_WORKSPACE_STACK_ID + 1;
```

```
public static final int PINNED_STACK_ID = DOCKED_STACK_ID + 1;
```

对这几个 Stack Id 的说明如下：

- 【Id：0】Home Stack，这个是 Launcher 所在的 Stack。
- 【Id：1】FullScreen Stack，全屏的 Activity 所在的 Stack。实际上这个名称并不非常准确，因为在分屏模式下，这个 Stack 只占了半个屏幕。
- 【Id：2】Freeform Stack，处于 Freeform 模式的 Activity 所在 Stack。
- 【Id：3】Docked Stack 在二分屏模式下，屏幕有一半运行了一个固定的应用，该应用位于 DockedStack 上。
- 【Id：4】Pinned Stack 画中画 Activity 所在的 Stack。

需要注意的是，这些 Stack 并不是系统一启动就全部创建好的。而是在用到的时候才会创建。上文已经提到过，ActivityStackSupervisor 负责 ActivityStack 的管理。因此，ActivityStack 都是由 ActivityStackSupervisor 创建的。

有了以上这些背景知识之后，我们再来具体讲解一下 Android 系统中的三种多窗口模式的实现逻辑。

二分屏模式　在 AOSP 系统上，分屏模式的启动和退出是长按多任务虚拟按键。图 4-5 是在 Nexus 6P 上使用二分屏模式的样子。

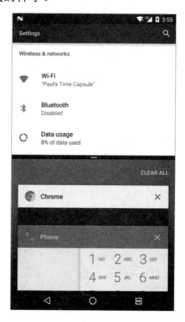

图 4-5　Nexus 6P 上的二分屏

在启动分屏模式的之后，系统会将屏幕一分为二。当前打开的应用移到屏幕上方（如果是横屏那就是左边），其他所有打开的应用在下方（如果是横屏那就是右边）以多任务形式列出。

之后用户在操作的时候，下方的半屏保持了原先的使用方式：可以启动或退出应用，可以启动多任务后进行切换，而上方的应用保持不变。前面我们已经提到过，其实这里处于上半屏固定不变的应用处在 Docked 的 Stack 中（Id 为 3），下半屏是原先全屏的 Stack 进行了 Resize（Id 为 1）。

下面，我们就顺着长按多任务按钮为线索，来调查一下分屏模式是如何启动的：

Navigation Bar 是 SystemUI 的一部分，在下一章中，我们会详细讲解 SystemUI。这里我们只需要知道：PhoneStatusBar 负责了手机上的 Navigation Bar 的初始化工作。

PhoneStatusBar 中的 prepareNavigationBarView 方法为 Navigation Bar 初始化了 UI。同时也在这里为按钮设置了事件监听器。这里包含了我们感兴趣的近期任务按钮的长按事件监听器：

```
//PhoneStatusBar.java

private void prepareNavigationBarView() {
  mNavigationBarView.reorient();

  ButtonDispatcher recentsButton = mNavigationBarView.getRecentsButton();
  recentsButton.setOnClickListener(mRecentsClickListener);
  recentsButton.setOnTouchListener(mRecentsPreloadOnTouchListener);
  recentsButton.setLongClickable(true);
  recentsButton.setOnLongClickListener(mRecentsLongClickListener);
  ...
}
```

从 mRecentsLongClickListener 这个变量的名称便可以看出：这是近期任务按钮长按的事件监听器。在 mRecentsLongClickListener 中，主要的逻辑就是调用 toggleSplitScreenMode 方法。而 toggleSplitScreenMode 这个方法的名称很明显地告诉我们，这里是在切换分屏模式，该方法代码如下：

```
//PhoneStatusBar.java

private View.OnLongClickListener mRecentsLongClickListener = new
View.OnLongClickListener() {

  @Override
```

```
public boolean onLongClick(View v) {
    if (mRecents == null || !ActivityManager.supportsMultiWindow()
            || !getComponent(Divider.class).getView().getSnapAlgorithm()
                .isSplitScreenFeasible()) {
        return false;
    }

    toggleSplitScreenMode(MetricsEvent.ACTION_WINDOW_DOCK_LONGPRESS,
            MetricsEvent.ACTION_WINDOW_UNDOCK_LONGPRESS);
    return true;
    }
};
```

再往下看 toggleSplitScreenMode 方法的代码：

```
//PhoneStatusBar.java

@Override
protected void toggleSplitScreenMode(int metricsDockAction, int
metricsUndockAction) {
    if (mRecents == null) {
        return;
    }
    int dockSide = WindowManagerProxy.getInstance().getDockSide();
    if (dockSide == WindowManager.DOCKED_INVALID) {
        mRecents.dockTopTask(NavigationBarGestureHelper.DRAG_MODE_NONE,
                ActivityManager.DOCKED_STACK_CREATE_MODE_TOP_OR_LEFT, null,
metricsDockAction);
    } else {
        EventBus.getDefault().send(new UndockingTaskEvent());
        if (metricsUndockAction != -1) {
            MetricsLogger.action(mContext, metricsUndockAction);
        }
    }
}
```

这段代码说明如下：首先通过 WindowManagerProxy.getInstance().getDockSide() 来确定当前是否处于分屏模式。如果没有，则将 Top Task 移到 Docked 的 Stack 上。这里的 Top Task 就是我们在长按多任务按键之前打开的当前应用。

之后便会调用到 ActivityManagerService.moveTaskToDockedStack 中。后面的大部分逻辑在 ActivityStackSupervisor.moveTaskToStackLocked 中，在这个方法中，会做如下几件事情：

- 通过指定的 taskId 获取对应的 TaskRecord；
- 为当前 Activity 替换窗口（因为要从 FullScreen 的 Stack 切换的 Docked Stack 上）；
- 调用 mWindowManager.deferSurfaceLayout 通知 WindowManagerService 暂停布局；
- 将当前 TaskRecord 移动到 Docked Stack 上；
- 为移动后的 Task 和 Stack 设置 Bounds，并且进行 resize。这里还会通知 Activity onMultiWindowModeChanged；
- 调用 mWindowManager.continueSurfaceLayout()，通知 WindowManagerService 继续开始布局。

而 Resize 和布局将有 WindowManagerService 处理，这里面需要计算两个 Stack 各自的大小，然后根据大小来对 Stack 中的 Task 和 Activity 窗口进行重新布局。

图 4-6 总结了启动分屏模式的执行逻辑。

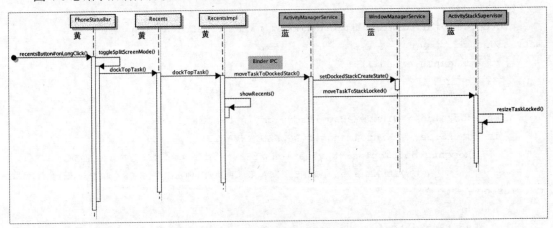

图 4-6 分屏模式的执行逻辑

这里需要注意的是：

- 黄色标记的模式运行在 SystemUI 的进程中。
- 蓝色标记的模式运行在 system_server 进程中。
- moveTaskToDockedStack 是一个 Binder 调用，通过 IPC 调用到了 ActivityManagerService。

画中画模式 当应用程序调用 `Activity.enterPictureInPictureMode()`时便进入了画中画模式。

`Activity.enterPictureInPictureMode()`会通过 Binder 调用到 ActivityManagerService 中对应的方法，该方法代码如下：

```java
// ActivityManagerService.java

public void enterPictureInPictureMode(IBinder token) {
    final long origId = Binder.clearCallingIdentity();
    try {
        synchronized(this) {
            if (!mSupportsPictureInPicture) {
                throw new IllegalStateException("enterPictureInPictureMode: "
                    + "Device doesn't support picture-in-picture mode.");
            }

            final ActivityRecord r = ActivityRecord.forTokenLocked(token); ①

            if (r == null) {
                throw new IllegalStateException("enterPictureInPictureMode: "
                    + "Can't find activity for token=" + token);
            }

            if (!r.supportsPictureInPicture()) { ②
                throw new IllegalArgumentException("enterPictureInPictureMode: "
                    + "Picture-In-Picture not supported for r=" + r);
            }

            final ActivityStack pinnedStack = mStackSupervisor.getStack
            (PINNED_STACK_ID); ③
            final Rect bounds = (pinnedStack != null)
                    ? pinnedStack.mBounds : mDefaultPinnedStackBounds; ④

            mStackSupervisor.moveActivityToPinnedStackLocked( ⑤
                    r, "enterPictureInPictureMode", bounds);
        }
    } finally {
        Binder.restoreCallingIdentity(origId);
    }
}
```

这段代码说明如下：

（1）通过 Binder 的 token 对象，查询到其对应的 ActivityRecord。

（2）检查该 Activity 是否支持画中画模式。

（3）通过 mStackSupervisor.getStack(PINNED_STACK_ID)获取 Pinned Stack，如果这个 Stack 不存在，则会创建。

（4）获取 Pinned Stack 的默认大小。这个大小从配置文件/frameworks/base/core/res/res/values/config.xml 中读取。

（5）将该 Activity 移动到 Pinned Stack 上。

为什么一旦将 Activity 移动到 Pinned Stack 上，该窗口就能一直在最上层显示呢？这就是由 Z-Order 控制的，Z-Order 决定了窗口的上下关系。Android 7.0 上新增了一个类 WindowLayersController 来专门负责 Z-Order 的计算。在计算 Z-Order 的时候，有几类窗口会进行特殊处理，处于 Pinned Stack 上的窗口便是其中之一。

下面这段代码是统计哪些窗口是需要特殊处理的，这里可以看到，除了 Pinned Stack 上的窗口，还有分屏模式下的窗口和输入法窗口都需要特殊处理：

```java
// WindowLayersController.java

private void collectSpecialWindows(WindowState w) {
    if (w.mAttrs.type == TYPE_DOCK_DIVIDER) {
        mDockDivider = w;
        return;
    }
    if (w.mWillReplaceWindow) {
        mReplacingWindows.add(w);
    }
    if (w.mIsImWindow) {
        mInputMethodWindows.add(w);
        return;
    }
    final TaskStack stack = w.getStack();
    if (stack == null) {
        return;
    }
    if (stack.mStackId == PINNED_STACK_ID) {
```

```
        mPinnedWindows.add(w);
    } else if (stack.mStackId == DOCKED_STACK_ID) {
        mDockedWindows.add(w);
    }
}
```

在统计完这些特殊窗口之后，在计算 Z-Order 时会对它们进行特殊处理：

```
// WindowLayersController.java

private void adjustSpecialWindows() {
    int layer = mHighestApplicationLayer + WINDOW_LAYER_MULTIPLIER;

    while (!mDockedWindows.isEmpty()) {
        layer = assignAndIncreaseLayerIfNeeded(mDockedWindows.remove(), layer);
    }

    layer = assignAndIncreaseLayerIfNeeded(mDockDivider, layer);

    if (mDockDivider != null && mDockDivider.isVisibleLw()) {
        while (!mInputMethodWindows.isEmpty()) {
            final WindowState w = mInputMethodWindows.remove();

            if (layer > w.mLayer) {
                layer = assignAndIncreaseLayerIfNeeded(w, layer);
            }
        }
    }

    while (!mReplacingWindows.isEmpty()) {
        layer = assignAndIncreaseLayerIfNeeded(mReplacingWindows.remove(), layer);
    }

    while (!mPinnedWindows.isEmpty()) {
        layer = assignAndIncreaseLayerIfNeeded(mPinnedWindows.remove(), layer);
    }
}
```

这段代码保证了处于 Pinned Stack 上的窗口（即处于画中画模式的窗口）会在普通的应用

窗口之上。

Freeform 模式　Freeform 模式是类似于桌面操作系统的模式。在这种模式下，窗口可以自由移动和改变大小。但这一功能，在手机设备上，使用起来并不方便，因此系统上没有提供直接打开这一功能的入口。Android 7.0 上，想要打开这一功能，我们需要借助命令行。

将设备连上 PC 之后，执行以下两条 adb 命令即可打开 Freeform 模式：

（1）adb shell settings put global enable_freeform_support 1。

（2）然后重启手机：adb reboot。

重启之后，在近期任务界面会出现一个按钮，这个按钮可以将窗口切换到 Freeform 模式，如图 4-7 所示。

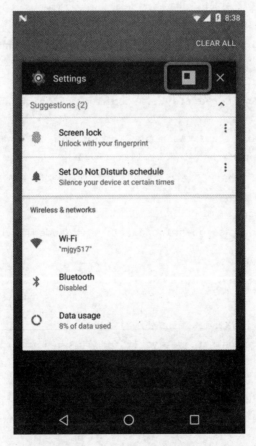

图 4-7　Freeform 模式的按钮

这个按钮的作用其实就是将当前应用移到 Freeform Stack 上，相关逻辑在 ActivityStackSupervisor

中，代码如下：

```java
// ActivityStackSupervisor.java

void findTaskToMoveToFrontLocked(TaskRecord task, int flags, ActivityOptions
options, String reason, boolean forceNonResizeable) {
    ...
    if (task.isResizeable() && options != null) {
        int stackId = options.getLaunchStackId();
        if (canUseActivityOptionsLaunchBounds(options, stackId)) {
            final Rect bounds = TaskRecord.validateBounds(options.getLaunchBounds());
            task.updateOverrideConfiguration(bounds);
            if (stackId == INVALID_STACK_ID) {
                stackId = task.getLaunchStackId();
            }
            if (stackId != task.stack.mStackId) {
                final ActivityStack stack = moveTaskToStackUncheckedLocked(
                        task, stackId, ON_TOP, !FORCE_FOCUS, reason);
                stackId = stack.mStackId;
                ...
}
```

这段代码通过查询 stackId，然后调用 moveTaskToStackUncheckedLocked 来移动 Task。而这里通过 task.getLaunchStackId() 获取到的 stackId，其实就是 FREEFORM_WORKSPACE_STACK_ID，相关代码如下。

`TaskRecord.getLaunchStackId()` 代码如下：

```java
// TaskRecord.java

int getLaunchStackId() {
    if (!isApplicationTask()) {
        return HOME_STACK_ID;
    }
    if (mBounds != null) {
        return FREEFORM_WORKSPACE_STACK_ID;
    }
    return FULLSCREEN_WORKSPACE_STACK_ID;
}
```

即如果设置了 Bound，便表示该 Task 会在 Freeform Stack 上启动。

这里将应用切换到 Freeform 模式，必须先打开应用，然后在近期任务中切换。如果想要打开应用就直接进入 Freeform 模式，可以借助一个叫 Taskbar 的开源工具，其源码在 GitHub 上：https://github.com/farmerbb/Taskbar。

其实 TaskBar 的原理就是在启动 Activity 的时候设置了 Activity 的 Bounds，相关代码如下：

```
public static void launchPhoneSize(Context context, Intent intent) {
    DisplayManager dm = (DisplayManager) context.getSystemService
(Context.DISPLAY_SERVICE);
    Display display = dm.getDisplay(Display.DEFAULT_DISPLAY);

    int width1 = display.getWidth() / 2;
    int width2 = context.getResources().getDimensionPixelSize(R.dimen.phone_
size_width) / 2;
    int height1 = display.getHeight() / 2;
    int height2 = context.getResources().getDimensionPixelSize(R.dimen.phone_
size_height) / 2;

    try {
        context.startActivity(intent,
ActivityOptions.makeBasic().setLaunchBounds(new Rect(
            width1 - width2,
            height1 - height2,
            width1 + width2,
            height1 + height2
        )).toBundle());
    } catch (ActivityNotFoundException e) { /* Gracefully fail */ }
}
```

而在 ActivityStarter.computeStackFocus 中会判断如果新启动的 Activity 设置了 Bounds，则在 FULLSCREEN_WORKSPACE_STACK_ID 这个 Stack 上启动 Activity，相关代码如下：

```
// ActivityStarter.java
final int stackId = task != null ? task.getLaunchStackId() :
    bounds != null ? FREEFORM_WORKSPACE_STACK_ID :
        FULLSCREEN_WORKSPACE_STACK_ID;
stack = mSupervisor.getStack(stackId, CREATE_IF_NEEDED, ON_TOP);
```

```
if (DEBUG_FOCUS || DEBUG_STACK) Slog.d(TAG_FOCUS, "computeStackFocus: New stack r="
    + r + " stackId=" + stack.mStackId);
return stack;
```

图 4-8 是启动 Activity 时创建 Stack 的调用过程。

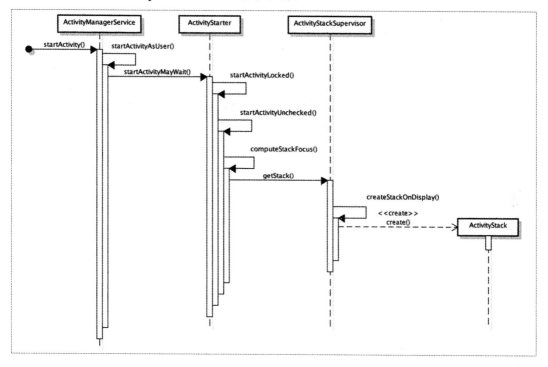

图 4-8　创建 Stack 的调用过程

当你在全屏应用和 Freeform 模式应用之间来回切换的时候，系统所做的其实就是在 FullScreen Stack 和 Freeform Stack 上来回切换而已，这和前面提到的虚拟桌面几乎是一样的。

至此，三种多窗口模式就都分析完了，回过头来再看一下，三种多窗口模式的实现其实都依赖于 Stack 结构，明白其原理，发现也没有特别神秘的地方。

4.1.4　参考资料与推荐读物

- https://developer.android.com/guide/topics/ui/multi-window.html
- https://developer.android.com/guide/components/tasks-and-back-stack.html
- http://arstechnica.com/gadgets/2016/03/this-is-android-ns-freeform-window-mode/

- http://www.androidpolice.com/2016/08/27/taskbar-lets-enable-freeform-mode-android-nougat-without-root-adb/

4.2　App Shortcuts

App Shortcuts 是 Android 7.1 上推出的新功能。借助于这项功能，应用程序可以在 Launcher 中放置一些常用的应用入口以方便用户使用。App Shortcuts 使用起来像下面这个样子，如图 4-9 所示。

图 4-9　App Shortcuts

每个 Shortcut 可以对应一个或者多个 Intent，它们各自会通过特定的 Intent 来启动应用程序，例如：

- 对于一个地图应用，可以提供一个 Shortcut 导航用户至某个特定的地点；
- 对于一个通信应用，可以提供一个 Shortcut 来发送消息给好友；
- 对于一个视频应用，可以提供一个 Shortcut 来播放某个电视剧；
- 对于一个游戏应用，可以提供一个 Shortcut 来继续上次的存档。

当一个 Shortcut 包括了多个 Intent 时，用户的一次点击会触发所有这些 Intent，其中的最后一个 Intent 决定了用户所看到的结果。

4.2.1　开发者 API

使用 App Shortcuts 有两种形式。

- 动态形式：在运行时，通过 ShortcutManager API 来进行注册。通过这种方式，可以在运行时，动态地发布、更新和删除 Shortcut。
- 静态形式：在 APK 中包含一个资源文件来描述 Shortcut。这种注册方法将导致：如果要更新 Shortcut，必须更新整个应用程序。

目前，每个应用最多可以注册 5 个 Shortcuts，无论是动态形式还是静态形式。

动态形式

通过动态形式注册的 Shortcut，通常是特定的与用户使用上下文相关的一些动作。这些动作在用户的使用过程中可能会发生变化。

ShortcutManager 提供了 API 来动态管理 Shortcut，包括：

- 通过 setDynamicShortcuts()来更新整个动态 Shortcut 列表，或者通过 addDynamicShortcuts()来向已经存在的列表中添加新的条目；
- 通过 updateShortcuts()来进行更新；
- 通过 removeDynamicShortcuts() 来删除指定的 Shortcuts，或者通过 removeAll-DynamicShortcuts()来删除所有动态 Shortcuts。

下面是一段代码示例：

```
ShortcutManager shortcutManager = getSystemService(ShortcutManager.class);

ShortcutInfo shortcut = new ShortcutInfo.Builder(this, "id1")
    .setShortLabel("Web site")
    .setLongLabel("Open the web site")
    .setIcon(Icon.createWithResource(context, R.drawable.icon_website))
    .setIntent(new Intent(Intent.ACTION_VIEW,
                Uri.parse("https://www.mysite.example.com/")))
    .build();

shortcutManager.setDynamicShortcuts(Arrays.asList(shortcut));
```

在这段代码示例中，通过 ShortcutManager 动态地创建了一个 Shortcut。

静态形式

静态 Shortcut 应当提供应用程序中比较通用的一些动作，例如：发送短信、设置闹钟等。开发者通过下面的方式来设置静态 Shortcuts：

App Shortcuts 是在 Launcher 上显示在应用程序的入口上的，因此需要设置在 action 为

"android.intent.action.MAIN"，category 为"android.intent.category.LAUNCHER"的 Activity 上。
通过添加一个`<meta-data>`子元素来并定义 Shortcuts 资源文件：

```xml
<manifest xmlns:android="http://schemas.android.com/apk/res/android"
        package="com.example.myapplication">
  <application ... >
    <activity android:name="Main">
      <intent-filter>
        <action android:name="android.intent.action.MAIN" />
        <category android:name="android.intent.category.LAUNCHER" />
      </intent-filter>
      <meta-data android:name="android.app.shortcuts"
                android:resource="@xml/shortcuts" />
    </activity>
  </application>
</manifest>
```

在 res/xml/shortcuts.xml 资源文件中添加一个根元素，根元素中包含若干个子元素，每个描述了一个 Shortcut，其中包含：icon、description labels，以及启动应用的 Intent。

```xml
<shortcuts xmlns:android="http://schemas.android.com/apk/res/android">
  <shortcut
    android:shortcutId="compose"
    android:enabled="true"
    android:icon="@drawable/compose_icon"
    android:shortcutShortLabel="@string/compose_shortcut_short_label1"
    android:shortcutLongLabel="@string/compose_shortcut_long_label1"
    android:shortcutDisabledMessage="@string/compose_disabled_message1">
    <intent
      android:action="android.intent.action.VIEW"
      android:targetPackage="com.example.myapplication"
      android:targetClass="com.example.myapplication.ComposeActivity" />
    <categories android:name="android.shortcut.conversation" />
  </shortcut>
  <!-- Specify more shortcuts here. -->
</shortcuts>
```

4.2.2　内部实现

相关代码：

* /frameworks/base/core/java/android/content/pm/
* /frameworks/base/services/core/java/com/android/server/pm/

无论是静态注册还是动态注册的 Shortcut，最终都是通过 ShortcutInfo 类来描述的。我们可以顺着 ShortcutManager 和 ShortcutInfo 来了解相关实现。

ShortcutManager 类开始的一段代码如下：

```java
// ShortcutManager.java
public class ShortcutManager {
    private static final String TAG = "ShortcutManager";

    private final Context mContext;
    private final IShortcutService mService;

    /**
     * @hide
     */
    public ShortcutManager(Context context, IShortcutService service) {
        mContext = context;
        mService = service;
    }

    ...
}
```

细心的读者会发现，ShortcutManager 构造函数上面有一个 @hide 注解。

如果你浏览过 Android Framework 中的代码，就会发现很多的方法上面都有这个注解。这个注解的作用是：表示这个接口是系统内部实现所用，开发者无法直接调用。即：即便 ShortcutManager 中有这个构造方法，但我们在开发应用程序时也是无法调用的。相应地，Framework 提供了 getSystemService 接口来让我们获取需要的服务。

我们看到，ShortcutManager 的构造函数需要一个 Context 对象和一个 IShortcutService。这个 Context 对象便是我们调用 getSystemService(ShortcutManager.class) 的 Context（例如，Activity），这个对象对应了调用者身份。而 IShortcutService 对象是什么呢？看过 Binder 相

关内容的读者可能很快就会想到：这是一个 Binder 服务的接口对象。

是的，没错！在之前的讲解中，我们已经提到过：系统服务运行在专门的系统进程中，许多 Framework 层的系统服务都是通过 Binder 实现的，然后通过 IPC 的形式来暴露接口以供外部使用，IShortcutService 也是一样。

ShortcutManager 对应的实现是 ShortcutService。

其代码位于/frameworks/base/services/core/java/com/android/server/pm 目录下。

下面详细讲解，两种方式注册 Shortcut 分别是如何实现的。

动态注册

上文中我们看到，我们是通过 ShortcutManager.setDynamicShortcuts 来设置动态 Shortcut 的，那么对应的实现自然是 ShortcutService.setDynamicShortcuts 方法，该方法主要代码如下：

```
// ShortcutService.java

@Override
public boolean setDynamicShortcuts(String packageName, ParceledListSlice shortcutInfoList,
    @UserIdInt int userId) {
  verifyCaller(packageName, userId);
  final List<ShortcutInfo> newShortcuts = (List<ShortcutInfo>) shortcutInfoList.
  getList();
  final int size = newShortcuts.size();
  synchronized (mLock) {
    throwIfUserLockedL(userId);
    final ShortcutPackage ps = getPackageShortcutsForPublisherLocked
    (packageName, userId); ①
    ps.ensureImmutableShortcutsNotIncluded(newShortcuts);
    fillInDefaultActivity(newShortcuts);
    ps.enforceShortcutCountsBeforeOperation(newShortcuts, OPERATION_SET);
    // Throttling.
    if (!ps.tryApiCall()) {
        return false;
    }
    // Initialize the implicit ranks for ShortcutPackage.adjustRanks().
    ps.clearAllImplicitRanks();
```

```
        assignImplicitRanks(newShortcuts);
        for (int i = 0; i < size; i++) {
            fixUpIncomingShortcutInfo(newShortcuts.get(i), /* forUpdate= */ false);
        }
        // First, remove all un-pinned; dynamic shortcuts
        ps.deleteAllDynamicShortcuts(); ②
        // Then, add/update all.  We need to make sure to take over "pinned" flag.
        for (int i = 0; i < size; i++) { ③
            final ShortcutInfo newShortcut = newShortcuts.get(i);
            ps.addOrUpdateDynamicShortcut(newShortcut);
        }
        // Lastly, adjust the ranks.
        ps.adjustRanks(); ④
    }
    packageShortcutsChanged(packageName, userId); ⑤
    verifyStates();
    return true;
}
```

这段代码的主要逻辑包括五个步骤：

（1）通过包名和 UserId 来获取 ShortcutPackage。

（2）删除已经存在的动态 Shortcut。

（3）添加新的 Shortcut。

（4）调整顺序。

（5）通知 Launcher Shortcut 发生了变化。

Android 自 4.2 以来就开始支持多用户功能，同一时间可能有多个用户在同时运行。而 UserId 便是用户的标识。在默认情况下，如果设备中没有启用多用户功能，则默认的 UserId 是 0，对应的用户是设备的 Owner（关于多用户，我们会在第 7 章中讲解）。

这里我们看到了一个 `ShortcutPackage` 的类。如果你顺着这段代码深入看的话，会发现这里还会涉及更多与 Shortcut 相关的类。表 4-1 是对它们的集中说明。

表 4-1　类及说明

类　　名	说　　明
ShortcutPackageInfo	ShortcutManager 用来进行备份和恢复使用
ShortcutPackageItem	Shortcut 包条目

续表

类　名	说　明
ShortcutPackage	ShortcutPackageItem 的子类，包含了一个包里面的所有 Shortcut
ShortcutUser	包含了一个用户的所有 Shortcut
ShortcutParser	对 Shortcut XML 配置文件的解析类

系统会对所有应用的 Shortcut 进行备份，备份的格式是 XML 文件。这些文件会按用户分开目录存储。设备 Owner 的 Shortcut 备份文件位于/data/system_ce/0/shortcut_service/目录下。

静态注册

下面我们来看一下通过 Manifest 以静态形式注册的 Shortcut 是如何管理的。

下面这个方法用来获取在 Manifest 中注册的 Shortcut 列表：

```
// ShortcutService.java

@Override
public ParceledListSlice<ShortcutInfo> getManifestShortcuts(String packageName,
        @UserIdInt int userId) {
    verifyCaller(packageName, userId);

    synchronized (mLock) {
        throwIfUserLockedL(userId);

        return getShortcutsWithQueryLocked(
                packageName, userId, ShortcutInfo.CLONE_REMOVE_FOR_CREATOR,
                ShortcutInfo::isManifestShortcut);
    }
}
```

顺着这个方法往下看，会看到一系列的调用，如下所示。

- ShortcutService.getManifestShortcuts =>

- ShortcutService.getShortcutsWithQueryLocked =>

- ShortcutService.getPackageShortcutsForPublisherLocked =>

- ShortcutService.getUserShortcutsLocked =>

- ShortcutUser.getPackageShortcuts =>

- ShortcutUser.onCalledByPublisher =>

- ShortcutUser.rescanPackageIfNeeded =>

- ShortcutPackage.rescanPackageIfNeeded =>

- ShortcutParser.parseShortcuts =>

最终，`ShortcutParser.parseShortcuts` 是解析应用程序配置的 Shortcut XML 文件的
实现，该方法代码如下：

```
// ShortcutParser.java

public static List<ShortcutInfo> parseShortcuts(ShortcutService service,
      String packageName, @UserIdInt int userId) throws IOException,
      XmlPullParserException {
   if (ShortcutService.DEBUG) {
      Slog.d(TAG, String.format("Scanning package %s for manifest shortcuts on
            user %d", packageName, userId));
   }
   final List<ResolveInfo> activities = service.injectGetMainActivities
   (packageName, userId); ①
   if (activities == null || activities.size() == 0) {
      return null;
   }

   List<ShortcutInfo> result = null;

   try {
      final int size = activities.size();
      for (int i = 0; i < size; i++) { ②
         final ActivityInfo activityInfoNoMetadata = activities.get(i).
         activityInfo;
         if (activityInfoNoMetadata == null) {
            continue;
         }

         final ActivityInfo activityInfoWithMetadata =
               service.getActivityInfoWithMetadata(
               activityInfoNoMetadata.getComponentName(), userId);
         if (activityInfoWithMetadata != null) {
```

```
            result = parseShortcutsOneFile( ③
                    service, activityInfoWithMetadata, packageName, userId, result);
        }
    }
} catch (RuntimeException e) {
    // Resource ID mismatch may cause various runtime exceptions when parsing XMLs,
    // But we don't crash the device, so just swallow them.
    service.wtf(
            "Exception caught while parsing shortcut XML for package=" +
            packageName, e);
    return null;
}
return result;
}
```

这段代码应该还是比较容易理解的，主要逻辑包含三个步骤：

（1）解析出所有的 Main Activity，即 action 为"android.intent.action.MAIN"，category 为 "android.intent.category.LAUNCHER"的 Activity。这一点我们在上文中已经说过了：Shortcut 只会配置在 Main Activity 上。

（2）遍历所有的 Main Activity。

（3）查看这个 Activity 有没有配置 Metadata，如果有则尝试解析。

解析的过程就是对 XML 文件每个元素逐个读取的过程，这里我们就不贴这部分代码了。

解析完成之后便会将结果存储在相应的结构中（即表 4-1 提到的那些类中）。当下次再次查询的时候，如果包结构没有发生变化，则不必再次解析了。

在系统已经获取到所有包的 Shortcut 信息之后，Launcher 应用只需要通过 ShortcutManager 相应的接口来获取 Shortcut 列表。当用户在桌面图标上长按的时候，显示相应的 Shortcut 信息，当用户点击的时候，根据 Shortcut 中的 Intent 发送即可。

可见，App Shortuct 的实现还是比较简单的。

第 5 章
系统界面改进

系统界面属于系统的一部分。系统上方的 Status Bar，以及下方的 Navigation Bar 都属于系统界面。除此之外，近期任务界面、锁屏也都属于系统界面。可见，系统界面是用户交互最多的 UI 元素。

在 Android 系统最近几年的更新中，几乎每个版本都会对 SystemUI 做较大的改动。本章中，我们会讲解其中最明显的一些改变。

我们讲解的内容包括：

- SystemUI 整体介绍；
- System Bar；
- Notification；
- Quick Settings Tile。

5.1 SystemUI 整体介绍

5.1.1 SystemUI 简介

AOSP 源码中，包含了两类 Android 应用程序：

- 一类是系统的内置应用，这些应用提供了手机的基本功能。包括 Launcher、系统设置、电话、相机、相册等。它们位于/packages/apps/目录下。理论上，这些应用都是可以被第三方应用所代替的，例如：你完全可以安装一个第三方的电话、相机、相册，而不使用系统的，这也是 Android 系统最为灵活的地方（注：系统设置通常无法被第三方应用代替，因为它使用了一些拥有非常高权限的内部 API。为了保证系统安装，这些 API 很多不会对外开放）。

- 另外一类应用，则是属于 Framework 的一部分，这些应用是无法被第三方应用所代替的。它们位于/frameworks/base/packages/目录下，包括 BackupRestoreConfirmation、DocumentsUI、PrintSpooler、SettingsProvider、SystemUI、VpnDialogs 等。

我们看到，SystemUI 属于后者，因为系统界面的外观和功能都是由系统开发者设计的。

本章我们专门讲解 SystemUI，因此本章摘录的源码绝大部分都位于以下这个目录中：

```
/frameworks/base/packages/SystemUI/
```

SystemUI 中包含了以下这些组件。

- **Status Bar**：系统上方的状态栏。
- **Navigator Bar**：系统下方的导航栏。
- **Keyguard**：锁屏界面。
- **PowerUI**：电源界面。
- **Recents Screen**：近期任务界面。
- **VolumeUI**：音量调节对话框。
- **Stack Divider**：分屏功能调节器。
- **PipUI**：画中画界面。
- **Screenshot**：截屏界面。
- **RingtonePlayer**：铃声播放器界面。
- **Settings Activity**：系统设置中用到的一些界面，如 NetworkOverLimitActivity、UsbDebuggingActivity 等。

由于篇幅所限，我们不可能详细讲解其中的每一个组件，实际上也没有这个必要。在了解了 SystemUI 的整体结构和设计之后，读者是有能力自行研究我们没有提到的组件的，使得读者具备这样的能力才是本书最大的目的。

5.1.2　SystemUI 的初始化

SystemUI 是交互最多的 UI 元素，对它的基本功能就不多做介绍了。这里直接接触实现内容，看一下 SystemUI 是如何进行初始化的。

整个 SystemUI 由一个 Application 的子类 SystemUIApplication 进行初始化，Application 对应了整个应用程序的全局状态。

系统会保证，Application 对象一定是应用进程中第一个实例化的对象。并且，Application 的 onCreate 方法一定早于应用中所有的 Activity、Service、BroadcastReceiver（但是不包含 ContentProvider）创建之前被调用。

SystemUIApplication 的 onCreate 方法代码如下：

```java
// SystemUIApplication.java

public void onCreate() {
    super.onCreate();
    setTheme(R.style.systemui_theme);

    SystemUIFactory.createFromConfig(this);

    if (Process.myUserHandle().equals(UserHandle.SYSTEM)) {
        IntentFilter filter = new IntentFilter(Intent.ACTION_BOOT_COMPLETED);
        filter.setPriority(IntentFilter.SYSTEM_HIGH_PRIORITY);
        registerReceiver(new BroadcastReceiver() {
            @Override
            public void onReceive(Context context, Intent intent) {
                if (mBootCompleted) return;

                if (DEBUG) Log.v(TAG, "BOOT_COMPLETED received");
                unregisterReceiver(this);
                mBootCompleted = true;
                if (mServicesStarted) {
                    final int N = mServices.length;
                    for (int i = 0; i < N; i++) {
                        mServices[i].onBootCompleted();
                    }
                }
            }
        }, filter);
    } else {
        startServicesIfNeeded(SERVICES_PER_USER);
    }
}
```

在这个方法中，注册了一个对于 Intent.ACTION_BOOT_COMPLETED 的广播接收器，这是系统启动完成之后发送的一个广播。在收到这个广播之后，便会对 mServices 数组中的每一个对象调用 onBootCompleted 回调，这样做是为了通知这些组件系统启动完成了，使得这些组件可以执行初始化工作。

我们知道，Android 是一个支持多用户的操作系统。而在 SystemUIApplication 中，将组件分为两类：

- 一类是所有用户共用的 SystemUI 组件，例如，电源界面、Status Bar 界面等。
- 另一类是每个用户独有的 SystemUI 组件，它们是近期任务和画中画界面。下面两个数组记录了这两类组件：

```java
// SystemUIApplication.java

private final Class<?>[] SERVICES = new Class[] {
    com.android.systemui.tuner.TunerService.class,
    com.android.systemui.keyguard.KeyguardViewMediator.class,
    com.android.systemui.recents.Recents.class,
    com.android.systemui.volume.VolumeUI.class,
    Divider.class,
    com.android.systemui.statusbar.SystemBars.class,
    com.android.systemui.usb.StorageNotification.class,
    com.android.systemui.power.PowerUI.class,
    com.android.systemui.media.RingtonePlayer.class,
    com.android.systemui.keyboard.KeyboardUI.class,
    com.android.systemui.tv.pip.PipUI.class,
    com.android.systemui.shortcut.ShortcutKeyDispatcher.class,
    com.android.systemui.VendorServices.class
};

private final Class<?>[] SERVICES_PER_USER = new Class[] {
    com.android.systemui.recents.Recents.class,
    com.android.systemui.tv.pip.PipUI.class
};
```

前面我们已经看到，SystemUI 中包含了很多类型的界面。这些界面有一些共同的地方，例如它们都需要：

- 处理模块的初始化；

- 处理系统的状态变化（例如，旋转屏、时区变更等）；
- 执行 dump；
- 处理系统启动完成的事件。

为了给 SystemUI 组件处理这些共同的事件定下一个基础的结构，在 SystemUI 应用中，有一个名称也为 `SystemUI` 的抽象类，在这个类中，定义了几个方法让子类覆写。

这个类的定义如下：

```java
// SystemUI.java
public abstract class SystemUI {
    public Context mContext;
    public Map<Class<?>, Object> mComponents;

    public abstract void start(); ①

    protected void onConfigurationChanged(Configuration newConfig) {} ②

    public void dump(FileDescriptor fd, PrintWriter pw, String[] args) {} ③

    protected void onBootCompleted() {} ④

    @SuppressWarnings("unchecked")
    public <T> T getComponent(Class<T> interfaceType) {
        return (T) (mComponents != null ? mComponents.get(interfaceType) : null);
    }

    public <T, C extends T> void putComponent(Class<T> interfaceType, C component) {
        if (mComponents != null) {
            mComponents.put(interfaceType, component);
        }
    }

    public static void overrideNotificationAppName(Context context,
    Notification.Builder n) {
        final Bundle extras = new Bundle();
        extras.putString(Notification.EXTRA_SUBSTITUTE_APP_NAME,
```

```
            context.getString(com.android.internal.R.string.android_system_label));


        n.addExtras(extras);
    }
}
```

这段代码的说明如下：

（1）为子类定义了 start 方法供子类完成初始化工作，这个方法是一个抽象方法，因此具体的子类必现实现。

（2）onConfigurationChanged 是处理系统状态变化的回调，状态变化包括：时区变更、字体大小变更、输入模式变更、屏幕大小变更、屏幕方向变更等。具体请参见 android.content.res.Configuration 类。

（3）dump 方法用来导出模块的内部状态。实际上不仅仅是 SystemUI 组件，很多系统服务都包含了 dump 方法。这个方法主要是辅助调试所用。开发者可以在开发过程中，通过 adb shell 执行 dump 命令来了解系统的内部状态。

（4）onBootCompleted 是系统启动完成的回调方法。

这里的 onConfigurationChanged 和 onBootCompleted 两个方法并不是由系统直接调用的，而是由 SystemUIApplication 组件先接收系统事件然后再转发调用。

SystemUI 应用中包含的组件类型很多，因此 SystemUI 类的子类也很多，它们如图 5-1 所示。

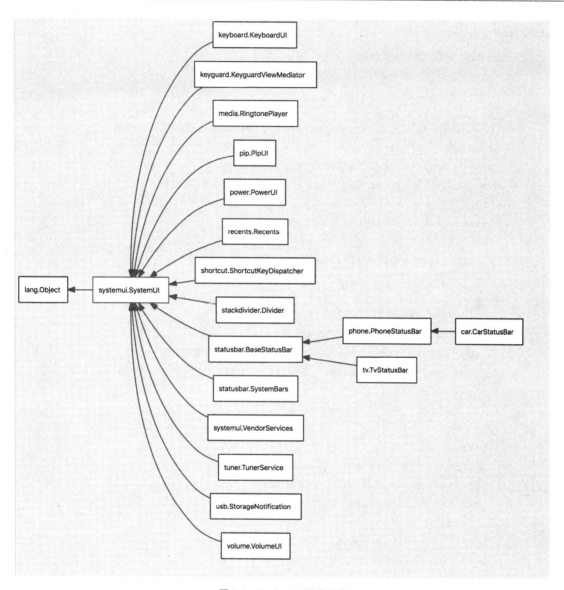

图 5-1 SystemUI 及其子类

5.1.3 System Bar 的初始化

下面，我们以最常见的 System Bar（Status Bar 和 Navigation Bar 合称 System Bar）为例，看一下它是如何初始化的。

SystemUIApplication 负责了所有 SystemUI 组件的初始化，这其中就包括 com.android.systemui.

statusbar.SystemBars。

SystemBars 主要代码如下所示。

```java
// SystemBars.java

public class SystemBars extends SystemUI implements ServiceMonitor.Callbacks {
    private static final String TAG = "SystemBars";
    private static final boolean DEBUG = false;
    private static final int WAIT_FOR_BARS_TO_DIE = 500;

    private ServiceMonitor mServiceMonitor;

    private BaseStatusBar mStatusBar;

    @Override
    public void start() { ①
        if (DEBUG) Log.d(TAG, "start");
        mServiceMonitor = new ServiceMonitor(TAG, DEBUG,
                mContext, Settings.Secure.BAR_SERVICE_COMPONENT, this);
        mServiceMonitor.start();  ②
    }

    @Override
    public void onNoService() {
        if (DEBUG) Log.d(TAG, "onNoService");
        createStatusBarFromConfig(); ③
    }
    ...
    private void createStatusBarFromConfig() {
        if (DEBUG) Log.d(TAG, "createStatusBarFromConfig");
        final String clsName = mContext.getString(R.string.config_statusBarComponent); ④
        if (clsName == null || clsName.length() == 0) {
            throw andLog("No status bar component configured", null);
        }
        Class<?> cls = null;
        try {
            cls = mContext.getClassLoader().loadClass(clsName); ⑤
        } catch (Throwable t) {
```

```
        throw andLog("Error loading status bar component: " + clsName, t);
    }
    try {
        mStatusBar = (BaseStatusBar) cls.newInstance(); ⑥
    } catch (Throwable t) {
        throw andLog("Error creating status bar component: " + clsName, t);
    }
    mStatusBar.mContext = mContext;
    mStatusBar.mComponents = mComponents;
    mStatusBar.start(); ⑦
    if (DEBUG) Log.d(TAG, "started " + mStatusBar.getClass().getSimpleName());
    }
    ...
}
```

这段代码说明如下：

（1）start 方法由 SystemUIApplication 调用。

（2）在 start 方法中，创建并启动了一个 ServiceMonitor 对象，这个对象 start 之后会调用 onNoService 方法。

（3）调用 createStatusBarFromConfig 方法，根据配置文件中的信息来进行 Status Bar 的初始化。

（4）读取配置文件中实现类的类名。这个值的定义位于 frameworks/base/packages/SystemUI/res/values/config.xml 中。在手机上其值是 com.android.systemui.statusbar.phone. PhoneStatusBar。

（5）通过类加载器加载相应的类。

（6）通过反射 API 创建对象实例（反射机制是 Java 语言的高级用法，如果读者对这部分机制不熟悉，请自行在网上搜索相关的资料）。

（7）最后调用实例的 start 方法对其进行初始化。如果是在手机设备上，则这里调用的就是 PhoneStatusBar.start 方法。

com.android.systemui.statusbar.phone.PhoneStatusBar 是手机上 Status Bar 的实现。而在电视和车载设备上，其 Status Bar 的实现类将是 TvStatusBar 和 CarStatusBar，它们都是 BaseStatusBar 的子类。在 SystemUI 类图中，我们已经看到过这些子类了。

PhoneStatusBar 的内部初始化逻辑我们将在下一小节中详细讲解。

有些读者可能会好奇，这里为什么要将类名配置在资源文件中，然后通过反射来创建对象实例，为什么不直接通过类的构造函数进行初始化呢？

答案是：这里将类名配置在资源文件中，那么对于电视和汽车这些完全不同的平台，可以不用修改任何源代码，而只需要修改配置文件，然后重启系统便替换了系统中状态栏的实现，由此减少了模块间的耦合，也减少了系统的维护成本。

对于这一点，在我们自己平时的设计和开发过程中是非常值得借鉴学习的，即：**对于那些平台相关的逻辑，尽量放到代码之外的配置文件中进行控制，这样可以减少通过修改代码来改变实现，从而降低维护的成本。**

最后我们通过图 5-2 总结一下 SystemUI 的启动过程。

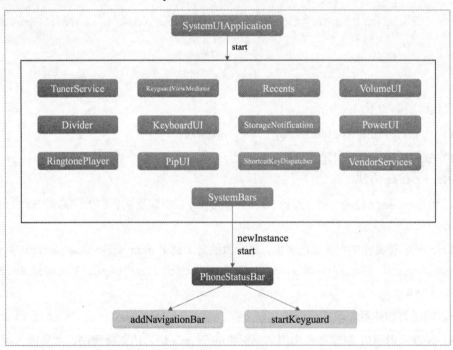

图 5-2　SystemUI 的启动过程

5.1.4　参考资料与推荐读物

- https://developer.android.com/training/system-ui/index.html

5.2　System Bar

上文中我们已经看到，Android 系统上的 System Bar 由 `SystemBars` 类（SystemUI 的子类）

负责初始化，它会通过读取 `R.string.config_statusBarComponent` 字符串来确定当前平台上的 **StatusBar** 实现类，然后通过反射 API 创建对应的实例并进行初始化。

对于 System Bar，不同平台上的外观和功能可能是不一样的。因此从内部实现上也需要有所区分。SystemUI 中有一个名称为 BaseStatusBar 的父类，各个平台上的实现类都是这个类的子类。三种平台上的实现类继承关系如图 5-3 所示。

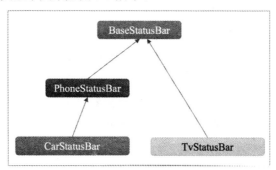

图 5-3　BaseStatusBar 及其子类

考虑到手机是大家最为熟悉的设备，并且大部分的开发者都是基于手机平台的，因此这里以 PhoneStatusBar 为例来讲解 System Bar 的初始化逻辑。

PhoneStatusBar 的 start 方法主要逻辑如下所示。

```java
// PhoneStatusBar.java
@Override
public void start() {
   mDisplay = ((WindowManager)mContext.getSystemService(Context.WINDOW_SERVICE))
           .getDefaultDisplay();
   updateDisplaySize();
   mScrimSrcModeEnabled = mContext.getResources().getBoolean(
           R.bool.config_status_bar_scrim_behind_use_src);

   super.start(); ①

   mMediaSessionManager
           = (MediaSessionManager) mContext.getSystemService(Context.MEDIA_
           SESSION_SERVICE);

   addNavigationBar(); ②
```

```
...
startKeyguard(); ③

...
}
```

这段代码三个关键步骤说明如下：

（1）调用父类（BaseStatusBar）的 start 方法。BaseStatusBar.start 方法中处理了很多与平台无关的初始化逻辑，这个逻辑可以在不同的平台上进行复用。这个方法的代码我们马上会看到。

（2）完成 Navigation Bar 的初始化。系统外部虽然将 Status Bar 和 Navigation Bar 统称为 System Bar。但在系统的内部实现中，认为 Navigation Bar 是 Status Bar 的一部分。

（3）启动 Keyguard，即锁屏界面。

addNavigationBar 方法将在系统上添加 Navigation Bar 并为 Navigation Bar 上的三个按钮（Back、Home、Recents）设置事件监听器（例如：长按近期任务按钮将切换到分屏模式，对于这一点在讲解多窗口的时候已经提到过），相关代码如下：

```
// PhoneStatusBar.java
protected void addNavigationBar() {
    if (DEBUG) Log.v(TAG, "addNavigationBar: about to add " + mNavigationBarView);
    if (mNavigationBarView == null) return;

    ...

    prepareNavigationBarView();

    mWindowManager.addView(mNavigationBarView,
    getNavigationBarLayoutParams());
}

private void prepareNavigationBarView() {
    mNavigationBarView.reorient();

    ButtonDispatcher recentsButton = mNavigationBarView.getRecentsButton();
    recentsButton.setOnClickListener(mRecentsClickListener);
    recentsButton.setOnTouchListener(mRecentsPreloadOnTouchListener);
    recentsButton.setLongClickable(true);
```

```
recentsButton.setOnLongClickListener(mRecentsLongClickListener);

ButtonDispatcher backButton = mNavigationBarView.getBackButton();
backButton.setLongClickable(true);
backButton.setOnLongClickListener(mLongPressBackListener);

ButtonDispatcher homeButton = mNavigationBarView.getHomeButton();
homeButton.setOnTouchListener(mHomeActionListener);
homeButton.setOnLongClickListener(mLongPressHomeListener);

mAssistManager.onConfigurationChanged();
}
```

BaseStatusBar.start 负责了平台无关的 Status Bar 的基本初始化工作，这个方法会在不同的平台上复用。

该方法的代码较长，这里我们摘取其中最主要的逻辑：

```
// BaseStatusBar.java
public void start() {
    mWindowManager = (WindowManager)mContext.getSystemService(Context.WINDOW_SERVICE);
    mWindowManagerService = WindowManagerGlobal.getWindowManagerService(); ①
    ...

    mNotificationData = new NotificationData(this); ②

    ...

    mBarService = IStatusBarService.Stub.asInterface(
            ServiceManager.getService(Context.STATUS_BAR_SERVICE)); ③

    mRecents = getComponent(Recents.class); ④

    ...

    ArrayList<String> iconSlots = new ArrayList<>(); ⑤
    ArrayList<StatusBarIcon> icons = new ArrayList<>();
    Rect fullscreenStackBounds = new Rect();
    Rect dockedStackBounds = new Rect();
```

```
try {
    mBarService.registerStatusBar(mCommandQueue, iconSlots, icons, switches,
    binders, fullscreenStackBounds, dockedStackBounds);
} catch (RemoteException ex) {
    // If the system process isn't there we're doomed anyway.
}

createAndAddWindows(); ⑥

...

// Set up the initial icon state
int N = iconSlots.size();
int viewIndex = 0;
for (int i=0; i < N; i++) { ⑦
    setIcon(iconSlots.get(i), icons.get(i));
}

...
```

这段代码说明如下：

（1）获取 WindowManagerService。WindowManagerService 是负责系统中所有窗口管理的服务，在前面的章节中已经提到过。Status Bar 可以利用这个服务进行窗口的控制。

（2）创建 NotificationData，这里包含了当前显示的所有通知，后面我们会专门讲解 Notification 功能。

（3）获取 StatusBarService，这是一个 Binder 服务，位于 system_server 中。这个服务提供了 Notification Panel 的管理功能。

（4）获取近期任务组件，前面我们已经说过，近期任务界面也是 SystemUI 的一部分。

（5）创建通知栏上 Icon 的 Slot。

（6）通过 createAndAddWindows 方法创建具体窗口。很显然，这里的窗口会是平台相关的：不同平台上的 System Bar 窗口可能是不一样的。因此这个方法是一个抽象方法，具体的逻辑留待子类实现。而在手机平台上，实现类即为 PhoneStatusBar。

（7）设置系统的初始 Icon。

这里的 createAndAddWindows 方法由子类实现，于是又调用到了 PhoneStatusBar.

createAndAddWindows 方法。该方法代码如下：

```java
// PhoneStatusBar.java
@Override
public void createAndAddWindows() {
    addStatusBarWindow();
}

private void addStatusBarWindow() {
    makeStatusBarView();
    mStatusBarWindowManager = new StatusBarWindowManager(mContext);
    mRemoteInputController = new RemoteInputController(mStatusBarWindowManager,
            mHeadsUpManager);
    mStatusBarWindowManager.add(mStatusBarWindow, getStatusBarHeight());
}
```

makeStatusBarView 方法会真正完成视图的构建和初始化。这个方法代码较长，这里就不列出了。

完整的 System Bar 初始化流程如图 5-4 所示。

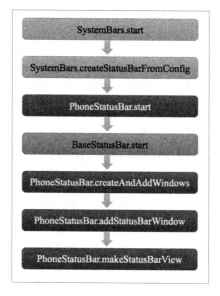

图 5-4　System Bar 初始化过程

System Bar 虽然是系统的一部分，但是为了让应用能够提供更好的用户体验，系统提供了接口来进行控制。开发者可以根据需要来显示或者隐藏 Status Bar 和 Navigation Bar（它们中的两者之一或者全部）。

三种模式

对于 System Bar 的控制，Android 系统定义了三种场景模式：

- **Lights Out 模式**　这是 Android 4.4 之前版本上的模式，这种模式的行为是：当用户几秒钟内都没有操作的情况下，Action Bar 和 Status Bar 会被淡化成不可用状态。但是 Navigation Bar 是正常可用的，虽然它也会被 dim。如果你在 4.4 之后的版本上开发，请考虑下面两种模式。

- **Lean Back 模式**　在这种模式下，System Bar 默认是隐藏的，每当用户轻触屏幕时，它们会重新显示出来变成可用。因此，这种模式适合于用户无须频繁交互的应用，例如播放视频。

- **Immersive 模式**　在这种模式下，只有当用户从屏幕边缘滑向屏幕中间时，System Bar 才会显示出来。因此这种模式适用于需要频繁交互但用户不太需要 System Bar 的应用。例如，全屏游戏或者的画图软件。

API 与使用场景

开发者通过 `View.setSystemUiVisibility(int)` API 来控制 System Bar。控制的内容就是这个方法的参数，这个方法支持的参数是下面这几个常量（它们都在 View 类中）的组合：

- **SYSTEM_UI_FLAG_FULLSCREEN** 使应用进入全屏模式，对于这个 flag 的说明详见下文；

- **SYSTEM_UI_FLAG_HIDE_NAVIGATION** 临时隐藏 Navigation Bar；

- **SYSTEM_UI_FLAG_IMMERSIVE** 见下文"沉浸式全屏"；

- **SYSTEM_UI_FLAG_IMMERSIVE_STICKY** 见下文"沉浸式全屏"；

- **SYSTEM_UI_FLAG_LAYOUT_FULLSCREEN** 视图希望它的 Window 像被设置了 SYSTEM_UI_FLAG_FULLSCREEN 一样进行布局，即便它并没有设置；

- **SYSTEM_UI_FLAG_LAYOUT_HIDE_NAVIGATION** 视图希望它的 Window 像被设置了 SYSTEM_UI_FLAG_HIDE_NAVIGATION 一样进行布局，即便它并没有设置；

- **SYSTEM_UI_FLAG_LAYOUT_STABLE** 让应用维持一个稳定的布局；

- **SYSTEM_UI_FLAG_LOW_PROFILE** 临时性的 Dim System Bar，当用户触摸屏幕时，这个 Flag 将被清除，如果需要，应用要重新设置；

- **SYSTEM_UI_FLAG_VISIBLE** 让 Status Bar 变成可见。

单纯地看这些说明可能并不好理解，下面我们举一些实例来说明它们的用法。

Dim System Bar

```
// 这个例子使用了 decorView 来进行控制，但实际上你可以使用任何可见的 View
View decorView = getActivity().getWindow().getDecorView();
int uiOptions = View.SYSTEM_UI_FLAG_LOW_PROFILE;
decorView.setSystemUiVisibility(uiOptions);
```

这段代码将 Dim System Bar，一旦用户触摸了屏幕，Dim 就会被取消，同时 Dim Flag 将被清除。如果需要，则应用要重新设置。

隐藏 Status Bar

对于隐藏 Status Bar 来说，在 Android 4.0 及之前的版本中的做法与 Android 4.1 及之后的版本中的做法是不一样的。这里我们只会讲解后面一种。

在 Android 4.1 及更高版本上，使用 SYSTEM_UI_FLAG_FULLSCREEN Flag 来隐藏 Status Bar：

```
View decorView = getWindow().getDecorView();
int uiOptions = View.SYSTEM_UI_FLAG_FULLSCREEN;
decorView.setSystemUiVisibility(uiOptions);
```

另外：

- 对于应用来说，在隐藏 Status Bar 的同时也应当隐藏应用自身的 Action Bar。做法见下文"相应 System UI 的改变事件"。
- 如果希望应用内容位于 Status Bar 的背后，而不是隐藏 Status Bar，可以使用 SYSTEM_UI_FLAG_LAYOUT_FULLSCREEN。并且，开发者也可以同时使用 SYSTEM_UI_FLAG_LAYOUT_STABLE 来保持布局的稳定。

隐藏 Navigation Bar

只有在 Android 4.0 及之上的版本上，才可以隐藏 Navigation Bar。另外，通常情况下，当应用隐藏 Navigation Bar 时，也应当同时隐藏 Status Bar。下面是对应的代码示例：

```
View decorView = getWindow().getDecorView();
int uiOptions = View.SYSTEM_UI_FLAG_HIDE_NAVIGATION
            | View.SYSTEM_UI_FLAG_FULLSCREEN;
decorView.setSystemUiVisibility(uiOptions);
```

需要说明的是：

- 当使用这种方式时，用户的触摸会导致 System Bar 重新显示出来。同时设置的 Flag

会被清除，如果需要，你需要重新设置。

- 在 Android 4.1 及更高版本上，可以设置 SYSTEM_UI_FLAG_LAYOUT_HIDE_NAVIGATION 让应用在 Navigation Bar 的背后显示。并且，开发者也可以同时使用 SYSTEM_UI_FLAG_LAYOUT_STABLE 来保持布局的稳定。

沉浸式全屏

Android 4.4 引用了一个新的 Flag：SYSTEM_UI_FLAG_IMMERSIVE。使用这个 Flag 可以使你的应用获得真正的全屏。当这个 Flag 与 SYSTEM_UI_FLAG_HIDE_NAVIGATION 和 SYSTEM_UI_FLAG_FULLSCREEN 组合起来使用时，会隐藏整个 System Bar 使得你的应用获取整个屏幕的触摸事件。

由于你的应用接收了全部的触摸事件，只有当用户从屏幕边缘往内部滑动时，System Bar 才会显示出来。这样会清除 SYSTEM_UI_FLAG_HIDE_NAVIGATION（如果设置了 SYSTEM_UI_FLAG_FULLSCREEN 也会被清除）。如果你希望 System Bar 在这之后再次自动隐藏起来，可同时设置 SYSTEM_UI_FLAG_IMMERSIVE_STICKY。

图 5-5 展示了四种不同的状态。

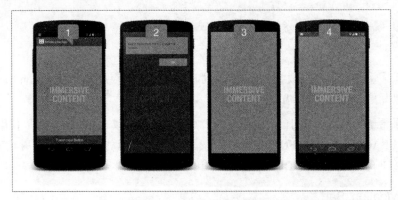

图 5-5　SystemUI 的四种状态

非沉浸模式：这是应用程序在进入沉浸式模式之前出现的状态。除此之外，如果使用了 SYSTEM_UI_FLAG_IMMERSIVE 标志，并且当用户从屏幕边缘往内部滑动时，此时会清除 SYSTEM_UI_FLAG_HIDE_NAVIGATION 和 SYSTEM_UI_FLAG_FULLSCREEN 标志。清除这些标志后，System Bar 将重新出现并保持可见，此时也会是这样。请注意，最好的做法是将所有 UI 控件与系统栏保持同步，以最大限度地减少屏幕的状态数量，从而提供更加无缝的用户体验。所以这里所有的 UI 控件都与状态栏一起显示。一旦应用程序进入沉浸式模式，UI 控件将与系统栏一起隐藏。为了确保 UI 可视性与系统栏可见性保持同步，可通过 View.OnSystemUi-VisibilityChangeListener 来响应 UI 改变事件，接下来我们马上就会讲到。

提醒气泡：当应用程序中首次进入沉浸式模式时，系统会显示提醒气泡。提醒气泡提醒用户如何显示系统栏。

沉浸式模式：这是沉浸式模式下的应用程序，系统栏和其他 UI 控件被隐藏。可以使用 Flag：SYSTEM_UI_FLAG_IMMERSIVE 或 SYSTEM_UI_FLAG_IMMERSIVE_STICKY 来实现此状态。

Sticky flag：如果使用 SYSTEM_UI_FLAG_IMMERSIVE_STICKY 标志，并且用户从屏幕边缘往内部滑动时，半透明条会暂时出现，然后再隐藏。滑动的行为不清除任何标志，也不会触发系统 UI 可见性更改监听事件，因为 System Bar 的暂时性外观改变不被视为 UI 可见性更改。

> 注意：SYSTEM_UI_FLAG_IMMERSIVE_STICKY 仅在与 SYSTEM_UI_FLAG_HIDE_NAVIGATION、SYSTEM_UI_FLAG_FULLSCREEN 两者之一或一起使用时才起作用。但是想要实现"完全浸入"模式时，通常是同时隐藏状态和导航栏。

响应 System UI 的改变事件

在 System Bar 隐藏或者显示之后，应用自身的 UI 也可能需要做一些更改。并且，保持这两者的状态同步是一个很好的做法。

如果应用想要关心 System UI 的变更事件，只需要设置一个 View.OnSystemUiVisibility-ChangeListener 即可。例如，可以在 Activity 的 onCreate 方法中完成这个事件的监听，下面是一段代码示例：

```
View decorView = getWindow().getDecorView();
decorView.setOnSystemUiVisibilityChangeListener
        (new View.OnSystemUiVisibilityChangeListener() {
    @Override
    public void onSystemUiVisibilityChange(int visibility) {
        // 只有在 LOW_PROFILE、HIDE_NAVIGATION 和 FULLSCREEN 都没有设置的时候，System
        // Bar 才是可见的
        if ((visibility & View.SYSTEM_UI_FLAG_FULLSCREEN) == 0) {
            // 当 System Bar 可见的时候，请调整应用的 UI
            // 例如显示 Action Bar 或者其他导航相关的控件
        } else {
            // 当 System Bar 不可见的时候，请调整应用的 UI
            // 例如隐藏 Action Bar 或者其他导航相关的控件
        }
    }
});
```

在这个状态变更的时候，应用通常需要更改自身 Action Bar 或者其他导航相关控件的显示隐藏状态。

5.3 Notification

Notification 是自 Android 发布以来就有的 API，也是应用程序中最常用的功能的之一，开发者应当对其相当熟悉了。

在 Android 近几年的版本更新中，几乎每个版本都会对系统通知界面，以及相关 API 做一些的改变。这些改变使得开发者可以更好地控制应用程序的通知样式，同时也使得通知功能更易于用户使用。

本节我们专门来看一下 Notification 方面的知识。

5.3.1 开发者 API

这里不打算对 Notification 基本的使用方式做过多讲解，这方面内容对于很多开发者来说都已经是非常熟悉的了，并且网络上也很容易搜索到相关内容。

下面只会说明 Notification 自 Android 5.0 以来的新增功能。

Heads-up Notification

Heads-up Notification 是 Android 5.0 以上的新增功能。

当设备处于使用状态下（已经解锁并且屏幕亮着）时，这种通知以一个小的浮动窗口的形式呈现出来，如图 5-6 所示。

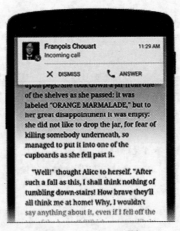

图 5-6　Heads-up 通知

这个样式看起来像是对通知的一种压缩,但是 Heads-up Notification 可以包含 Action Button。用户可以点击 Action Button 进行相应的操作,也可以将这个通知界面移除掉但是不离开当前应用。这对于用户体验来说是一项非常好的改进,系统的来电通知就是这种形式的通知。在设备处于使用状态下时,这种通知既不会干扰用户当前的行为(可以直接将通知界面移除掉),又方便了用户对于通知的处理(可以直接点击 Action Button 来处理通知)。

只要 Notification 满足下面的两种情况下任何一种,就会产生 Heads-up Notification:

- Notification 设置了 fullScreenIntent;
- Notification 是一个 High 优先级的通知并且使用了铃声或震动。

锁屏上的 Notification

从 Android 5.0 开始,通知可以在锁屏上显示。开发者可以利用这个特性来实现媒体播放按钮或者其他常用的操作。但同时,用户也可以通过设置来决定是否在锁屏界面上显示某个应用的通知。

开发者可以通过 `Notification.Builder.setVisibility(int)` 方法来控制通知显示的详细级别。这个方法接收三个级别的控制:

- **VISIBILITY_PUBLIC** 显示通知的全部内容;
- **VISIBILITY_PRIVATE** 显示通知的基本信息,例如,通知的 icon 和 title,但是不显示详细内容;
- **VISIBILITY_SECRET** 不显示通知的任何内容。

Notification 直接回复

从 Android 7.0 开始,用户可以在通知界面上进行直接回复。直接回复按钮附加在通知的下面。当用户通过键盘回复时,系统将用户输入的文字附在开发者指定的 Intent 上,然后发送给对应的应用,如图 5-7 所示。

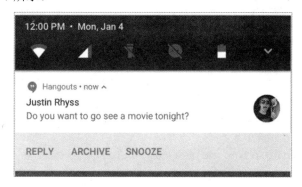

图 5-7 带有直接回复按钮的通知

创建一个包含直接回复按钮的通知分为下面几个步骤：

（1）创建一个 PendingIntent，这个 PendingIntent 将在用户输入完成点击发送按钮之后触发。因此我们需要为这个 PendingIntent 设置一个接收者，我们可以使用一个 BroadcastReceiver 来进行接收。

（2）创建一个 RemoteInput.Builder 对象实例，这个类的构造函数接收一个字符串作为 Key 来让系统放入用户输入的文字。在接收方通过这个 key 来获取输入。

（3）通过 Notification.Action.Builder.addRemoteInput() 方法将第 1 步创建的 RemoteInput 对象添加到 Notification.Action 上。

（4）创建一个通知包含前面创建的 Notification.Action，然后发送。

相关代码示例如下：

```
intent = new Intent(context, NotificationBroadcastReceiver.class);
intent.setAction(REPLY_ACTION);
intent.putExtra(KEY_NOTIFICATION_ID, notificationId);
intent.putExtra(KEY_MESSAGE_ID, messageId);
PendingIntent replyPendingIntent = PendingIntent.getBroadcast(
        getApplicationContext(), 100, intent,
        PendingIntent.FLAG_UPDATE_CURRENT);


// Key for the string that's delivered in the action's intent.
private static final String KEY_TEXT_REPLY = "key_text_reply";
String replyLabel = getResources().getString(R.string.reply_label);
RemoteInput remoteInput = new RemoteInput.Builder(KEY_TEXT_REPLY)
        .setLabel(replyLabel)
        .build();


// Create the reply action and add the remote input.
Notification.Action action =
        new Notification.Action.Builder(R.drawable.ic_reply_icon,
                getString(R.string.label), replyPendingIntent)
                .addRemoteInput(remoteInput)
                .build();


// Build the notification and add the action.
Notification newMessageNotification =
        new Notification.Builder(mContext)
```

```
            .setSmallIcon(R.drawable.ic_message)
            .setContentTitle(getString(R.string.title))
            .setContentText(getString(R.string.content))
            .addAction(action)
            .build();

// Issue the notification.
NotificationManager notificationManager =
        (NotificationManager) this.getSystemService(NOTIFICATION_SERVICE);
notificationManager.notify(notificationId, newMessageNotification);
```

当用户点击回复按钮时，系统会提示用户输入，如图 5-8 所示。

图 5-8　通知的直接回复界面

当用户输入完成并点击发送按钮之后，我们设置的 replyPendingIntent 被会触发。前面我们设置了一个 BroadcastReceiver 来处理这个 Intent，于是在 BroadcastReceiver 中可以通过下面这样的方式来获取用户输入的文本：

```
private CharSequence getReplyMessage(Intent intent) {
    Bundle remoteInput = RemoteInput.getResultsFromIntent(intent);
```

```
    if (remoteInput != null) {
        return remoteInput.getCharSequence(KEY_REPLY);
    }
    return null;
}

public void onReceive(Context context, Intent intent) {
    if (REPLY_ACTION.equals(intent.getAction())) {
        CharSequence message = getReplyMessage(intent);
        int messageId = intent.getIntExtra(KEY_MESSAGE_ID, 0);

        Toast.makeText(context, "Message ID: " + messageId + "\nMessage: " + message,
                Toast.LENGTH_SHORT).show();
    }
}
```

这里还有两点需要开发者注意：

（1）用户点击完发送按钮之后，该按钮会变成一个旋转的样式表示这个动作还在进行中。开发者需要重新发送一条新的通知来更新这个状态。

（2）通过 BroadcastReceiver 来处理这个发送事件的同时，请注意将 BroadcastReceiver 在 AndroidManifest.xml 中的配置设为：android:exported="false"。否则任何应用都可以发送一条 Intent 来触发 BroadcastReceiver，这可能对应用造成危害。

Bundling notifications

从 Android 7.0 开始，系统提供一个新的方式来展示连续的通知：Bundling notifications。

这种展示方式特别适用于即时通信类应用，因为这类应用会持续不断地收到新的消息并发送通知。这种展示方式是以一种层次性的结构来组织通知的。顶部是显示组内概览信息的消息，当用户进一步展开组的时候，系统显示组内的更多信息，如图 5-9 所示。

Notification.Build 类中提供了相应的 API 来进行这种通知样式的管理：

- Notification.Builder.setGroup(String groupKey) 通过 groupKey 将通知归为一个组；

- Notification.Builder.setGroupSummary(boolean isGroupSummary) 当 isGroupSummary=true 时表示将该条通知设为组内的 Summary 通知；

- Notification.Builder.setSortKey(String sortKey) 系统将根据这里设置的 sortKey 进行排序。

图 5-9　Bundling notifications

Notification 消息样式

从 Android 7.0 开始，系统提供了 MessagingStyle API 来自定义通知的样式。开发者可以自定义通知的各种 Label，包括：对话 Title、附加消息以及通知的 Content view 等。下面是一段代码示例：

```
Notification notification = new Notification.Builder()
        .setSmallIcon(R.drawable.ic_menu_camera)
        .setStyle(new Notification.MessagingStyle("Me")
            .setConversationTitle("Team lunch")
            .addMessage("Hi", timestamp1, null) // Pass in null for user.
            .addMessage("What's up?", timestamp2, "Coworker")
            .addMessage("Not much", timestamp3, null)
            .addMessage("How about lunch?", timestamp4, "Coworker"))
        .build();
```

这条通知显示出来是下面这个样子，如图 5-10 所示。

5.3.2 通知栏与通知窗口

外部界面

通知栏位于状态栏中，在状态栏的左侧通过一系列应用的 Icon 来显示通知，如图 5-11 所示。

图 5-10 自定义消息样式

图 5-11 通知栏

用户可以通过从屏幕上侧下滑的方法展开通知窗口，通知窗口的上方是 Quick Settings 区域，下方是通知列表。用户可以展开 Quick Settings 区域（关于 Quick Settings 我们会在下一节中讲解），如图 5-12 所示。

内部实现

在了解了通知界面的外观之后，我们就来看一下系统是如何实现这个界面的。

在 SystemUI 的实现中，通过 XML 布局文件以及一系列自定义 Layout 类来管理通知界面。

图 5-12　Quick Settings 界面

整个 Status Bar 通过 super_status_bar.xml 文件来进行布局，这个布局文件的根元素是一个自定义的 FrameLayout，类名是 StatusBarWindowView。这个布局文件的结构如图 5-13 所示。

图 5-13　super_status_bar.xml 结构

在这里，我们重点要关注的就是选中的两行：

- super_status_bar.xml 中 include 了一个名称为 **status_bar** 的布局文件；
- super_status_bar.xml 中 include 了一个名称为 **status_bar_expanded** 的布局文件。

这里的 status_bar 便是系统状态栏的布局文件，status_bar_expanded 便是下拉的通知窗口的布局文件。

status_bar.xml 布局文件结构如图 5-14 所示。这个布局文件的根元素是名称为 PhoneStatusBarView 的自定义 FrameLayout 类。

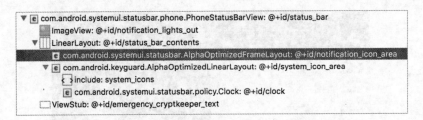

图 5-14 status_bar.xml 结构

对照这个布局文件和手机上的状态栏，相信读者应该很容易理解了。

- **notification_icon_area** 正是系统显示通知 icon 的区域；

- **system_icon_area** 是显示系统图标的区域，例如：Wi-Fi、电话信息以及电池等；

- **clock** 是状态栏上显示时间的区域。

下面我们再来看一下 status_bar_expanded.xml 布局文件的结构，这个布局文件的根元素是一个名称为 NotificationPanelView 的类，这个类同样是一个自定义的 FrameLayout，如图 5-15 所示。

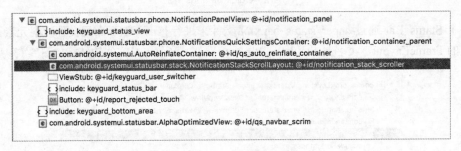

图 5-15 status_bar_expanded.xml 结构

在这个布局文件中：

- 顶部是一个名称为 **keyguard_status_view** 的元素。这个便是该界面上的状态栏布局。这个状态栏显示的内容和通常的状态栏的内容是有所区别的，读者可以回到上面相应的截图对比一下不同场景下状态栏显示的内容。

- **qs_auto_reinflate_container** 是显示 Quick Settings 的区域。这个区域其实是 include 了一个另外布局文件：qs_panel.xml。

- **notification_stack_scroller** 便是真正显示通知列表的地方，这是一个 NotificationStack-ScrollLayout 类型的元素。从名称上我们就可以看出，这个元素是可以滚动的，因为通知的列表可能是很长的。

上面大概讲解了这些界面中最主要的元素，而实际上布局中还有非常多的其他元素。这里我们就不一一讲解了。读者可以借助 Android Studio 上的 LayoutInspector 工具选择 com.android. systemui 进程，然后选择 Status Bar 来详细分析该界面上的每一个元素，Layout Inspector 界面看起来像下面这样，如图 5-16 所示。

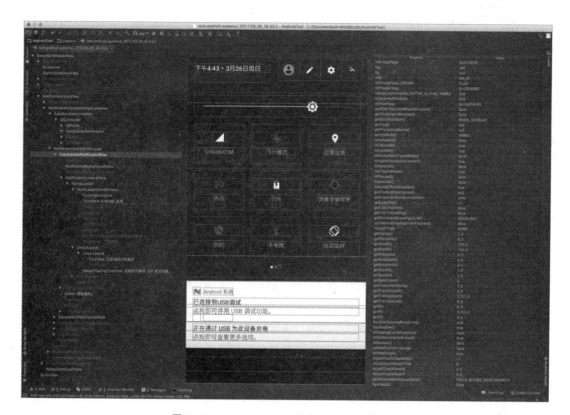

图 5-16　Layout Inspector 分析 SystemUI 的界面

5.3.3　Notification 从发送到显示

Notification 的发送

有了上面通知界面布局的知识之后，我们再看一下，应用程序中发送的通知是如何最终显示到系统的通知界面上的。

开发者通过创建 Notification 对象来发送通知。该对象中记录了一条通知的所有详细信息，Notification 类图如图 5-17 所示。

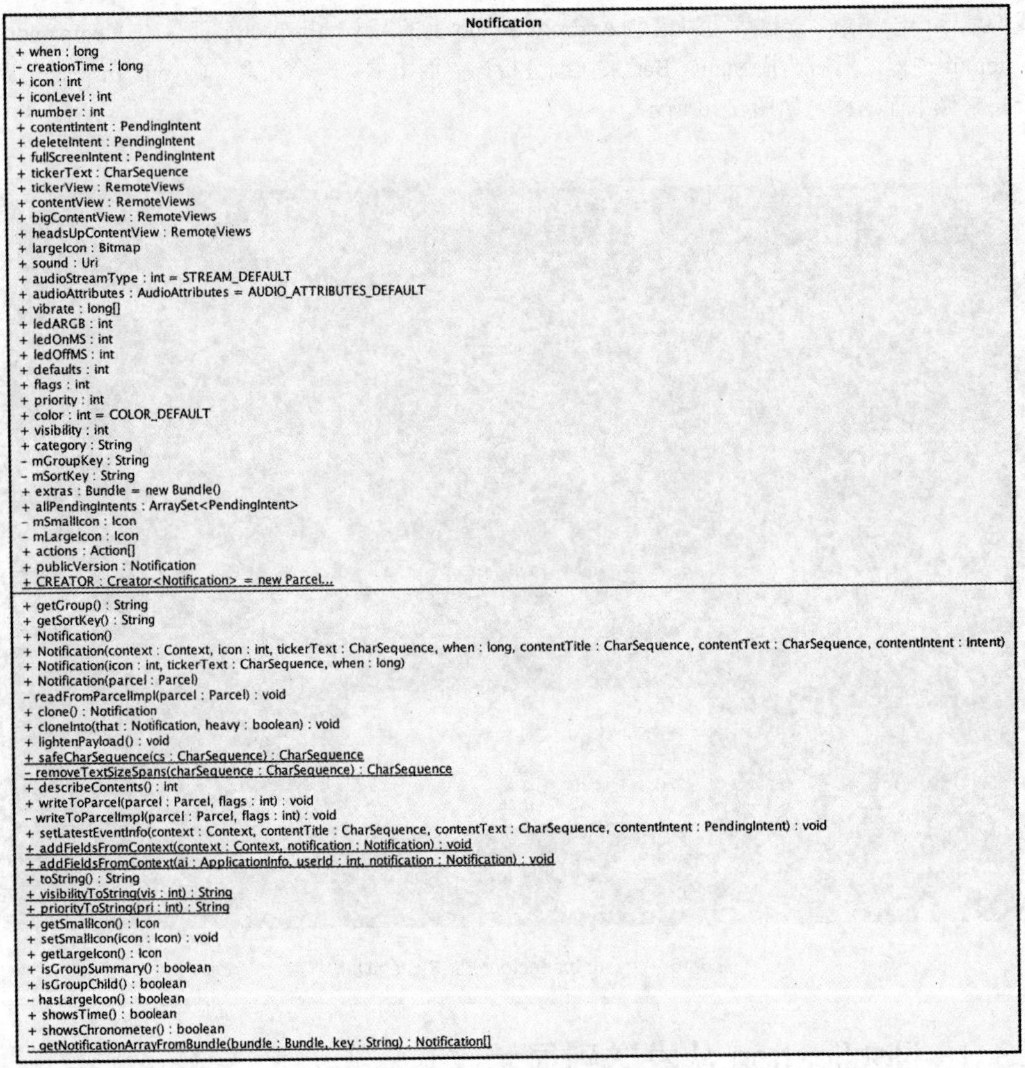

图 5-17 Notification 类的结构

　　这里的很多字段相信开发者都很熟悉，因为这些字段都是我们发送通知时要设置的。这里需要说明的是 `Bundle extras` 字段。Bundle 以键值对的形式存储了可以通过 IPC 传递的一系列数据。当我们通过 Notification.Builder 构建 Notification 对象时，有一些自定义样式的值都是存在 extras 字段中的，例如下面这些：

```java
// Notification.java
public Builder setShowWhen(boolean show) {
  mN.extras.putBoolean(EXTRA_SHOW_WHEN, show);
```

```
    return this;
  }

public Builder setSmallIcon(Icon icon) {
  mN.setSmallIcon(icon);
  if (icon != null && icon.getType() == Icon.TYPE_RESOURCE) {
      mN.icon = icon.getResId();
  }
  return this;
}


public Builder setContentTitle(CharSequence title) {
  mN.extras.putCharSequence(EXTRA_TITLE, safeCharSequence(title));
  return this;
}


public Builder setContentText(CharSequence text) {
  mN.extras.putCharSequence(EXTRA_TEXT, safeCharSequence(text));
  return this;
}


public Builder setContentInfo(CharSequence info) {
  mN.extras.putCharSequence(EXTRA_INFO_TEXT, safeCharSequence(info));
  return this;
}


public Builder setProgress(int max, int progress, boolean indeterminate) {
  mN.extras.putInt(EXTRA_PROGRESS, progress);
  mN.extras.putInt(EXTRA_PROGRESS_MAX, max);
  mN.extras.putBoolean(EXTRA_PROGRESS_INDETERMINATE, indeterminate);
  return this;
}


public Builder setStyle(Style style) {
  if (mStyle != style) {
      mStyle = style;
      if (mStyle != null) {
          mStyle.setBuilder(this);
          mN.extras.putString(EXTRA_TEMPLATE, style.getClass().getName());
      } else {
          mN.extras.remove(EXTRA_TEMPLATE);
      }
  }
```

```
    return this;
}
```

Notification 类是一个 Parcelable 类，这意味着它可以通过 Binder 被跨进程传递。

我们通常不会手动创建 Notification，而是通过 Notification.Builder 类中的 setXXX 方法（上面已经列出了一些）来创建 Notification。很显然，这个 Notification.Builder 类使用的是典型的 Builder 设计模式，通过这个类，简化了我们创建 Notification 的过程，Notification.Builder 类的结构如图 5-18 所示。

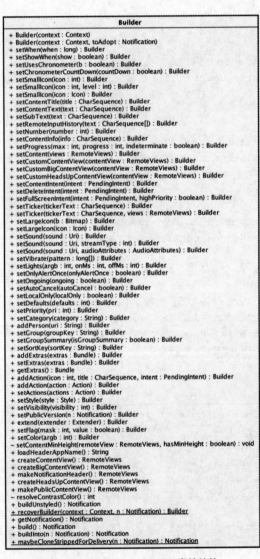

图 5-18　Notification.Builder 类的结构

这个类提供了非常多的 setXXX 方法让我们设置 Notification 的属性，并且这些方法会返回 Builder 对象本身以便我们可以连续调用。最终，通过一个 build 方法获取到构造好的 Notification 对象。

NotificationManagerService

在构造好了 Notification 对象之后，我们通过 NotificationManager 的 `public void notify(int id,Notification notification)` （及其重载）方法真正将通知发送出去。

相信读者自然能想到，这个 NotificationManager 一定也是通过 Binder 实现的。

确实没错，真正实现通知发送的服务叫作 NotificationManagerService，这个 Service 同样位于 system_server 进程中。

NotificationManager 代表了服务的客户端被应用程序所使用，而 NotificationManager-Service 位于系统进程中接收和处理请求。Android 系统中大量的系统服务都是这样的实现套路。

notify 接口最终会调用 NotificationManager 中的另一个叫作 notifyAsUser 的接口来发送通知，其实现如下：

```java
// NotificationManagerService.java
public void notifyAsUser(String tag, int id, Notification notification,
UserHandle user)
{
    int[] idOut = new int[1];
    INotificationManager service = getService(); ①
    String pkg = mContext.getPackageName();
    // Fix the notification as best we can.
    Notification.addFieldsFromContext(mContext, notification); ②
    if (notification.sound != null) {
        notification.sound = notification.sound.getCanonicalUri();
        if (StrictMode.vmFileUriExposureEnabled()) {
            notification.sound.checkFileUriExposed("Notification.sound");
        }
    }
    fixLegacySmallIcon(notification, pkg);
    if (mContext.getApplicationInfo().targetSdkVersion > Build.VERSION_CODES.
LOLLIPOP_MR1) {
        if (notification.getSmallIcon() == null) {
            throw new IllegalArgumentException("Invalid notification (no valid
            small icon): "
```

```
                    + notification); ③
        }
    }
    if (localLOGV) Log.v(TAG, pkg + ": notify(" + id + ", " + notification + ")");
    final Notification copy = Builder.maybeCloneStrippedForDelivery(notification);
    try {
        service.enqueueNotificationWithTag(pkg, mContext.getOpPackageName(),
                tag, id, copy, idOut, user.getIdentifier()); ④
        if (localLOGV && id != idOut[0]) {
            Log.v(TAG, "notify: id corrupted: sent " + id + ", got back " + idOut[0]);
        }
    } catch (RemoteException e) {
        throw e.rethrowFromSystemServer();
    }
}
```

这段代码说明如下：

（1）通过 getService 方法获取 NotificationManagerService 的远程服务接口，getService 方法的实现其实就是通过 ServiceManager 拿到 NotificationManagerService 的 Binder 对象。

（2）通过 mContext 为 Notification 添加一些附加属性，这里的 mContext 代表了调用发送通知接口的 Context，系统服务中会通过这个 Context 来确定是谁在使用服务。

（3）在 LOLLIPOP_MR1 之上的版本（API Level 22）中，发送通知必须设置 Small Icon，否则直接抛出异常。

（4）调用 NotificationManagerService 的远程接口来真正进行通知的发送。

接下来我们要关注的自然是 NotificationManagerService.enqueueNotificationWithTag 方法的实现。

NotificationManagerService 相关代码位于以下路径：/frameworks/base/services/core/java/com/android/server/notification/。

在 NotificationManagerService.enqueueNotificationWithTag 方法中，会将用户发送过来的 Notification 对象包装在一个 StatusBarNotification 对象中：

```
// NotificationManagerService.java
final StatusBarNotification n = new StatusBarNotification(
    pkg, opPkg, id, tag, callingUid, callingPid, 0, notification, user);
```

然后又将 StatusBarNotification 包装在 NotificationRecord 对象中：

```
final NotificationRecord r = new NotificationRecord(getContext(), n);
```

StatusBarNotification 构造函数中的其他参数，描述了发送通知的调用者的身份，包括包名、调用者的 uid、pid 等。这个身份的作用是：系统可以针对调用者身份的不同做不同的处理。例如，用户可能关闭了某些应用的通知显示，系统通过调用者的身份便可以确定这个应用的通知是否需要显示在通知界面上。

而看到 NotificationRecord，读者应该很自然能想到 ActivityManagerService 中的 ActivityRecord、ProcessRecord 等结构。这些都是系统服务中用来描述应用程序中对象的对应结构。

图 5-19 描述了上面三种结构的包含关系。

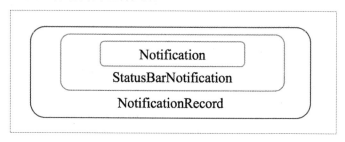

图 5-19　Notification 及其相关类的结构

系统在创建 NotificationRecord 对象之后，会 Post 一个 Runnable 的 Task 进行通知的发送：

```
// NotificationManagerService.java
final NotificationRecord r = new NotificationRecord(getContext(), n);
mHandler.post(new EnqueueNotificationRunnable(userId, r));
```

在 EnqueueNotificationRunnable 中，需要做下面几件事情：

- 处理通知的分组；
- 检查该通知是否已经被阻止（通过调用者的身份：包名及 uid）；
- 对通知进行排序；
- 判断对已有通知更新，还是发送一条新的通知；
- 调用 NotificationListeners.notifyPostedLocked；
- 如果需要：处理声音和震动。

这里只有 NotificationListeners.notifyPostedLocked 需要说明一下。

一条通知发送到系统之后，系统中可能会有很多模块会对其感兴趣（最基本的，会有模块要将这个通知显示在通知界面上）。发送通知是一个事件，处理通知是一个响应，当事件的响应者可能不止一个的时候，为了达到解耦这两者之间的关系，很自然地会使用我们常见的监听器模型（或者叫作 Observer 设计模式）。

系统中，对于通知感兴趣的监听器通过 NotificationListenerService 类来表达。而这里的 NotificationListeners.notifyPostedLocked 便是对所有的 NotificationListenerService 进行回调通知。

其中有一个最重要的 NotificationListenerService 就是 BaseStatusBar。因为它就是负责将通知显示在通知界面上的监听器。

Notification 的显示

BaseStatusBar 中对于通知发送的回调逻辑如下：

```java
// BaseStatusBar.java
public void onNotificationPosted(final StatusBarNotification sbn,
    final RankingMap rankingMap) {
  if (DEBUG) Log.d(TAG, "onNotificationPosted: " + sbn);
  if (sbn != null) {
    mHandler.post(new Runnable() {
      @Override
      public void run() {
        processForRemoteInput(sbn.getNotification());
        String key = sbn.getKey(); ①
        mKeysKeptForRemoteInput.remove(key);
        boolean isUpdate = mNotificationData.get(key) != null; ②
        if (!ENABLE_CHILD_NOTIFICATIONS
            && mGroupManager.isChildInGroupWithSummary(sbn)) {
          if (DEBUG) {
            Log.d(TAG, "Ignoring group child due to existing summary: " + sbn);
          }

          // Remove existing notification to avoid stale data.
          if (isUpdate) {
            removeNotification(key, rankingMap); ③
          } else {
            mNotificationData.updateRanking(rankingMap);
          }
```

```
            return;
        }
        if (isUpdate) {
            updateNotification(sbn, rankingMap);
        } else {
            addNotification(sbn, rankingMap, null /* oldEntry */); ④
        }
    }
});
    }
}
```

这段代码的说明如下：

（1）每个 StatusBarNotification 对象都有一个 key 值，这个值根据调用者的身份以及调用者设置的通知 id 生成。当应用程序通过同一个通知 id 发送了多次通知，这些通知的 key 值是一样的，由此可以对通知进行更新。

（2）mNotificationData（类型为 NotificationData）中记录了系统所有的通知列表。

（3）如果是一个已经存在的通知需要更新，则先将存在的通知删除。

（4）addNotification 是一个抽象方法，由子类实现。

在手机设备上，addNotification 方法自然是由 PhoneStatusBar 来实现的。在 addNotification 方法中，会调用 updateNotifications 方法来最终将通知显示在通知界面上，其代码如下所示。

```
// PhoneStatusBar.java
protected void updateNotifications() {
  mNotificationData.filterAndSort();

  updateNotificationShade();
  mIconController.updateNotificationIcons(mNotificationData);
}
```

这里的 updateNotificationShade 方法便是将通知的显示内容添加到通知面板的显示区域：NotificationStackScrollLayout 中。而 mIconController.updateNotificationIcons(mNotificationData) 则在 notification_icon_area 区域添加通知 Icon。

updateNotificationShade 代码比较长，但逻辑比较好理解。主体逻辑就是对每一个需要显示的通知创建一个 ExpandableNotificationRow，然后设置对应的内容并添加到 NotificationStackScrollLayout（mStackScroller 对象）中。

浏览一下这段代码便可以看到我们在 API 部分讲解的一些 API 在系统服务中的实现：这里了处理通知的分组、visibility 等相关信息。

```java
// PhoneStatusBar.java
private void updateNotificationShade() {
    if (mStackScroller == null) return;

    // Do not modify the notifications during collapse.
    if (isCollapsing()) {
        addPostCollapseAction(new Runnable() {
            @Override
            public void run() {
                updateNotificationShade();
            }
        });
        return;
    }

    ArrayList<Entry> activeNotifications = mNotificationData.
getActiveNotifications();
    ArrayList<ExpandableNotificationRow> toShow = new ArrayList<>
(activeNotifications.size());
    final int N = activeNotifications.size();
    for (int i=0; i<N; i++) {
        Entry ent = activeNotifications.get(i);
        int vis = ent.notification.getNotification().visibility;

        // Display public version of the notification if we need to redact.
        final boolean hideSensitive =
                !userAllowsPrivateNotificationsInPublic(ent.notification.getUserId());
        boolean sensitiveNote = vis == Notification.VISIBILITY_PRIVATE;
        boolean sensitivePackage = packageHasVisibilityOverride
(ent.notification.getKey());
        boolean sensitive = (sensitiveNote && hideSensitive) || sensitivePackage;
        boolean showingPublic = sensitive && isLockscreenPublicMode();
        if (showingPublic) {
            updatePublicContentView(ent, ent.notification);
        }
```

```
        ent.row.setSensitive(sensitive, hideSensitive);
        if (ent.autoRedacted && ent.legacy) {
            // TODO: Also fade this? Or, maybe easier (and better), provide a dark
            redacted form
            // for legacy auto redacted notifications.
            if (showingPublic) {
                ent.row.setShowingLegacyBackground(false);
            } else {
                ent.row.setShowingLegacyBackground(true);
            }
        }
        if (mGroupManager.isChildInGroupWithSummary(ent.row.
        getStatusBarNotification())) {
            ExpandableNotificationRow summary = mGroupManager.getGroupSummary(
                    ent.row.getStatusBarNotification());
            List<ExpandableNotificationRow> orderedChildren =
                    mTmpChildOrderMap.get(summary);
            if (orderedChildren == null) {
                orderedChildren = new ArrayList<>();
                mTmpChildOrderMap.put(summary, orderedChildren);
            }
            orderedChildren.add(ent.row);
        } else {
            toShow.add(ent.row);
        }

    }


ArrayList<ExpandableNotificationRow> toRemove = new ArrayList<>();
for (int i=0; i< mStackScroller.getChildCount(); i++) {
    View child = mStackScroller.getChildAt(i);
    if (!toShow.contains(child) && child instanceof ExpandableNotificationRow) {
        toRemove.add((ExpandableNotificationRow) child);
    }
}


for (ExpandableNotificationRow remove : toRemove) {
    if (mGroupManager.isChildInGroupWithSummary(remove.
```

```
    getStatusBarNotification()))  {
        // we are only transfering this notification to its parent, don't
        // generate an animation
        mStackScroller.setChildTransferInProgress(true);
    }
    if (remove.isSummaryWithChildren()) {
        remove.removeAllChildren();
    }
    mStackScroller.removeView(remove);
    mStackScroller.setChildTransferInProgress(false);
}


removeNotificationChildren();

for (int i=0; i<toShow.size(); i++) {
    View v = toShow.get(i);
    if (v.getParent() == null) {
        mStackScroller.addView(v);
    }
}


addNotificationChildrenAndSort();

// So after all this work notifications still aren't sorted correctly.
// Let's do that now by advancing through toShow and mStackScroller in
// lock-step, making sure mStackScroller matches what we see in toShow.
int j = 0;
for (int i = 0; i < mStackScroller.getChildCount(); i++) {
    View child = mStackScroller.getChildAt(i);
    if (!(child instanceof ExpandableNotificationRow)) {
        // We don't care about non-notification views.
        continue;
    }

    ExpandableNotificationRow targetChild = toShow.get(j);
    if (child != targetChild) {
        // Oops, wrong notification at this position. Put the right one
        // here and advance both lists.
```

```
            mStackScroller.changeViewPosition(targetChild, i);
        }
        j++;

    }

    // clear the map again for the next usage
    mTmpChildOrderMap.clear();

    updateRowStates();
    updateSpeedbump();
    updateClearAll();
    updateEmptyShadeView();

    updateQsExpansionEnabled();
    mShadeUpdates.check();
}
```

至此，一条新发送的通知就真正显示出来了。

图 5-20 描述了一条 Notification 从发送到显示出来的流程。

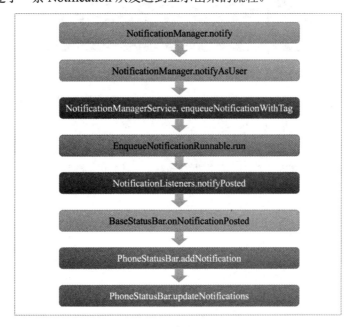

图 5-20　通知的发送流程

5.4　Quick Settings

Quick Settings API 是在 Android 7.0 上新增的 API。Quick Settings 的功能如图 5-21 所示。

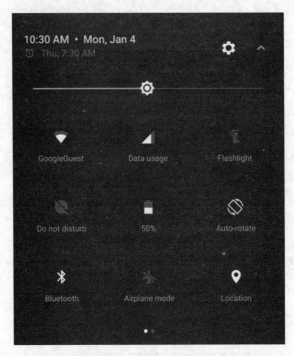

图 5-21　Quick Settings 界面

该功能位于下拉的通知面板中，在用户单手指下拉通知面板的时候，Quick Settings 区域显示成一个长条，用户可以点击右上角的尖号展开这个区域。

Quick Settings 提供给用户非常便捷的按钮，用户甚至无须解锁就可以操作这个区域，通过点击 Quick Settings 中的 Tile 来切换某个功能的状态，例如，打开/关闭手电筒、蓝牙、Wi-Fi 等功能。这对于用户来说是非常便捷的。

5.4.1　开发者 API

使用 Quick Settings 功能非常简单，只需要与 Tile 和 TileService 两个类打交道即可。它们的类图如图 5-22 所示。

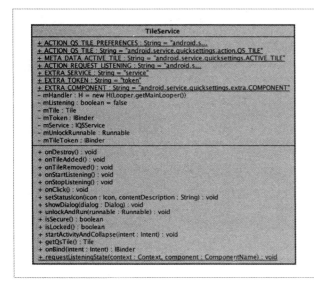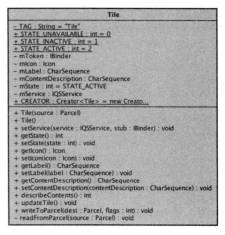

图 5-22　Tile 与 TileService 类结构

TileService 是 android.app.Service 的子类，开发者通过继承 TileService 并覆写其对应的方法来完成功能的实现。TileService 中提供的状态回调方法如下。

- onClick()：当前 Tile 被点击。

- onDestroy()：当前 Tile 将要被销毁。

- onStartListening()：当前 Tile 将要进入监听状态。

- onStopListening()：当前 Tile 将要退出监听状态。

- onTileAdded()：当前 Tile 被添加到 Quick Settings 中。

- onTileRemoved()：当前 Tile 被从 Quick Settings 中删除。

在这些状态变更的时候，开发者可以根据状态的不同来调整 Tile 的状态。调整的方法就是：先通过 TileService.getQsTile() 获取到当前 Tile，然后通过 Tile 的 setXXX 方法来进行修改。最后调用 Tile.updateTile() 来使刚刚的设置生效。

下面是一段代码示例。这段代码的功能是根据用户点击来将 Tile 在 Active 和非 Active 状态之间进行切换。

```java
private static final String SERVICE_STATUS_FLAG = "serviceStatus";
private static final String PREFERENCES_KEY =
    "com.google.android_quick_settings";
```

```java
@Override
public void onClick() { ①
    Log.d("QS", "Tile tapped");
    updateTile();
}

// Changes the appearance of the tile.
private void updateTile() {

    Tile tile = this.getQsTile(); ②
    boolean isActive = getServiceStatus();

    Icon newIcon;
    String newLabel;
    int newState;

    // Change the tile to match the service status.
    if (isActive) {

        newLabel = String.format(Locale.US,
                    "%s %s",
                    getString(R.string.tile_label),
                    getString(R.string.service_active));

        newIcon = Icon.createWithResource(getApplicationContext(),
                    R.drawable.ic_android_black_24dp);

        newState = Tile.STATE_ACTIVE;

    } else {
        newLabel = String.format(Locale.US,
                "%s %s",
                getString(R.string.tile_label),
                getString(R.string.service_inactive));

        newIcon =
                Icon.createWithResource(getApplicationContext(),
                    android.R.drawable.ic_dialog_alert);
```

```
          newState = Tile.STATE_INACTIVE;
      }

      // Change the UI of the tile.
      tile.setLabel(newLabel); ③
      tile.setIcon(newIcon);
      tile.setState(newState);

      // Need to call updateTile for the tile to pick up changes.
      tile.updateTile(); ④
  }
```

这段代码说明如下：

（1）处理用户的点击事件。

（2）获取自身的 Tile 对象。

（3）设置 Tile 的状态，包括 Label、Icon、State。

（4）设置完成之后真正让状态生效。

在实现完成这个 TileService 之后，我们还需要将其注册到 Manifest 中。TileService 需要设置一个特殊的权限和 Intent-Filter 的 Action，如下所示。

```
<service
    android:name=".QuickSettingsService"
    android:icon="@drawable/ic_android_black_dp"
    android:label="@string/tile_label"
    android:permission="android.permission.BIND_QUICK_SETTINGS_TILE">
    <intent-filter>
        <action android:name="android.service.quicksettings.action.QS_TILE" />
    </intent-filter>
</service>
```

将包含这个 TileService 的应用安装到设备上之后，下划通知面板然后展开 QuickSettings 区域便可以看到我们开发的 Tile 了。

5.4.2 系统实现

我们可以通过 5.4.1 节提到的 Layout Inspector 工具来分析 Quick Settings 的结构。

Quick Settings 位于下拉的通知面板中。在布局上,这部分通过 QSContainer 作为外部的容器,其中包含了一个 QSPanel。

QSPanel 中,包含了一个调节屏幕亮度的控件,这是通过一个 LinearLayout 来进行布局的,接下来就是 PagedTileLayout 中包含的多个 Tile 了,每个 Tile 用一个 QSTileView 来进行布局。PagedTileLayout 正如其名称所示,这是一个可以分页的 Layout。

QSContainer 中包含的元素如图 5-23 所示。

图 5-23　QSContainer 的结构

在 Android 系统中,包含两类 Tile:

- 一类是系统预置的;
- 另一类的第三方应用中包含的。

Quick Settings 功能实现主要位于这个目录中:/frameworks/base/packages/SystemUI/src/com/android/systemui/qs。

系统预置 Tile

qs 目录下包含了布局结构中用到的几个元素的实现类，包括：QSContainer、QSPanel、PagedTileLayout、QSTileView、QSIconView 等。

系统本身包含了一些预装的 Tile，例如：飞行模式的开关、位置信息的开关、热点功能的开关、手电筒功能开关等。这些 Tile 的实现位于 qs/tiles 目录下，包含下面这些：AirplaneModeTile.java、BatteryTile.java、BluetoothTile.java、CastTile.java、CellularTile.java、ColorInversionTile.java、DataSaverTile.java、DndTile.java、FlashlightTile.java、HotspotTile.java、IntentTile.java、LocationTile.java、NightDisplayTile.java、RotationLockTile.java、UserTile.java、WifiTile.java、WorkModeTile.java。

在 res 目录下，有一个名称为 `quick_settings_tiles_stock` 的字符串列出了所有系统内置的 QuickSetting 的名称，它们通过逗号进行分隔。

```
<string name="quick_settings_tiles_stock" translatable="false">
wifi,cell,battery,dnd,flashlight,rotation,bt,airplane,location,hotspot,inver
sion,saver,work,cast,night
</string>
```

QSTileHost 中为这里的名称和实现类做了映射：

```
// QSTileHost.java
public QSTile<?> createTile(String tileSpec) {
  if (tileSpec.equals("wifi")) return new WifiTile(this);
  else if (tileSpec.equals("bt")) return new BluetoothTile(this);
  else if (tileSpec.equals("cell")) return new CellularTile(this);
  else if (tileSpec.equals("dnd")) return new DndTile(this);
  else if (tileSpec.equals("inversion")) return new ColorInversionTile(this);
  else if (tileSpec.equals("airplane")) return new AirplaneModeTile(this);
  else if (tileSpec.equals("work")) return new WorkModeTile(this);
  else if (tileSpec.equals("rotation")) return new RotationLockTile(this);
  else if (tileSpec.equals("flashlight")) return new FlashlightTile(this);
  else if (tileSpec.equals("location")) return new LocationTile(this);
  else if (tileSpec.equals("cast")) return new CastTile(this);
  else if (tileSpec.equals("hotspot")) return new HotspotTile(this);
  else if (tileSpec.equals("user")) return new UserTile(this);
  else if (tileSpec.equals("battery")) return new BatteryTile(this);
  else if (tileSpec.equals("saver")) return new DataSaverTile(this);
  else if (tileSpec.equals("night")) return new NightDisplayTile(this);
```

```
    // Intent tiles.
    else if (tileSpec.startsWith(IntentTile.PREFIX)) return IntentTile.create
    (this,tileSpec);
    else if (tileSpec.startsWith(CustomTile.PREFIX)) return CustomTile.create
    (this,tileSpec);
    else {
        Log.w(TAG, "Bad tile spec: " + tileSpec);
        return null;
    }
}
```

TileQueryHelper 负责了 Tile 的初始化工作。在这个类中，会读取 R.string.quick_settings_tiles_stock 中的值，然后根据配置来初始化系统内置的 Quick Setting：

```
// TileQueryHelper.java
String possible = mContext.getString(R.string.quick_settings_tiles_stock);
String[] possibleTiles = possible.split(",");
final Handler qsHandler = new Handler(host.getLooper());
final Handler mainHandler = new Handler(Looper.getMainLooper());
for (int i = 0; i < possibleTiles.length; i++) {
  final String spec = possibleTiles[i];
  final QSTile<?> tile = host.createTile(spec);
  if (tile == null || !tile.isAvailable()) {
      continue;
  }
  tile.setListening(this, true);
  tile.clearState();
  tile.refreshState();
  tile.setListening(this, false);
  qsHandler.post(new Runnable() {
      @Override
      public void run() {
          final QSTile.State state = tile.newTileState();
          tile.getState().copyTo(state);
          // Ignore the current state and get the generic label instead.
          state.label = tile.getTileLabel();
          mainHandler.post(new Runnable() {
              @Override
```

```
            public void run() {
                addTile(spec, null, state, true);
                mListener.onTilesChanged(mTiles);
            }
        });
    }
});
}
```

这段代码应该很简单，这里就不多做说明了。

第三方应用中包含的 Tile

对于 SystemUI 来说，除了要列出系统内置的 Quick Setting，还有开发者开发的 Quick Setting 也需要读取。这部分逻辑通过 QueryTilesTask 以一个异步的 Task 来完成，这在这个异步任务中，会通过 PackageManager 查询所有开发者开发的 Quick Setting：

```
// TileQueryHelper.java
private class QueryTilesTask extends
    AsyncTask<Collection<QSTile<?>>, Void, Collection<TileInfo>> {
    @Override
    protected Collection<TileInfo> doInBackground(Collection<QSTile<?>>...
    params) {
        List<TileInfo> tiles = new ArrayList<>();
        PackageManager pm = mContext.getPackageManager();
        List<ResolveInfo> services = pm.queryIntentServicesAsUser(
                new Intent(TileService.ACTION_QS_TILE), 0, ActivityManager.
                getCurrentUser()); ①
        String stockTiles = mContext.getString(R.string.quick_settings_tiles_stock);
        for (ResolveInfo info : services) { ②
            String packageName = info.serviceInfo.packageName;
            ComponentName componentName = new ComponentName(packageName, info.
            serviceInfo.name);

            // Don't include apps that are a part of the default tile set.
            if (stockTiles.contains(componentName.flattenToString())) { ③
                continue;
            }
```

```
        final CharSequence appLabel = info.serviceInfo.applicationInfo.
        loadLabel(pm); ④
        String spec = CustomTile.toSpec(componentName);
        State state = getState(params[0], spec);
        if (state != null) {
            addTile(spec, appLabel, state, false);
            continue;
        }
        if (info.serviceInfo.icon == 0 && info.serviceInfo.applicationInfo.
        icon == 0) {
            continue;
        }
        Drawable icon = info.serviceInfo.loadIcon(pm);
        if (!permission.BIND_QUICK_SETTINGS_TILE.equals(info.serviceInfo.
        permission)) {
            continue;
        }
        if (icon == null) {
            continue;
        }
        icon.mutate();
        icon.setTint(mContext.getColor(android.R.color.white));
        CharSequence label = info.serviceInfo.loadLabel(pm);
        addTile(spec, icon, label != null ? label.toString() : "null", appLabel,
        mContext);
    }
    return tiles;
}
```

这段代码说明如下：

（1）通过 PackageManager 查询所有设置了 TileService.ACTION_QS_TILE 的组件。PackageManager 负责了所有应用包信息的管理。

（2）遍历查询到的所有组件。

（3）跳过系统预置的 Tile。

（4）为每个 Tile 读取标签和图标。

5.4.3　参考资料与推荐读物

- https://codelabs.developers.google.com/codelabs/android-n-quick-settings/index.html

第 6 章
功耗的改进

移动设备的续航时间无疑是所有用户都非常在意的。我们都希望自己的手机一次充电可以使用更长的时间。但遗憾的是，近几年移动设备的电池元件一直都没有重大的技术突破。并且，随着硬件性能的提升却带来了更多的电量消耗。

如果你对比过近几年的 Android 和 iPhone 手机，你就会发现：通常情况下，Android 手机的电池要比同时期的 iPhone 电池容量大很多，但是待机方面却没有太大的优势。这显然是 Android 系统需要改进的地方。

在最近几年中，Google 在一直极力地改进 Android 系统的续航能力。在本章中，我们将看到 Android 自 5.0 到 8.0 这几个版本中对于功耗方面的改进。

iOS 之所以续航优秀，其很大的原因就在于对于后台进程的限制。在 iOS 上，后台进程是无法长时间处于活跃状态的。而 Android 系统正好相反，通过监听广播、添加后台服务等方式，应用程序可以一直在后台保持活跃。太多进程的长时间活跃，显然会导致电量的快速耗尽。

而反过来，想要**延长电池寿命的重要措施就是尽可能减少后台应用的活跃性**。后文中我们将看到，Android 5.0 到 8.0 的功耗改进，一直都是围绕着**"后台进程的活跃性"**来展开的。

6.1 Project Volta

Project Volta 是在 Android 5.0（Lollipop）上引入的。

要延长电池的寿命，首先就得明确消耗电量的主要因素是什么。在移动设备上，对于电量消耗最大的是下面三个模块：

- 应用处理器（CPU、GPU）；

- 电话信号；
- 屏幕。

除此之外，设备的频繁唤醒也会导致电量消耗过快。

Android 的工程师发现，**系统唤醒一秒钟所消耗的电量约等于两分钟系统待机所消耗的电量。**

如果系统中安装了大量的应用，每个应用都在不同的时间点将系统唤醒（例如，通过 BroadcastReciever 或者 Service），那无疑会导致电量很快耗尽。

反过来，假设系统能将应用唤醒系统的频度降低，尽可能将不同应用唤醒系统的步调合并和集中，便能够减少电量的消耗。

为了改善电池使用寿命，Project Volta 提供的机制包含以下几个方面：

- 提供 JobScheduler API；
- 提供工具帮助开发者发现问题；
- 在虚拟机层面减少电池消耗；
- 提供省电模式给用户。下面我们来逐个讲解。

6.1.1　JobScheduler API

Android 5.0 新增了 JobScheduler API，这个 API 允许开发者定义一些系统在稍后或指定条件下（如设备充电时）以异步方式运行的作业，从而优化电池寿命。下列情形下，这个功能很有用：

- 应用具有不面向用户并且可以推迟的作业；
- 应用具有在设备插入电源时再进行的作业；
- 应用具有一项需要接入网络或连接 WLAN 的任务；
- 应用具有多项希望定期以批处理方式运行的任务。
- 一个作业单位由一个 JobInfo 对象封装，该对象指定计划排定标准。

使用 `JobInfo.Builder` 类可配置应如何运行已排计划的任务。开发者可以安排任务在特定条件下运行，例如：

- 在设备充电时启动；
- 在设备连入无限流量网络时启动；
- 在设备空闲时启动；
- 在特定期限前或以最低延迟完成。

API 说明

JobScheduler API 位于 android.app.job 这个包中，其中包含了如下几个类。

- **JobInfo**：描述了一个提交给 JobScheduler 的 Job，开发者通过 JobInfo.Builder 来构建 JobInfo 对象。

- **JobInfo.Builder**：构建 JobInfo 的 Builder。这个类提供了一系列的 set 方法来设置 Job 的属性，最后通过 build 方法获取 JobInfo。

- **JobInfo.TriggerContentUri**：描述了一个 Content URI，这个 URI 上的改动将触发 Job 的执行。

- **JobParameters**：包含了 Job 参数的类。JobService 的 onStartJob 和 onStopJob 回调函数都会得到这个类的对象。

- **JobScheduler**：使用 Job 功能的服务类，这也是 JobScheduler API 的入口，提供了提交 Job 和删除 Job 的接口。

- **JobService**：Job 的入口，开发者通过继承这个类复写 onStartJob 和 onStopJob 方法来实现 Job 逻辑，通过 jobFinished 方法来告知系统该 Job 已经执行完毕。这个类是 Service 的子类。

- **JobServiceEngine** API Level 26（Android 8.0）新增，是 Service 实现的辅助类，用来与 JobScheduler 交互。

- **JobWorkItem** API Level 26（Android 8.0）新增，可以通过 JobScheduler.enqueue 添加到队列的工作单元。

JobSchedule API 的执行流程如图 6-1 所示。

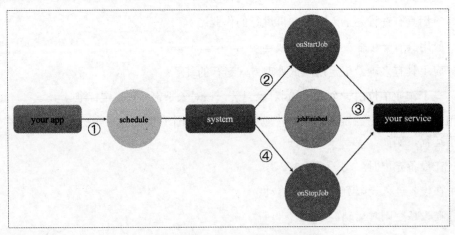

图 6-1　JobSchedule API 的执行流程

这个过程包含下面几个步骤：

（1）应用通过 `JobScheduler.schedule(JobInfo job)` 向系统提交 Job。

（2）在预设的条件满足时，系统通过 `JobService.onStartJob(JobParameters params)` 通知应用程序开始执行任务。

（3）任务执行完成之后，由应用程序通过 `JobService.jobFinished` 通知系统任务执行完成。

（4）系统通过 `JobService.onStopJob(JobParameters params)` 通知应用任务结束。

下面是一段简单的代码示例。

```
JobInfo uploadTask = new JobInfo.Builder(mJobId,
                                    mServiceComponent)
    .setRequiredNetworkCapabilities(JobInfo.NetworkType.UNMETERED)
    .build();
JobScheduler jobScheduler =
    (JobScheduler)context.getSystemService(Context.JOB_SCHEDULER_SERVICE);
jobScheduler.schedule(uploadTask);
```

在这段代码中：

- `mServiceComponent` 是开发者实现的 **JobService** 子类的对象，其中封装中应用需要执行的任务逻辑。

- `setRequiredNetworkCapabilities(JobInfo.NetworkType.UNMETERED)` 表示这个任务限制条件是只在非蜂窝网络下才会执行（例如，Wi-Fi）。

开发者在使用 **JobInfo.Builder** 创建 **JobInfo** 的时候，通过其提供的 API 来设置 Job 需要满足的条件。在这里，可以同时设定多个条件，但必须至少指定一个条件，只有在条件满足的情况下，Job 才可能会被执行。所有这些设定条件的方法，必须在 `build` 方法调用之前设定。设定完成之后，调用 `build` 方法获取最终构建出来的 **JobInfo**（很显然，这是 **Builder** 设计模式的应用），然后提交给 **JobScheduler**。

下面这行代码构建了一个 Job，这个 Job 在有网络并且充电的情况下，每 12 个小时会执行一次。

```
JobInfo jobInfo = new JobInfo.Builder(1, componentName).setPeriodic(43200000)
  .setRequiredNetworkType(JobInfo.NETWORK_TYPE_ANY).setRequiresCharging(true).
  build();
```

下面是 JobInfo.Builder 提供的一些设定条件。

- 以执行的周期循环执行：setPeriodic(long intervalMillis)；
- 循环执行的间隔：setPeriodic(long intervalMillis,long flexMillis)；
- 执行的最大延迟：setOverrideDeadline(long maxExecutionDelayMillis)；
- 执行的最小延迟：setMinimumLatency(long minLatencyMillis)；
- 设备必须重新充电状态：setRequiresCharging(boolean requiresCharging)；
- 设备必须处于 idle 状态：setRequiresDeviceIdle(boolean requiresDeviceIdle)；
- 设备必须处于预期的网络连接状态（例如，Wi-Fi 或者蜂窝网络）：setRequiredNetworkType(int networkType)；
- 即便设备重启，Job 也会执行：setPersisted(boolean isPersisted)。

> 注：随着 API Level 的升级，JobInfo.Builder 中的接口可能会发生改变（例如：Android Level 26 ~ Android 8.0 中增加了一些新的设置条件），因此建议读者在 JobInfo. BuilderAPI Reference 中获取最新的 API。

JobScheduler API 功能实现在这个路径中：

```
frameworks/base/services/core/java/com/android/server/job
```

其中，JobScheduler 的对应实现是 JobSchedulerService（两者通过 Binder 进行通信），这个类是管理 JobScheduler 的系统服务。它位于 system_server 进程中，由 SystemServer.java 启动。

Job 的提交

开发者通过 JobScheduler.schedule 接口来提交任务。这个接口对应的是 JobSchedulerService.schedule，相关源码如下所示。

```
// JobSchedulerService.java

public int schedule(JobInfo job, int uId) {
    return scheduleAsPackage(job, uId, null, -1, null); ①
}

public int scheduleAsPackage(JobInfo job, int uId, String packageName, int userId,
    String tag) {
```

```
    JobStatus jobStatus = JobStatus.createFromJobInfo(job, uId, packageName,
    userId, tag); ②
    try {
        if (ActivityManagerNative.getDefault().getAppStartMode(uId,
                job.getService().getPackageName()) == ActivityManager.APP_START_
            MODE_DISABLED) { ③
            Slog.w(TAG, "Not scheduling job " + uId + ":" + job.toString()
                    + " -- package not allowed to start");
            return JobScheduler.RESULT_FAILURE;
        }
    } catch (RemoteException e) {
    }
    if (DEBUG) Slog.d(TAG, "SCHEDULE: " + jobStatus.toShortString());
    JobStatus toCancel;
    synchronized (mLock) {
        // Jobs on behalf of others don't apply to the per-app job cap
        if (ENFORCE_MAX_JOBS && packageName == null) {
            if (mJobs.countJobsForUid(uId) > MAX_JOBS_PER_APP) { ④
                Slog.w(TAG, "Too many jobs for uid " + uId);
                throw new IllegalStateException("Apps may not schedule more than "
                        + MAX_JOBS_PER_APP + " distinct jobs");
            }
        }

        toCancel = mJobs.getJobByUidAndJobId(uId, job.getId());
        if (toCancel != null) {
            cancelJobImpl(toCancel, jobStatus); ⑤
        }
        startTrackingJob(jobStatus, toCancel); ⑥
    }
    mHandler.obtainMessage(MSG_CHECK_JOB).sendToTarget(); ⑦
    return JobScheduler.RESULT_SUCCESS;
}
```

这段代码说明如下：

（1）调用 scheduleAsPackage 方法，该方法中包含了提交 Job 的 uid 和 packageName，这样便可以确认应用的身份。

（2）根据用户提交的 JobInfo 对象创建对应的 JobStatus 对象，后者是在系统服务中对 Job 的描述对象。

（3）检查发起调用的应用程序是否已经被禁用。

（4）检查应用发送的 Job 数量是否已经达到上限。

（5）通过 jobId 确认是否已经有相同的 Job，如果有则需要将之前提交的 Job 取消。

（6）真正开始跟踪这个 Job，这个方法的实现我们接下来会看到。

（7）发送 MSG_CHECK_JOB 消息以检查是否有 Job 需要执行。

在前文中我们看到，一个 Job 可以包含若干不同的执行条件。当条件满足时，Job 会开始执行。这些条件在 JobStatus 中可以获取到：

```java
// JobStatus.java

public boolean hasConnectivityConstraint() {
    return (requiredConstraints&CONSTRAINT_CONNECTIVITY) != 0;
}


public boolean hasUnmeteredConstraint() {
    return (requiredConstraints&CONSTRAINT_UNMETERED) != 0;
}


public boolean hasNotRoamingConstraint() {
    return (requiredConstraints&CONSTRAINT_NOT_ROAMING) != 0;
}


public boolean hasChargingConstraint() {
    return (requiredConstraints&CONSTRAINT_CHARGING) != 0;
}


public boolean hasTimingDelayConstraint() {
    return (requiredConstraints&CONSTRAINT_TIMING_DELAY) != 0;
}


public boolean hasDeadlineConstraint() {
    return (requiredConstraints&CONSTRAINT_DEADLINE) != 0;
}
```

```
public boolean hasIdleConstraint() {
    return (requiredConstraints&CONSTRAINT_IDLE) != 0;
}


public boolean hasContentTriggerConstraint() {
    return (requiredConstraints&CONSTRAINT_CONTENT_TRIGGER) != 0;
}
```

为了管理这些逻辑，在 JobSchedulerService 中，内置了多个 StateController 策略，不同的 StateController 对应了不同类型的匹配条件。StateController 及其子类如图 6-2 所示。

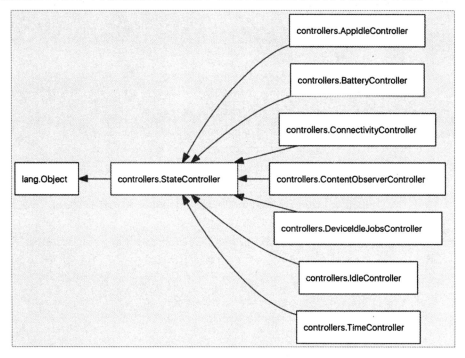

图 6-2　JStateController 及其子类

这几个 StateController 说明如表 6-1 所示。

表 6-1　类及说明

类　　名	说　　明
AppIdleController	处理 App Standby 应用程序的 Job，见后文 App Standby
BatteryController	处理与电源相关的 Job
ConnectivityController	处理与连接相关的 Job

类　名	说　明
ContentObserverController	处理关于 Content Uri 变更相关的 Job
DeviceIdleJobsController	处理与 Doze 状态相关的 Job，关于 Doze 模式见后文
IdleController	处理设备空闲状态相关的 Job
TimeController	处理与时间相关的 Job

在 startTrackingJob 方法中，会将应用程序提交的 Job 提交给所有的 StateController，由 StateController 根据策略决定 Job 的执行时机：

```java
// JobSchedulerService.java

private void startTrackingJob(JobStatus jobStatus, JobStatus lastJob) {
   synchronized (mLock) {
      final boolean update = mJobs.add(jobStatus);
      if (mReadyToRock) {
         for (int i = 0; i < mControllers.size(); i++) {
            StateController controller = mControllers.get(i);
            if (update) {
               controller.maybeStopTrackingJobLocked(jobStatus, null, true);
            }
            controller.maybeStartTrackingJobLocked(jobStatus, lastJob);
         }
      }
   }
}
```

Job 的执行

这里以 TimeController 为例，来看看包含了时间相关条件的 Job 是如何执行的。

TimeController 中的 maybeStartTrackingJobLocked 接受 Job 的提交：

```java
// TimeController.java

public void maybeStartTrackingJobLocked(JobStatus job, JobStatus lastJob) {
   if (job.hasTimingDelayConstraint() || job.hasDeadlineConstraint()) { ①
      maybeStopTrackingJobLocked(job, null, false); ②
```

```
        boolean isInsert = false;
        ListIterator<JobStatus> it = mTrackedJobs.listIterator(mTrackedJobs.
        size()); ③
        while (it.hasPrevious()) {
            JobStatus ts = it.previous();
            if (ts.getLatestRunTimeElapsed() < job.getLatestRunTimeElapsed()) { ④
                // Insert
                isInsert = true;
                break;
            }
        }
        if (isInsert) {
            it.next();
        }
        it.add(job);
        maybeUpdateAlarmsLocked(
                job.hasTimingDelayConstraint() ? job.getEarliestRunTime() :
                Long.MAX_VALUE,
                job.hasDeadlineConstraint() ? job.getLatestRunTimeElapsed() :
                Long.MAX_VALUE,
                job.getSourceUid()); ⑤
    }
}


private void maybeUpdateAlarmsLocked(long delayExpiredElapsed, long
deadlineExpiredElapsed,
        int uid) {
    if (delayExpiredElapsed < mNextDelayExpiredElapsedMillis) {
        setDelayExpiredAlarmLocked(delayExpiredElapsed, uid); ⑥
    }
    if (deadlineExpiredElapsed < mNextJobExpiredElapsedMillis) {
        setDeadlineExpiredAlarmLocked(deadlineExpiredElapsed, uid); ⑦
    }
}
```

这段代码说明如下：

（1）确认 Job 包含了延迟或者定时两个条件中的任何一个（否则这个 Job 与时间无关）。

（2）检查是否是重新提交的 Job。

（3）遍历 mTrackedJobs，这个对象记录了所有的被跟踪的 Job，并且按照截止时间排序。

（4）根据本次 Job 的相关信息确定排序位置然后添加到 mTrackedJobs 中。

（5）确定本次 Job 是否需要设置延迟闹钟和定时闹钟。

（6）设置延迟的闹钟。

（7）设置定时的闹钟。

不同的 StateController 会依赖不同的机制完成任务的执行。例如，BatteryController 依赖电池状态变化来执行任务，ConnectivityController 依赖连接状态变化来执行任务。而对于时间相关的任务，TimeController 会依赖 AlarmManager 来完成任务的执行。TimeController 会根据 Job 中是否有延迟或者定时的条件来设定不同的监听器：

```java
// TimeController.java

private void setDelayExpiredAlarmLocked(long alarmTimeElapsedMillis, int uid) {
    alarmTimeElapsedMillis = maybeAdjustAlarmTime(alarmTimeElapsedMillis);
    mNextDelayExpiredElapsedMillis = alarmTimeElapsedMillis;
    updateAlarmWithListenerLocked(DELAY_TAG, mNextDelayExpiredListener,
            mNextDelayExpiredElapsedMillis, uid);
}

private void setDeadlineExpiredAlarmLocked(long alarmTimeElapsedMillis, int uid) {
    alarmTimeElapsedMillis = maybeAdjustAlarmTime(alarmTimeElapsedMillis);
    mNextJobExpiredElapsedMillis = alarmTimeElapsedMillis;
    updateAlarmWithListenerLocked(DEADLINE_TAG, mDeadlineExpiredListener,
            mNextJobExpiredElapsedMillis, uid);
}
```

以延迟条件为例，当 Job 条件满足时，会通过 mStateChangedListener.onRunJobNow 来执行 Job：

```java
// TimeController.java

private void checkExpiredDeadlinesAndResetAlarm() {
    synchronized (mLock) {
        long nextExpiryTime = Long.MAX_VALUE;
        int nextExpiryUid = 0;
        final long nowElapsedMillis = SystemClock.elapsedRealtime();
```

```
Iterator<JobStatus> it = mTrackedJobs.iterator();
while (it.hasNext()) {
    JobStatus job = it.next();
    if (!job.hasDeadlineConstraint()) {
        continue;
    }
    final long jobDeadline = job.getLatestRunTimeElapsed();

    if (jobDeadline <= nowElapsedMillis) {
        if (job.hasTimingDelayConstraint()) {
            job.setTimingDelayConstraintSatisfied(true);
        }
        job.setDeadlineConstraintSatisfied(true);
        mStateChangedListener.onRunJobNow(job);
        it.remove();
    } else {  // Sorted by expiry time, so take the next one and stop.
        nextExpiryTime = jobDeadline;
        nextExpiryUid = job.getSourceUid();
        break;
    }
}
setDeadlineExpiredAlarmLocked(nextExpiryTime, nextExpiryUid);
}
}
```

这里的 mStateChangedListener 实际上就是 JobSchedulerService。所有 StateController 只负责 Job 状态的控制,而真正的执行都是由 JobSchedulerService 完成的。

> 注:实际上,JobSchedulerService 最终会借助 JobServiceContext 来执行 Job,这部分逻辑建议读者自行尝试分析。

6.1.2 电量消耗分析工具

Batterystats 与 Battery Historian

为了帮助开发者分析系统的电池消耗,Android 系统内置了 Batterystats 工具。我们可以通

过下面的命令来使用这个工具:

```
adb shell dumpsys batterystats
```

这个命令的输出内容非常长,人工阅读比较困难。所以 Google 又提供了另外一个开源工具,这个工具将上一步的输出转换成图形的形式方便解读。这个工具称为 Battery Historian。我们可以在 GitHub 上获取这个工具及其源码,地址如下: https://github.com/google/battery-historian。

通过这两个工具的组合,我们便可以得到一份图形化的电量信息的报表。

整个过程操作步骤如下:

(1)从 https://github.com/google/battery-historian 下载工具。

(2)解压缩刚刚下载的压缩包,并找到 historian.py 脚本。

(3)将设备连接到 PC 上。

(4)打开一个终端。

(5)通过 cd 命令切换到 historian.py 脚本所在路径。

(6)停止 adb server: adb kill-server。

(7)重启 adb 服务并通过 adb devices 确认设备已经连接上。

(8)重置电池使用历史数据: adb shell dumpsys batterystats--reset。

(9)将设备与 PC 断开连接。

(10)正常使用待测试的应用程序。

(11)重新将设备与 PC 连接。

(12)通过 adb devices 确认设备已经连接成功。

(13)通过 adb shell dumpsys batterystats>batterystats.txt 将电池统计结果导出到文本文件中。

(14)通过 python historian.py batterystats.txt>batterystats.html 获取图形化结果。

(15)通过浏览器打开 batterystats.html。

(16)对结果进行分析。

下面是整个步骤的简述版本:

```
https://github.com/google/battery-historian
> adb kill-server
> adb devices
```

```
> adb shell dumpsys batterystats --reset
<disconnect and play with app>...<reconnect>
> adb devices
>adb shell dumpsys batterystats > batterystats.txt
> python historian.py batterystats.txt > batterystats.html
```

Battery Historian 可视化图

Battery Historian 可视化结果如图 6-3 所示。

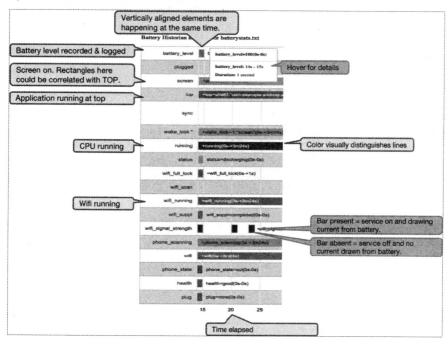

图 6-3　Battery Historian 的结果

这个图中显示了随时间变化的功率相关事件。

每一行显示一个彩色的条形段，条形段描述系统组件处于活动状态并且在消耗电量。该图不显示组件使用了多少电量，而只描述应用程序处于活动状态。整个图按类别进行组织。

关于该工具详细的使用方式，请参阅 GitHub 上的文档。

6.1.3　在虚拟机层面减少电池消耗

在虚拟机一章中我们已经讲解过，Android 5.0 之前的版本，使用的虚拟机是 Dalvik。在

Android5.0 上，正式启用了新的虚拟机：ART。

Dalvik 虚拟机上解释执行和 JIT（Just-In-Time），是在应用程序每次运行过程中将 Java 字节码翻译成机器码的，这个翻译过程可能是反复的、多次的。而 ART 上的 AOT（Ahead-of-Time）是在应用安装的时候，一次性直接将字节码编译成了机器码（虽然说 ART 后来的版本改进，没有一次性将所以代码编译成机器码，但总的来说，无论是安装时，还是后期运行时，只要有过一次编译成机器码，之后就不用重复翻译了）。

从字节码到机器码这个过程本身是非常消耗 CPU 的，因此也是非常耗电的。而 ART 虚拟机的引入和改进，由运行多次翻译改成一次编译，节省了 CPU 的执行，也节省了电量的消耗。

6.1.4 省电模式

Android 5.0 上添加了一个新的省电模式给用户，用户可以通过系统设置主动打开省电模式，也可以设置电量过低时自动打开，如图 6-4 所示。

图 6-4 省电模式

系统设置应用的源码位于这个路径：/packages/apps/Settings。

而省电模式界面的代码位于这里： src/com/android/settings/fuelgauge/BatterySaver-

Settings.java。在用户手动开关"省电模式"的时候，对应调用的是下面这个方法。

```
// BatterySaverSettings.java

private void trySetPowerSaveMode(boolean mode) {
    if (!mPowerManager.setPowerSaveMode(mode)) {
        if (DEBUG) Log.d(TAG, "Setting mode failed, fallback to current value");
        mHandler.post(mUpdateSwitch);
    }
    // TODO: Remove once broadcast is in place.

ConditionManager.get(getContext()).getCondition(BatterySaverCondition.class).ref
reshState();
    }
```

对于省电模式的逻辑，实际上是由 PowerManagerService 完成的。关于这部分内容，有兴趣的读者请自行查看 PowerManagerService 的实现，这里就不详细展开了。

6.1.5　结束语

JobScheduler API 和电量分析工具都是提供给开发者的，因此这个机制对于电池寿命的效果，很大程度上取决于开发者的层次和配合程度。

将系统某个方面的行为结果交给开发者的这种做法是有很大风险的，因为开发者很可能会不配合。所以，在 Android 6.0～8.0 之间，Android 开始逐步加入一些强制手段来限制后台进程。后面我们将逐步讲解。

6.1.6　参考资料与推荐读物

- https://www.youtube.com/watch?v=KzSKIpJepUw

- https://developer.android.com/about/versions/android-5.0.html

- https://www.intertech.com/Blog/android-development-tutorial-project-volta

- http://www.cigniti.com/blog/5-ways-project-volta-improved-battery-life-of-android-devices/

- https://www.intertech.com/Blog/android-development-tutorial-job-scheduler/

- https://github.com/google/battery-historian

6.2 Doze 模式与 App StandBy

在 6.1 节中我们提到，Project Volta 主要是提供了一些 API 和工具给开发者，让开发者配合来改善电池寿命，所以这个机制的效果很难得到保证。从 Android 6.0 开始，系统包含了一些自动的省电行为，这些行为对系统上的所有应用都会产生影响，不用开发者做特殊适配。

6.2.1 概述

从 Android 6.0（API 级别 23）开始，Android 引入了两个新的省电功能为用户延长电池寿命。

- **Doze**：该模式的运行机制是系统会监测设备的活跃状态，如果设备长时间处于闲置状态且没有接入电源，那么便推迟应用的后台 CPU 和网络活动来减少电池消耗。
- **App StandBy**：该模式可推迟用户近期未与之交互的应用的后台网络活动。

Doze 模式和 AppStandBy 会影响 Android 6.0 或更高版本上运行的所有应用，无论它们是否特别设置过 API Level。

6.2.2 了解 Doze 模式

如果用户设备未接入电源、处于静止状态一段时间且屏幕关闭，设备便会进入 Doze 模式。在 Doze 模式下，系统会尝试通过限制应用对网络和 CPU 密集型服务的访问来节省电量。

系统会定期退出 Doze 模式一会儿，好让应用完成其已推迟的活动。在此维护时段内，系统会运行所有待定同步、作业和闹铃并允许应用访问网络。下面描述了 Doze 状态变化下设备的活跃状态，如图 6-5 所示。

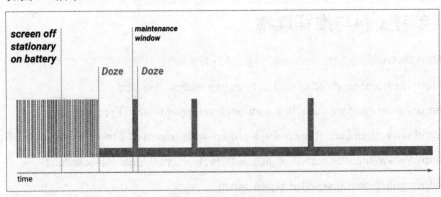

图 6-5 Doze 模式下的设备活跃状态

在每个维护时段结束后，系统会再次进入 Doze 模式，暂停网络访问并推迟作业、同步和闹铃。随着时间的推移，系统安排维护时段的次数越来越少，这有助于在设备未连接至充电器的情况下长期处于不活动状态时降低电池消耗。

一旦用户通过移动设备、打开屏幕或连接到充电器唤醒设备，系统就会立即退出 Doze 模式，并且所有应用都将返回到正常活动状态。

Android 7.0 的变更

Android 6.0（API Level 23）引入了 Doze 模式，当用户设备未插接电源、处于静止状态且屏幕关闭时，该模式会推迟 CPU 和网络活动，从而延长电池寿命。而 Android 7.0 则通过在设备未插接电源且屏幕关闭状态下、但不一定要处于静止状态（例如，用户外出时把手持式设备装在口袋里）时应用部分 CPU 和网络限制，进一步增强了 Doze 模式。

当设备处于充电状态且屏幕已关闭一定时间后，设备会进入 Doze 模式并应用第一部分限制：关闭应用网络访问，推迟作业和同步。如果进入 Doze 模式后设备处于静止状态且达到一定时间，系统则会对 PowerManager.WakeLock、AlarmManager 闹铃、GPS 和 WLAN 扫描应用余下的 Doze 模式限制。无论是应用部分还是全部 Doze 模式限制，系统都会唤醒设备以提供简短的维护时间窗口，在此窗口期间，应用程序可以访问网络并执行任何被推迟的作业/同步。

图 6-6 描述了 Android 7.0 上 Doze 模式的工作状态。

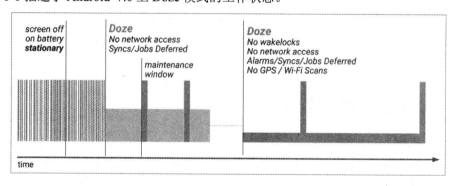

图 6-6　Android 7.0 上 Doze 模式的工作状态

同样，一旦激活屏幕或插接设备电源时，系统将退出 Doze 模式并移除这些处理限制。

Doze 模式限制

在 Doze 模式下，应用会受到以下限制：

- 暂停访问网络。
- 系统将忽略 wake locks。
- 标准 AlarmManager 闹铃（包括 setExact() 和 setWindow()）推迟到下一维护时段。

- 如果需要设置在 Doze 模式下触发的闹铃，可使用 setAndAllowWhileIdle()或 setExactAndAllowWhileIdle()；
- 一般情况下，使用 setAlarmClock()设置的闹铃将继续触发，但系统会在这些闹铃触发之前不久退出 Doze 模式。

- 系统不执行 Wi-Fi 扫描。
- 系统不允许运行同步适配器。
- 系统不允许运行 JobScheduler。

6.2.3　了解 App StandBy

App StandBy 允许系统判定应用在用户未主动使用它时使其处于空闲状态。当用户有一段时间未触摸应用时，系统便会做出此判定。但是对于以下情况，系统将判定应用退出 App StandBy 状态，包括：

- 用户显式启动应用。
- 应用有一个前台进程（例如 Activity 或前台服务，或被另一个 Activity 或前台服务使用）。
- 应用生成用户可在锁屏或通知栏中看到的通知。

当用户将设备插入电源时，系统将从 App StandBy 状态释放应用，从而让它们可以自由访问网络并执行任何待定作业和同步。如果设备长时间处于空闲状态，系统将按每天大约一次的频率允许该应用访问网络。

6.2.4　对其他用例的支持

通过妥善管理网络连接、闹钟、作业和同步并使用 Firebase Cloud Messaging 高优先级消息，几乎所有应用都应该能够支持 Doze 模式。对于一小部分用例，这可能还不够。对于此类用例，系统为部分免除 Doze 模式和 App StandBy 优化的应用提供了一份可配置的白名单。

在 Doze 模式和 App StandBy 期间，加入白名单的应用可以使用网络并保留部分 wake locks。不过，正如其他应用一样，其他限制仍然适用于加入白名单的应用。例如，加入白名单的应用的作业和同步将推迟（在 API 级别 23 及更低级别中），并且其常规 AlarmManager 闹铃不会触发。通过调用 isIgnoringBatteryOptimizations()，应用可以检查自身当前是否位于豁免白名单中。

用户可以在 Settings→Battery→Battery Optimization 中手动配置该白名单。

另外，系统也为应用提供了编程接口来请求让用户将其加入白名单。

- 应用可以触发 ACTION_IGNORE_BATTERY_OPTIMIZATION_SETTINGS Intent，让用户

直接进入电池优化界面，他们可以在其中添加应用。

- 具有 REQUEST_IGNORE_BATTERY_OPTIMIZATIONS 权限的应用可以触发系统对话框，让用户无须转到"设置"即可直接将应用添加到白名单。应用将通过触发 ACTION_REQUEST_IGNORE_BATTERY_OPTIMIZATIONS Intent 来触发该对话框。

- 用户可以根据需要手动从白名单中移除应用。

系统设置中的界面如图 6-7 所示。

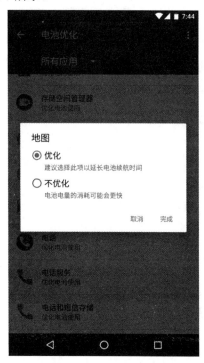

图 6-7　电池优化界面

6.2.5　在 Doze 模式和 App StandBy 下进行测试

为了确保用户获得极佳体验，开发者应在 Doze 模式和 App StandBy 下全面测试应用的行为。

在 Doze 模式下测试应用

可按以下步骤测试 Doze 模式：

（1）使用 Android 6.0（API 级别 23）或更高版本的系统映像配置硬件设备或虚拟设备。

（2）将设备连接到开发计算机并安装应用。

（3）运行应用并使其保持活动状态。

（4）关闭设备屏幕（应用保持活动状态）。

（5）通过运行以下命令强制系统在 Doze 模式之间循环切换：

```
$ adb shell dumpsys battery unplug
$ adb shell dumpsys deviceidle step
```

（6）可能需要多次运行第二个命令。不断地重复，直到设备变为空闲状态。

（7）在重新激活设备后观察应用的行为。确保应用在设备退出 Doze 模式时正常恢复。

注意：

- 第一条命令是强制卸下电池，冻结电池状态，因为没有接入电源是进入 Doze 模式的基本前提；

- 执行上面的测试命令时，需要保持屏幕关闭，因为这也是进入 Doze 模式的基本前提。

执行这项测试时，我们的交互通常是下面这样：

```
angler:/ $ dumpsys battery unplug
angler:/ $ dumpsys deviceidle step
Stepped to deep: IDLE_PENDING
angler:/ $ dumpsys deviceidle step
Stepped to deep: SENSING
angler:/ $ dumpsys deviceidle step
Stepped to deep: LOCATING
angler:/ $ dumpsys deviceidle step
Stepped to deep: IDLE
angler:/ $ dumpsys deviceidle step
Stepped to deep: IDLE_MAINTENANCE
angler:/ $ dumpsys deviceidle step
Stepped to deep: IDLE
angler:/ $ dumpsys deviceidle step
Stepped to deep: IDLE_MAINTENANCE
angler:/ $ dumpsys deviceidle step
Stepped to deep: IDLE
```

这里我们看到，反复执行 dumpsys deviceidle step 设备会在下面几个状态上切换：

- IDLE_PENDING

- SENSING

- LOCATING

- IDLE

- IDLE_MAINTENANCE

在下文讲解 Doze 模式功能实现的时候，我们就能理解这里的含义了。

在 App StandBy 下测试应用

要在 App StandBy 下测试应用，请执行以下操作：

（1）使用 Android 6.0（API 级别 23）或更高版本的系统。

（2）将设备连接到开发计算机并安装应用。

（3）运行应用并使其保持活动状态。

（4）通过运行以下命令强制应用进入 App StandBy：

```
$ adb shell dumpsys battery unplug
$ adb shell am set-inactive <packageName> true
```

（5）使用以下命令模拟唤醒应用：

```
$adbshellamset-inactive<packageName>false
$adbshellamget-inactive<packageName>
```

（6）观察唤醒后的应用行为。确保应用从待机模式中正常恢复。特别地，应检查应用的通知和后台作业是否按预期继续运行。

6.2.6　Doze 模式的实现

在对 Doze 模式有了上面的了解之后，下面我们来看 Doze 模式是如何实现的。

Doze 模式由 `DeviceIdleController` 这个类实现。该模块也是一个系统服务，因此其源码位于下面这个目录：

```
frameworks/base/services/core/java/com/android/server/
```

和其他的系统服务一样，该系统服务位于 system_server 进程中，由 SystemServer 在 `startOtherServices` 阶段启动。该类覆写了 SystemService 的 `onStart()` 和 `onBootPhase` (int phase)方法（这部分内容在第 2 章中已经讲解过）以完成初始化。

　　onStart()方法的主要逻辑是读取配置文件中配置的节电模式白名单列表并将自身服务发布到 Binder 上以便接收请求。在 onBootPhase(int phase) 中逻辑是在 PHASE_SYSTEM_SERVICES_READY 阶段进行处理的，主要是获取 DeviceIdleController 依赖的其他系统服务并注册一些广播接收器。

　　前面我们已经看到，Doze 模式进入条件是：屏幕关闭，没有插入电源，且处于静止状态。为了知道这些信息，DeviceIdleController 在启动的时候，设置了对应的 BroadcastReceiver 来监测这些状态的变化。DeviceIdleController#onBootPhase 方法中相关的代码如下：

```
// DeviceIdleController.java

IntentFilter filter = new IntentFilter();
filter.addAction(Intent.ACTION_BATTERY_CHANGED);
getContext().registerReceiver(mReceiver, filter); ①

filter = new IntentFilter();
filter.addAction(Intent.ACTION_PACKAGE_REMOVED);
filter.addDataScheme("package");
getContext().registerReceiver(mReceiver, filter); ②

filter = new IntentFilter();
filter.addAction(ConnectivityManager.CONNECTIVITY_ACTION);
getContext().registerReceiver(mReceiver, filter); ③

mDisplayManager.registerDisplayListener(mDisplayListener, null); ④
```

这段代码中：

　　（1）注册了一个电池状态变化的广播接收器以便在电池状态变化的时候进行处理。例如：检测到插入电源则退出 Doze 模式。

　　（2）注册了应用包卸载的事件广播接收器以处理节电模式的白名单。

　　（3）注册了连接状态变化的广播接收器。

　　（4）注册了屏幕状态变化的监听器。

　　为了实现 Doze 模式，DeviceIdleController 以状态机的形式来实现这个功能。状态机包括表 6-2 中的几种状态。

表 6-2　状态及说明

状　　态	说　　明
ACTIVE	活跃状态，这就是正常设备被使用中所处的状态
INACTIVE	设备处于非活跃状态（屏幕已关闭，且没有运动），等待进入 IDLE 状态
IDLE_PENDING	设备经过了初始化非活跃时期，等待进入下一次 IDLE 周期
SENSING	传感器运转中
LOCATING	设备正在定位中，传感器也可能在运作中
IDLE	设备进入了 Doze 模式
IDLE_MAINTENANCE	设备处于 Doze 模式下的维护窗口状态中

当设备刚启动时，最初会进入 ACTIVE 状态。

进入 Doze 模式的基本条件之一是屏幕关闭，因此在屏幕状态变化的监听器中，会判断如果屏幕关闭了，则考虑进入 INACTIVE 状态（调用 becomeInactiveIfAppropriateLocked）方法，代码如下：

```
// DeviceIdleController.java

void updateDisplayLocked() {
  mCurDisplay = mDisplayManager.getDisplay(Display.DEFAULT_DISPLAY);
  boolean screenOn = mCurDisplay.getState() == Display.STATE_ON;
  if (DEBUG) Slog.d(TAG, "updateDisplayLocked: screenOn=" + screenOn);
  if (!screenOn && mScreenOn) {
    mScreenOn = false;
    if (!mForceIdle) {
      becomeInactiveIfAppropriateLocked();
    }
  } else if (screenOn) {
    mScreenOn = true;
    if (!mForceIdle) {
      becomeActiveLocked("screen", Process.myUid());
    }
  }
}
```

这里的 if(!screenOn&&mScreenOn) 表示屏幕由打开进入了关闭的状态。

在 becomeInactiveIfAppropriateLocked 方法中，会将状态设置为 INACTIVE，然后

调用 stepIdleStateLocked 方法。stepIdleStateLocked 是 DeviceIdleController 中的核心的方法，因为正是这个方法实现了状态机的状态切换。在设备处于静止状态下时，该方法会逐步将系统调整到 IDLE 状态（Doze 模式生效），这个方法中促成的状态变化如图 6-8 所示。

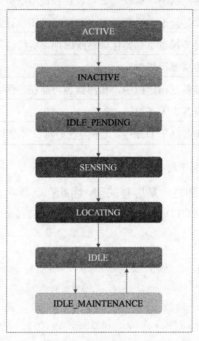

图 6-8 Doze 模式的状态变化过程

在状态的变化过程中，DeviceIdleController 会通过 AnyMotionDetector 来检测设备是处于静止状态还是运行状态。AnyMotionDetector 的功能正如其名称所示，这个类可以检测任何的运动动作，它的功能实现主要是依赖于加速度传感器。

AnyMotionDetector 通过下面这个接口回调来告知检测结果：

```java
// AnyMotionDetector.java

interface DeviceIdleCallback {
    public void onAnyMotionResult(int result);
}
```

这个回调结果有三个可能的取值。

- **AnyMotionDetector.RESULT_UNKNOWN**：由于方向测量的信息不全，状态未知；
- **AnyMotionDetector.RESULT_STATIONARY**：设备处于静止状态；

- AnyMotionDetector.RESULT_MOVED：设备处于运动状态。

为了实现运动状态的监测，`DeviceIdleController` 自身就实现了 `DeviceIdleCallback` 接口，其回调处理逻辑如下：

```java
// DeviceIdleController.java

@Override
public void onAnyMotionResult(int result) {
  if (DEBUG) Slog.d(TAG, "onAnyMotionResult(" + result + ")");
  if (result != AnyMotionDetector.RESULT_UNKNOWN) {
    synchronized (this) {
        cancelSensingTimeoutAlarmLocked();
    }
  }
  if ((result == AnyMotionDetector.RESULT_MOVED) || ①
    (result == AnyMotionDetector.RESULT_UNKNOWN)) {
    synchronized (this) {
        handleMotionDetectedLocked(mConstants.INACTIVE_TIMEOUT,
        "non_stationary"); ②
    }
  } else if (result == AnyMotionDetector.RESULT_STATIONARY) { ③
    if (mState == STATE_SENSING) { ④
      // If we are currently sensing, it is time to move to locating.
      synchronized (this) {
        mNotMoving = true;
        stepIdleStateLocked("s:stationary");
      }
    } else if (mState == STATE_LOCATING) { ⑤
      // If we are currently locating, note that we are not moving and step
      // if we have located the position.
      synchronized (this) {
        mNotMoving = true;
        if (mLocated) {
            stepIdleStateLocked("s:stationary");
        }
      }
    }
  }
}
```

在这段代码中：

（1）假设检测到设备处于移动状态，则通过 handleMotionDetectedLocked 将设备置为 ACTIVE 状态。

（2）假设设备已经处于静态状态（RESULT_STATIONARY），则通过 stepIdleStateLocked 方法将状态往前推进。

（3）如果当前是 SENSING 状态，则会进入 LOCATING 状态。

（4）如果当前是 LOCATING 状态，则会进入 IDLE 状态，因为 LOCATING 是 IDEL 前的最后一个状态。

请注意，很多时候设备未必能成功进入 Doze 模式，例如：用户将设备接上了电源，点亮了屏幕，或者通过命令行强制关闭了 Doze 模式，这些情况下都会调用 becomeActiveLocked 将设备置回 ACTIVE 状态，becomeActiveLocked 被调用的时机如图 6-9 所示。

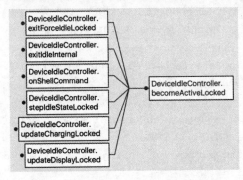

图 6-9　becomeActiveLocked 被调用的时机

当 stepIdleStateLocked 真正进入 IDLE 状态之后，便会发送一条 MSG_REPORT_IDLE_ON 消息，表示设备要进入 Doze 模式了。在这条消息的处理中，会通知 PowerManager 和 NetworkPolicManager 进入 IDLE 状态，以表示 Doze 模式打开了，相关代码如下：

```java
// DeviceIdleController.java

case MSG_REPORT_IDLE_ON:
case MSG_REPORT_IDLE_ON_LIGHT: {
    EventLogTags.writeDeviceIdleOnStart();
    final boolean deepChanged;
    final boolean lightChanged;
    if (msg.what == MSG_REPORT_IDLE_ON) { ①
        deepChanged = mLocalPowerManager.setDeviceIdleMode(true); ②
```

```
        lightChanged = mLocalPowerManager.setLightDeviceIdleMode(false);
    } else {
        deepChanged = mLocalPowerManager.setDeviceIdleMode(false);
        lightChanged = mLocalPowerManager.setLightDeviceIdleMode(true);
    }
    try {
        mNetworkPolicyManager.setDeviceIdleMode(true);
        mBatteryStats.noteDeviceIdleMode(msg.what == MSG_REPORT_IDLE_ON
                ? BatteryStats.DEVICE_IDLE_MODE_DEEP
                : BatteryStats.DEVICE_IDLE_MODE_LIGHT, null, Process.myUid()); ③
    } catch (RemoteException e) {
    }
    if (deepChanged) {
        getContext().sendBroadcastAsUser(mIdleIntent, UserHandle.ALL); ④
    }
    if (lightChanged) {
        getContext().sendBroadcastAsUser(mLightIdleIntent, UserHandle.ALL);
    }
    EventLogTags.writeDeviceIdleOnComplete();
} break;
```

这段代码说明如下：

（1）如果是 Doze 模式打开。

（2）通知 PowerManager 进入 IDLE 状态。

（3）通知 NetworkPolicyManager 和 BatteryStats 服务进入 IDLE 状态。

（4）发送全局广播通知所有感兴趣的模块系统已经进入 Doze 模式。

6.2.7　App StandBy 的实现

App StandBy 允许系统判定应用在用户未主动使用它时使其处于空闲状态，因此这个功能的实现需要依赖于应用程序被使用的历史数据。

系统会将这些数据记录在物理文件中，其路径是/data/system/usagestats/，每个用户（关于“多用户”见下一章）会按不同的用户 Id 分成不同的文件夹。这些文件是 XML 格式的，并且会按照年、月、周、日分开记录。例如，对于系统的默认用户（设备拥有者）会看到下面这些存放数据文件的目录：

```
/data/system/usagestats/0 # ls -l
total 20
drwx------ 2 system system 4096 2017-12-09 14:52 daily
drwx------ 2 system system 4096 2017-12-09 14:52 monthly
-rw------- 1 system system   20 2017-10-13 22:41 version
drwx------ 2 system system 4096 2017-12-09 14:52 weekly
drwx------ 2 system system 4096 2017-12-09 14:52 yearly
```

App StandBy 功能的实现源码位于下面这个目录：

/frameworks/base/services/usage/java/com/android/server/usage/

这个目录下的主要类及说明如表 6-3 所示。

表 6-3　类及说明

类　名	说　明
AppIdelHistory	跟踪最近在应用程序中发生的活动状态更改
StorageStatsService	查询设备存储状态的服务
UsageStatsDatabase	提供从 XML 数据库中查询 UsageStat 数据的接口
UsageStatsXml	专门负责读写 XML 数据文件的类
UsageStatsService	系统服务，用来收集、统计和存储应用的使用数据，其中包含了多个 UserUsageStatsService
UserUsageStatsService	用户使用情况的数据统计服务，每个用户有一个独立的 UserUsageStatsService

对于 App StandBy 功能来说，UsageStatsService 是这个功能的核心，这也是一个位于 SystemServer 中的系统服务，它在 SystemServer.startCoreServices 中启动。

为了知道用户和应用程序的信息，UsageStatsService 在启动的时候会注册与用户和应用包相关的一些广播事件监听器，如表 6-4 所示。

表 6-4　事件及说明

事　件	说　明
Intent.ACTION_USER_STARTED	用户被启动了
Intent.ACTION_USER_REMOVED	用户被删除了
Intent.ACTION_PACKAGE_ADDED	添加了一个新的应用包
Intent.ACTION_PACKAGE_CHANGED	应用包发生了变化
Intent.ACTION_PACKAGE_REMOVED	应用包被删除了

　　每当有一个新的用户启动了，UsageStatsService 中都会启动一个定时任务来检查该用户是否有处于 IDLE 状态的应用程序。这个定时任务通过 Handler.sendMessageDelayed 实现。相关代码如下：

```
// UsageStatsService.java

case MSG_CHECK_IDLE_STATES: ①
    if (checkIdleStates(msg.arg1)) { ②
        mHandler.sendMessageDelayed(mHandler.obtainMessage(
                MSG_CHECK_IDLE_STATES, msg.arg1, 0),
                mCheckIdleIntervalMillis); ③
    }
    break;
```

这个代码片段说明如下：

（1）每当一个用户启动的时候，UsageStatsService 就会发一条 MSG_CHECK_IDLE_STATES 异步消息给自己（这段代码我们省略了）。

（2）在这个消息的处理中，先通过 checkIdleStates 检查应用的空闲状态。

（3）如果有必要，在延迟 mCheckIdleIntervalMillis 时间之后，再发送一条消息给自己。

这样便达到了为每个用户定时检查的目的。

这里延迟的时长是从系统全局的设置中读取的，相关代码如下：

```
// UsageStatsService.java

void updateSettings() {
    synchronized (mAppIdleLock) {
        // Look at global settings for this.
        // TODO: Maybe apply different thresholds for different users.
        try {
            mParser.setString(Settings.Global.getString(getContext().
            getContentResolver(),
                    Settings.Global.APP_IDLE_CONSTANTS));
        } catch (IllegalArgumentException e) {
            Slog.e(TAG, "Bad value for app idle settings: " + e.getMessage());
            // fallthrough, mParser is empty and all defaults will be returned.
        }
```

```
        // Default: 12 hours of screen-on time sans dream-time
        mAppIdleScreenThresholdMillis = mParser.getLong(KEY_IDLE_DURATION,
            COMPRESS_TIME ? ONE_MINUTE * 4 : 12 * 60 * ONE_MINUTE);

        mAppIdleWallclockThresholdMillis = mParser.getLong(KEY_WALLCLOCK_
            THRESHOLD, COMPRESS_TIME ? ONE_MINUTE * 8 : 2L * 24 * 60 * ONE_MINUTE);
        // 2 days

        mCheckIdleIntervalMillis = Math.min(mAppIdleScreenThresholdMillis / 4,
            COMPRESS_TIME ? ONE_MINUTE : 8 * 60 * ONE_MINUTE); // 8 hours

        // Default: 24 hours between paroles
        mAppIdleParoleIntervalMillis = mParser.getLong(KEY_PAROLE_INTERVAL,
            COMPRESS_TIME ? ONE_MINUTE * 10 : 24 * 60 * ONE_MINUTE);

        mAppIdleParoleDurationMillis = mParser.getLong(KEY_PAROLE_DURATION,
            COMPRESS_TIME ? ONE_MINUTE : 10 * ONE_MINUTE); // 10 minutes
        mAppIdleHistory.setThresholds(mAppIdleWallclockThresholdMillis,
            mAppIdleScreenThresholdMillis);
    }
}
```

当 UsageStatsService 检测到 App 处于空闲状态，便会通知所有的 AppIdleState-ChangeListener 事件：

```
// UsageStatsService.java

void informListeners(String packageName, int userId, boolean isIdle) {
    for (AppIdleStateChangeListener listener : mPackageAccessListeners) {
        listener.onAppIdleStateChanged(packageName, userId, isIdle);
    }
}
```

从 AppIdleStateChangeListener 这个接口的名称上我们就知道，这是一个用来获取应用空闲状态变化的监听器。Framework 中有两个类实现了这个接口，它们是下面两个内部类。

- AppIdleController.AppIdleStateChangeListener：AppIdleController 在讲解 **Project Volta** 的时候我们已经提到过，见图 6-2。

- NetworkPolicyManagerService.AppIdleStateChangeListener：NetworkPolicyManagerService 是负责网络策略的系统服务。

在将应用状态通知到这两个内部类之后，相应的系统服务便可以根据这些信息进行应用的活动限制。这部分的逻辑就完全在这两个系统服务中。关于这部分内容就不深入了，读者可以自行研究。

图 6-10 描述了这里的执行逻辑。

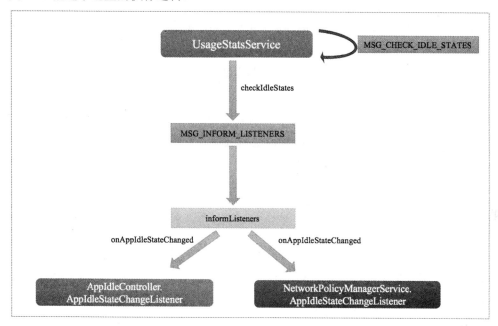

图 6-10　UsageStatsService 与 App Idle 状态变更的通知

6.2.8　参考资料与推荐读物

- https://developer.android.com/training/monitoring-device-state/doze-standby.html
- https://developer.android.com/about/versions/nougat/android-7.0-changes.html
- https://source.android.com/devices/tech/power/mgmt

6.3　Android 8.0 上的后台限制

由前面两节我们看到，Android 6.0 和 7.0 两个版本提供了 Project Volta、Doze 模式以及 App StandBy 机制来降低功耗以延长电池寿命。

但实际上 Android 系统上最令人诟病的"后台问题"仍然没有得以解决：应用程序很容易通过监听各种广播的方式来启动后台服务，然后长时间在后台保持活跃。这样做无疑会导致电池电量很快耗尽。Android 系统的用户对此应该深有体会，通过系统设置中的运行中应用列表，总能看到一大串的服务在后台运行着。

在 Android 8.0 版本上，Google 官方终于正式将后台限制作为改进的第一要点，以此来提升系统的待机时间。

后台限制主要就是针对 BroadcastReceiver 和 Service。这是应用程序的基本组件，并且它们是自 Android 最初版本就提供的功能。到 8.0 版本才决定要对这些基础组件的行为做变更是一件很危险的事情，因为这种变更可能会对应用的兼容性造成影响，即造成某些应用程序在新版本系统上无法正常工作。

所以，对于系统设计者来说，在考虑系统行为变更的时候，既要考虑系统机制的改进，又要同时兼顾到应用兼容性的问题，不能出现大规模的衰退，否则对整个系统生态是一个非常危险的事情。

6.3.1　概览

Android 是一个多任务的操作系统。例如，用户可以在一个窗口中玩游戏，同时在另一个窗口中浏览网页，并使用第三个应用播放音乐。

同时运行的应用越多，对系统造成的负担越大。如果还有应用或服务在后台运行，会对系统造成更大负担，进而可能导致用户体验下降。例如，音乐应用可能会突然关闭。

为了降低发生这些问题的几率，Android 8.0 对应用在用户不与其直接交互时可以执行的操作施加了限制。

应用在两个方面受到限制：

- 后台服务限制：处于空闲状态时，应用可以使用的后台服务存在限制。但这些限制不实施于前台服务，因为前台服务更容易引起用户注意。

- 广播限制：除了有限的例外情况，应用无法使用 AndroidManifest.xml 注册**隐式广播**。但它们仍然可以在**运行时**注册这些广播，并且可以使用 AndroidManifest.xml 注册专门针对它们的**显式广播**。

> 注：默认情况下，这些限制仅适用于针对 8.0 的应用。不过，用户可以从 Settings 屏幕为任意应用启用这些限制，即使应用并不是以 8.0 为目标平台。

6.3.2 后台服务限制

在后台中运行的服务会消耗设备资源，这可能会降低用户体验。为了缓解这一问题，系统对这些服务施加了一些限制。

系统会区分**前台**和**后台**应用（用于服务限制目的的后台定义与内存管理使用的定义不同：一个应用按照内存管理的定义可能处于后台，但按照能够启动服务的定义可能又处于前台）。如果满足以下条件中的任意一个，应用都将被视为处于前台：

- 具有可见 Activity，不管该 Activity 处于 resume 还是 pause 状态。
- 具有前台服务。
- 另一个前台应用关联到当前应用，可能是绑定到其中一个 Service，或者是使用其中一个 ContentProvider。

如果以上条件均不满足，则应用被视为处于后台。

处于前台时，应用可以自由创建和运行前台服务与后台服务。进入后台时，在一个持续数分钟的时间窗内，应用仍可以创建和使用服务。

在该时间窗结束后，应用将被视为处于空闲状态。此时，系统将停止应用的后台服务，就像应用已经调用服务的 `Service.stopSelf()` 方法。

在下面这些情况下，后台应用将被置于一个临时白名单中并持续数分钟。位于白名单中时，应用可以无限制地启动服务，并且其后台服务也可以运行。

处理对用户可见的任务时，应用将被置于白名单中，例如：

- 处理一条高优先级 Firebase 云消息传递（FCM）消息。
- 接收广播，例如，短信/彩信消息。
- 从通知中执行 `PendingIntent`。

在很多情况下，应用都可以使用 `JobScheduler` 来替换后台服务。例如，某个应用需要检查用户是否已经从朋友那里收到共享的照片，即使该应用未在前台运行。之前，应用使用一种会检查其云存储的后台服务。为了迁移到 Android 8.0，开发者可以使用一个计划作业替换了这种后台服务，该作业将按一定周期启动、查询服务器，然后退出。

在 Android 8.0 之前，创建前台服务的方式通常是先创建一个后台服务，然后将该服务推到前台。

Android 8.0 有一项复杂功能：**系统不允许后台应用创建后台服务**。因此，Android 8.0 引入了一种全新的方法，即 `Context.startForegroundService()`，以在前台启动新服务。

在系统创建服务后，应用有五秒的时间来调用该服务的 `startForeground()` 方法以显示新服务的用户可见通知。

如果应用在此时间限制内未调用 `startForeground()`，则系统将停止服务并声明此应用为 ANR。

6.3.3 广播限制

如果应用注册为接收广播，则在每次发送广播时，应用的接收器都会消耗资源。如果多个应用注册为接收基于系统事件的广播，这会引发问题：触发广播的系统事件会导致所有应用快速地连续消耗资源，从而降低用户体验。

为了缓解这一问题，Android 7.0（API 级别 25）对广播施加了一些限制，而 Android 8.0 让这些限制更为严格。

- Android 8.0 的应用无法继续在其 AndroidManifest.xml 中为隐式广播注册广播接收器。隐式广播是一种不专门针对该应用的广播。例如，`ACTION_PACKAGE_REPLACED` 就是一种隐式广播，因为它将发送到注册的所有侦听器，让后者知道设备上的某些软件包已被替换。不过，`ACTION_MY_PACKAGE_REPLACED` 不是隐式广播，因为不管已为该广播注册侦听器的其他应用有多少，它都会只发送到软件包已被替换的应用。
- 应用可以继续在它们的清单中注册显式广播。
- 应用可以在运行时使用 `Context.registerReceiver()` 动态地为任意广播（不管是隐式还是显式）注册接收器。
- 需要签名权限的广播不受此限制所限，因为这些广播只会发送到使用相同证书签名的应用，而不是发送到设备上的所有应用。

在许多情况下，之前注册隐式广播的应用可以使用 JobScheduler 获得类似的功能。

注 1：很多隐式广播当前不受此限制所限。应用可以继续在其清单中为这些广播注册接收器，不管应用针对哪个 API 级别。有关已豁免广播的列表，请参阅这里：https://developer.android.com/guide/components/broadcast-exceptions.html。

注 2：除了上面提到的这些限制，在 Android 8.0 版本上，系统对应用程序的后台位置也进行了限制：为降低功耗，无论应用的目标 SDK 版本是什么，Android 8.0 都会对后台应用检索用户当前位置的频率进行限制。

6.3.4 系统实现

有了第 2 章应用程序管理的讲解，读者应该很容易想到这里新增加的后台限制功能是在哪个模块完成的。是的，就是在 ActivityManager 模块中。

Android 8.0 上，明确区分了"前台"和"后台"的概念，前台是用户与之交互的应用，这些应用在处于前台的时刻是对用户来说非常重要的，因此对其不做任何限制。但是，对于处于后台的应用增加了各方面的限制，这就制约了应用程序"偷偷摸摸"的后台活动。

后台服务限制

系统不允许后台应用创建后台服务，这意味着：

（1）后台应用可以创建前台应用。

（2）系统会监测和拒绝后台应用创建后台服务。

我们先来看第 1 点。API Level 26（对应的就是 Android 8.0 版本）新增了这么一个接口来启动前台服务：

```
ComponentName Context.startForegroundService(Intent service)
```

这个接口要求：被启动的 Service 必须在启动之后调用 Service.startForeground(int,android.app.Notification)，如果在规定的时间内没有调用，则系统将认为该应用发生 ANR（App Not Response，应用无响应），从而将其强制停止。这就是限制了应用无法在用户无感知的情况下启动服务，前台服务启动之后，需要发送一条通知，用户便可以明确感知到这个事情。而一旦用户可以感知这个事情，应用程序就可能不太敢"骚扰"用户了，因为用户可能会觉得这个应用过于"吵闹"而将其卸载。

startForegroundService 接口的实现位于 ContextImpl 类中，相关代码如下：

```java
// ContextImpl.java

@Override
public ComponentName startForegroundService(Intent service) {
    warnIfCallingFromSystemProcess();
    return startServiceCommon(service, true, mUser);
}
...

private ComponentName startServiceCommon(Intent service, boolean requireForeground,
        UserHandle user) {
```

```
        try {
            validateServiceIntent(service);
            service.prepareToLeaveProcess(this);
            ComponentName cn = ActivityManager.getService().startService(
                mMainThread.getApplicationThread(), service, service.resolveTypeIfNeeded(
                        getContentResolver()), requireForeground,
                        getOpPackageName(), user.getIdentifier());
            if (cn != null) {
                if (cn.getPackageName().equals("!")) {
                    throw new SecurityException(
                            "Not allowed to start service " + service
                            + " without permission " + cn.getClassName());
                } else if (cn.getPackageName().equals("!!")) {
                    throw new SecurityException(
                            "Unable to start service " + service
                            + ": " + cn.getClassName());
                } else if (cn.getPackageName().equals("?")) {
                    throw new IllegalStateException(
                            "Not allowed to start service " + service + ": " +
                            cn.getClassName());
                }
            }
            return cn;
        } catch (RemoteException e) {
            throw e.rethrowFromSystemServer();
        }
    }
```

很 显 然 ，ActivityManager.getService().startService 会经过 Binder 调用
ActivityManagerService 中对应的方法来启动服务。startForegroundService 在调用
startServiceCommon 时，第二个参数 requireForeground 值设置为 true，这个值会传递到
ActivityManagerService 中。

并且，如果启动失败，Binder 接口将通过返回不同的字符串来描述失败的类型。

- "!"：表示发起者没有权限启动目标 Service，此时会抛出 SecurityException。

- "!!"：表示启动 Service 失败，此时会抛出 SecurityException。

- "?"：表示不允许启动 Service，此时会抛出 IllegalStateException。这便是后台
  进程受限时的错误。

另外，在第 2 章中我们已经讲过，`ActivityManagerService` 中会通过 `ActiveServices` 子模块来管理 Service，因此启动 Service 的逻辑也是由它处理的。

每一个运行中的 Service 在服务端（`ActivityManagerService` 中）都会有一个 `ServiceRecord` 与之对应。是否是前台 Service 会通过下面这个属性进行记录，而这个属性的取值的来源就是上面传递的 `requireForeground` 参数：

```java
// ServiceRecord.java

boolean fgRequired;    // is the service required to go foreground after starting?
```

有了这个属性记录之后，系统服务便可以对其进行接下来的判断和检查。

接下来我们继续看第 2 点：系统是如何阻止后台应用创建后台服务的。启动后台 Service 的是下面这个接口，这是自 API Level 1 就提供的接口：

```java
ComponentName Context.startService(Intent service)
```

当由于后台进程的限制而导致启动失败时，这个接口将抛出 `IllegalStateException`。

这个接口的实现也位于 ContextImpl 类中，相关代码如下：

```java
// ContextImpl.java

@Override
public ComponentName startService(Intent service) {
    warnIfCallingFromSystemProcess();
    return startServiceCommon(service, false, mUser);
}
```

同样，这里也调用了 `startServiceCommon` 方法。这个方法的代码刚刚我们已经看到了。只不过不同的是，`startForegroundService` 方法调用 `startServiceCommon` 方法的时候第二个参数是 `true`，而这里是 `false`。

> 注：Android Framework 中提供给开发者的很多 API 在内部实现上都是同一个方法，内部实现中通过参数来区分不同的场景。

`ActiveServices` 中启动服务的相关代码如下：

```java
// ActiveServices.java
```

```
ComponentName startServiceLocked(IApplicationThread caller, Intent service,
String resolvedType,
        int callingPid, int callingUid, boolean fgRequired, String callingPackage,
        final int userId)
        throws TransactionTooLargeException {
    ...
    final boolean callerFg;
    if (caller != null) {
        final ProcessRecord callerApp = mAm.getRecordForAppLocked(caller); ①
        if (callerApp == null) {
            throw new SecurityException(
                    "Unable to find app for caller " + caller
                    + " (pid=" + callingPid
                    + ") when starting service " + service);
        }
        callerFg = callerApp.setSchedGroup != ProcessList.SCHED_GROUP_BACKGROUND; ②
    } else {
        callerFg = true;
    }
    ...
    // arbitrary service
    if (!r.startRequested && !fgRequired) {
        // Before going further -- if this app is not allowed to start services in the
        // background, then at this point we aren't going to let it period.
        final int allowed = mAm.getAppStartModeLocked(r.appInfo.uid, r.packageName,
                r.appInfo.targetSdkVersion, callingPid, false, false); ③
        if (allowed != ActivityManager.APP_START_MODE_NORMAL) {
            Slog.w(TAG, "Background start not allowed: service "
                    + service + " to " + r.name.flattenToShortString()
                    + " from pid=" + callingPid + " uid=" + callingUid
                    + " pkg=" + callingPackage);
            if (allowed == ActivityManager.APP_START_MODE_DELAYED) {
                // In this case we are silently disabling the app, to disrupt as
                // little as possible existing apps.
                return null;
            }
            // This app knows it is in the new model where this operation is not
            // allowed, so tell it what has happened.
```

```
            UidRecord uidRec = mAm.mActiveUids.get(r.appInfo.uid);
            return new ComponentName("?", "app is in background uid " + uidRec); ④
    }
  }
```

这段代码说明如下：

（1）获取调用者进程 ProcessRecord 的对象。

（2）检查调用者进程是前台还是后台。在讲解进程优先级的管理时，我们提到过，进程中应用组件的状态发生变化时，ActivityManagerService 会重新调整进程的优先级状态，即：会设置 ProcessRecord 的 setSchedGroup 字段。因此这里便可以以此为依据来确定调用者是否处于前台。

（3）这里的 mAm 就是 ActivityManagerService，因此这里通过 ActivityManagerService. getAppStartModeLocked 方法查询此次启动是否允许。

（4）如果不允许，则返回 "？" 字符串以及错误信息 "app is in background"。上面我们已经看到，"?" 表示不允许启动 Service，此时 startService 接口会抛出 IllegalStateException。

getAppStartModeLocked 是 Android 8.0 上新增的方法，目的就是为了进行后台限制的检查。该方法的签名如下：

```
// ActivityManagerService.java

int getAppStartModeLocked(int uid, String packageName, int packageTargetSdk,
        int callingPid, boolean alwaysRestrict, boolean disabledOnly)
```

这个方法的返回值定义在 ActivityManager 中，可能是下面四个值中的一个：

```
// ActivityManager.java

/** @hide Mode for {@link IActivityManager#isAppStartModeDisabled}: normal
free-to-run operation. */
public static final int APP_START_MODE_NORMAL = 0;

/** @hide Mode for {@link IActivityManager#isAppStartModeDisabled}: delay
running until later. */
public static final int APP_START_MODE_DELAYED = 1;

/** @hide Mode for {@link IActivityManager#isAppStartModeDisabled}: delay
running until later, with
```

```
 * rigid errors (throwing exception). */
public static final int APP_START_MODE_DELAYED_RIGID = 2;

/** @hide Mode for {@link IActivityManager#isAppStartModeDisabled}:
disable/cancel pending
 * launches; this is the mode for ephemeral apps. */
public static final int APP_START_MODE_DISABLED = 3;
```

其中，只有第一个值表示允许启动。

广播限制

最后看一下对于广播的后台限制。在第 2 章中讲过，BroadcastQueue.ProcessNextBroadcast 负责处理广播。在这个方法中，也会调用 ActivityManagerService.getAppStartModeLocked 方法进行后台检查。如果是因为后台限制而无法接口广播，则此处会通过 Slog 输出相应的日志。

```
// BroadcastQueue.java

if (!skip) {
    final int allowed = mService.getAppStartModeLocked(
            info.activityInfo.applicationInfo.uid,
            info.activityInfo.packageName,
            info.activityInfo.applicationInfo.targetSdkVersion, -1, true, false);
    if (allowed != ActivityManager.APP_START_MODE_NORMAL) {
        // We won't allow this receiver to be launched if the app has been
        // completely disabled from launches, or it was not explicitly sent
        // to it and the app is in a state that should not receive it
        // (depending on how getAppStartModeLocked has determined that).
        if (allowed == ActivityManager.APP_START_MODE_DISABLED) {
            Slog.w(TAG, "Background execution disabled: receiving "
                    + r.intent + " to "
                    + component.flattenToShortString());
            skip = true;
        } else if (((r.intent.getFlags()&Intent.FLAG_RECEIVER_EXCLUDE_
        BACKGROUND) != 0)
                || (r.intent.getComponent() == null
                && r.intent.getPackage() == null
                && ((r.intent.getFlags()
```

```
                & Intent.FLAG_RECEIVER_INCLUDE_BACKGROUND) == 0)
            && !isSignaturePerm(r.requiredPermissions))) {
    mService.addBackgroundCheckViolationLocked(r.intent.getAction(),
        component.getPackageName());
    Slog.w(TAG, "Background execution not allowed: receiving "
        + r.intent + " to "
        + component.flattenToShortString());
    skip = true;
    }
  }
}
```

这段代码中的注释很好地描述了这里的情况，不允许广播接收器启动有两种可能性：

- 该应用本身已经被禁止启动了；

- 这个广播不是明确发给（隐式广播）这个接收器的，并且它正处于不应该接收的状态。

隐式广播的限制是针对那些目标版本是 Android 8.0 或更高版本的应用的，因此这里的限制会检查应用程序的目标 SDK 级别，这个检查在下面这个方法中完成：

```
// ActivityManagerService.java

int appRestrictedInBackgroundLocked(int uid, String packageName, int
packageTargetSdk) {
    // Apps that target O+ are always subject to background check
    if (packageTargetSdk >= Build.VERSION_CODES.O) {
        if (DEBUG_BACKGROUND_CHECK) {
            Slog.i(TAG, "App " + uid + "/" + packageName + " targets O+, restricted");
        }
        return ActivityManager.APP_START_MODE_DELAYED_RIGID;
    }
    // ...and legacy apps get an AppOp check
    int appop = mAppOpsService.noteOperation(AppOpsManager.OP_RUN_IN_BACKGROUND,
        uid, packageName);
    if (DEBUG_BACKGROUND_CHECK) {
        Slog.i(TAG, "Legacy app " + uid + "/" + packageName + " bg appop " + appop);
    }
    switch (appop) {
        case AppOpsManager.MODE_ALLOWED:
```

```
            return ActivityManager.APP_START_MODE_NORMAL;
    case AppOpsManager.MODE_IGNORED:
            return ActivityManager.APP_START_MODE_DELAYED;
    default:
            return ActivityManager.APP_START_MODE_DELAYED_RIGID;
    }
}
```

图 6-11 总结了这里提到的调用关系。

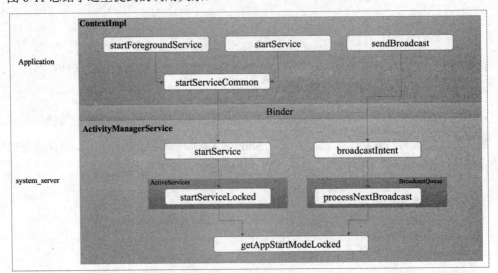

图 6-11　后台限制的调用关系

6.3.5　结束语

通过 Android 8.0 上后台限制功能的代码解析，我们可以看到，一旦有了对整个框架的基础结构和基本机制的了解，我们可以很轻松分析出一些新增功能的逻辑。这也是笔者希望帮助读者达到的状态。

最后，后台限制的增加确实极大地改善了"后台问题"，但不得不承认仍然没有彻底杜绝这个问题。毕竟，还有不少的系统广播处于豁免状态，它们不受后台隐式广播的限制，并且这些广播中包含了系统中非常频繁发生的一些事件，例如：系统启动、连接状态变化、来电、应用包状态变更等。

究其原因，还是我们前面说到的兼容性和生态的问题，系统如果一次性将所有这些广播全部增加限制，可能会有非常多的应用程序出现问题。因此这种变更需要随着时间的推移，逐步地完成。这并非 Android 系统独有的问题，很多大型的软件项目都同样有这样的"历史包袱"。

　　这也同时提醒着我们这些参与软件设计的人们：早期设计所遗留下的问题如果没有及时解决，随着时间推移，这些后果会逐渐扩散，以至于我们要付出更大的代价来弥补才行。所以前期设计需要非常谨慎，对于拿不准的地方，宁愿收紧也不能放松。毕竟，**像 iOS 那样做加法（不断添加新的功能和 API）比 Android 这样做减法（取消和收回之前公开的机制或者功能）要容易得多。**

第 7 章
面向设备管理的改进

随着 Android 生态的发展，Android 设备的使用场景也变得越来越复杂。Android 设备不仅仅要面向个人的使用环境，还可能被用在教育环境或者企业环境中。

在教育环境中，一台设备可能会被多个人使用。在企业环境中，IT 部门可能需要将企业数据与个人数据进行隔离，也可能需要限定设备的用途。

面向这些复杂的使用环境，Android 在近几年的版本升级中逐步完善了相关机制，这正是本章所要讲解的内容。

本章包括以下内容。

- **多用户的支持**：使得一台设备可以同时运行多个用户。
- **设备管理**：使得 IT 管理员可以开发设备的管理应用。
- **面向企业的 Android**：企业环境的方案与 Android 的支持。

7.1 多用户的支持

多用户是 Android 4.2 上添加的新功能，该功能使得系统可以同时存在和运行多个用户，但用户的账号和应用数据将被互相隔离。

多用户功能的使用场景包括：父母可能会允许他们的孩子使用家用平板电脑，但同时包含一些限制。学校可能会在多个班级之间共享一组设备。这些场景下同一台设备都会被多个人使用，每个人会有自己的账号和应用数据。

7.1.1　术语

Android 在描述用户和账号时会使用以下术语。

- 用户（User）：每个用户分别由一个自然人使用。每个用户都有不同的应用数据和一些独特的设置，以及可在多个用户之间明确切换的用户界面。当某个用户处于活动状态时，另一个用户可以在后台运行；系统会在适当的时候尝试关闭用户来节约资源。次要用户可直接通过主要用户界面或设备管理应用进行创建。Android 设备管理使用以下用户类型。
  - 主要（Primary）用户。添加到设备的第一个用户。除非恢复出厂设置，否则无法移除主要用户；此外，即使其他用户在前台运行，主要用户也会始终处于运行状态。该用户还拥有只有自己可以设置的特殊权限和设置。
  - 次要（Secondary）用户。除主要用户外添加到设备的任何用户。次要用户可以移除（由用户自行移除或由主要用户移除），且不会影响设备上的其他用户。这种用户可以在后台运行且可以继续连接到网络。
  - 访客（Guest）：临时的次要用户。访客用户设置中有明确的删除选项，以便在访客用户帐号过期时快速将其删除。一次只能创建一个访客用户。
- 账号（Account）：账号包含在用户中，但并非由某个用户定义；用户既不由任何特定账号进行定义，也不会关联到任何特定账号。用户和个人资料包含其各自的唯一账号；不过，即使没有用户和个人资料，账号也可以正常发挥作用。账号列表因用户而异。
- 个人资料（Profile）：个人资料具有独立的应用数据，但会共享一些系统范围内的设置（例如，WLAN 和蓝牙）。个人资料会与已存在用户绑定在一起，并是已存在用户的子集。一个用户可以有多份个人资料。个人资料通过设备管理应用进行创建。个人资料由创建个人资料的用户进行定义，它与父用户之间总是存在不可变的关联。个人资料的存在时间不会超出相应创建用户的生命周期。Android 设备管理使用以下个人资料类型。
  - 受管理（Managed）：由应用创建，包含工作数据和应用。受管理个人资料专门由个人资料所有者（创建企业资料的应用）管理。启动器、通知和最近的任务均由主要用户和企业资料共享。
  - 受限（Restricted）：由主要用户（控制受限个人资料上哪些应用可用）控制的账号。仅适用于平板电脑和电视设备。
- 应用：应用的数据存在于各关联用户中，这些数据会通过沙箱隔离。同一用户的应用可以通过 IPC 相互调用。

7.1.2　支持多用户

从 Android 5.0 开始，多用户功能默认处于关闭状态。要启用这项功能，需要定义资源覆盖层，以取代 frameworks/base/core/res/res/values/config.xml 中的以下值：

```
<!-- Maximum number of supported users -->
<integer name="config_multiuserMaximumUsers">1</integer>
<!-- Whether Multiuser UI should be shown -->
<bool name="config_enableMultiUserUI">false</bool>
```

要使用覆盖层并在设备上启用访客和次要用户，请使用 Android 编译系统的 DEVICE_PACKAGE_OVERLAYS 功能执行以下操作：

- 将 config_multiuserMaximumUsers 的值替换为大于 1 的数；
- 将 config_enableMultiUserUI 的值替换为 true。

其中，config_multiuserMaximumUsers 决定了系统中允许存储的用户数量的上限。

多用户系统行为

将用户添加到设备后，当其他用户在前台活动时，一些功能会受限制。由于应用数据会按用户分开，因此，这些应用的状态也会因用户而异。例如，在设备上激活某个用户和账号之前，发往该用户账号（当前处于未激活状态）的电子邮件将无法查看。

默认情况下，只有主要用户拥有电话和短信的完全访问权限。次要用户可以接听呼入电话，但是不能发送或接收短信。主要用户必须为其他人启用这些功能，他们才能使用这些功能。

> 注：要为次要用户启用或停用电话和短信功能，请依次转到"设置"→"用户"，选择相应用户，然后将"允许接打电话和收发短信"设置切换到相应的状态。

次要用户在后台活动时会受到一些限制。例如，后台次要用户无法显示界面或开启蓝牙服务。此外，如果设备需要更多内存才能满足前台用户的操作需求，系统将暂停后台次要用户的活动。

在 Android 设备上使用多用户功能时，请注意以下几点：

- 通知会同时出现在一位用户的所有账号中。
- 其他用户的通知在激活用户后才会显示。
- 每位用户都会获得用于安装和放置应用的工作区。
- 任何用户都无权访问其他用户的应用数据。

- 任何用户都可以影响为所有用户安装的应用。

- 主要用户可以移除次要用户所创建的应用甚至整个工作区。

7.1.3　多用户的实现

描述用户的数据类型

UserHandle 与 UserInfo 都标识了设备上的用户。前者是应用开发者可以访问的 API，后者是在系统实现内部使用的，UserInfo 通过@hide 注解对应用开发者进行了屏蔽。

这两个类的结构如图 7-1 所示。

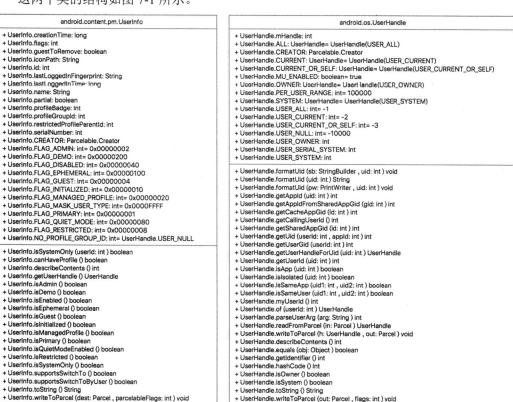

图 7-1　UserInfo 与 UserHandle 类图

对于应用开发者来说，可以使用 UserManager 中的 API 来获取设备上的用户信息：

- List<UserInfo>UserManager.getUsers()

- UserInfo UserManager.getUserInfo(int userHandle)

- `boolean UserManager.supportsMultipleUsers()`
- `int UserManager.getUserSerialNumber(int userHandle)`
- `int UserManager.getUserHandle(int serialNumber)`
- `List<UserHandle>UserManager.getUserProfiles()`

这些接口的数据结构会随着下文的讲解让读者熟悉起来。

系统底层会为每一个用户分配一个唯一的整数 UserID 来进行用户的标识。系统刚启动时就会存在一个用户，这个用户就是设备的拥有者，它的 **UserID** 是 **0**。这个用户原先叫作 USER_OWNER，现在叫作 USER_SYSTEM，下面是 UserHandle 类中定义的常量：

```java
// UserHandle.java
/**
 * @hide A user id constant to indicate the "owner" user of the device
 * @deprecated Consider using either {@link UserHandle#USER_SYSTEM} constant or
 * check the target user's flag {@link android.content.pm.UserInfo#isAdmin}.
 */
@Deprecated
public static final @UserIdInt int USER_OWNER = 0;

/** @hide A user id constant to indicate the "system" user of the device */
public static final @UserIdInt int USER_SYSTEM = 0;
```

由于 UserId 是唯一的，因此判断两个用户是否相同，只需要判断这两个 UserId（在 UserHandle 中相应的字段名称是 mHandle）是否相同即可，下面是 UserHandle 的 equals 方法实现：

```java
// UserHandle.java
@Override
public boolean equals(Object obj) {
    try {
        if (obj != null) {
            UserHandle other = (UserHandle)obj;
            return mHandle == other.mHandle;
        }
    } catch (ClassCastException e) {
    }
    return false;
}
```

UserId 由 UserManagerService 在创建用户的时候分配。这个值的范围并非是无限的，最小和最大的 UserId 由下面两个常量决定：

```java
// UserManagerService.java
@VisibleForTesting
static final int MIN_USER_ID = 10;
// We need to keep process uid within Integer.MAX_VALUE.
@VisibleForTesting
static final int MAX_USER_ID = Integer.MAX_VALUE / UserHandle.PER_USER_RANGE;
```

因此我们可以知道，除了系统拥有者用户，系统中后来创建的用户，其 UserId 最小是 10。

这里的 UserHandle.PER_USER_RANGE 是每个用户空间下允许的 uid 范围，它的值是 100000。

```java
/**
 * @hide Range of uids allocated for a user.
 */
public static final int PER_USER_RANGE = 100000;
```

这个常量我们在下文还会看到。这是一个用户空间下所允许分配的最多 uid 数量（uid 与应用程序相关，这就意味着，在 Android 系统上，每个用户所允许安装的应用程序是存在上限的）。

UserManagerService

UserManagerService 同样位于 SystemServer 中，由 SystemServer 的 `startBootstrapServices` 方法启动：

```java
// SystemServer.java
traceBeginAndSlog("StartUserManagerService");
mSystemServiceManager.startService(UserManagerService.LifeCycle.class);
traceEnd();
```

UserManagerService.LifeCycle 是 SystemService 的子类（SystemService 在第 2 章已经介绍过），这个类实现了启动阶段的处理：

```java
public static class LifeCycle extends SystemService {

    private UserManagerService mUms;

    public LifeCycle(Context context) {
```

```
        super(context);
    }

    @Override
    public void onStart() {
        mUms = UserManagerService.getInstance();
        publishBinderService(Context.USER_SERVICE, mUms);
    }

    @Override
    public void onBootPhase(int phase) {
        if (phase == SystemService.PHASE_ACTIVITY_MANAGER_READY) {
            mUms.cleanupPartialUsers();
        }
    }
}
```

在 onStart 中，将 UserManagerService 发布为 Binder 服务，这样便可以接收来自其他模块的
IPC 请求。

UserManagerService 的 Binder 接口由 frameworks/base/core/java/android/os/IUserManager.aidl
定义，其中的接口包括创建用户、删除用户、设置用户信息、设置和查询用户账号等。

用户的创建与存储

UserManager.createUser 接口用来创建用户，这个方法代码如下：

```
// UserManager.java
public UserInfo createUser(String name, int flags) {
    UserInfo user = null;
    try {
        user = mService.createUser(name, flags);
        if (user != null && !user.isAdmin()) {
            mService.setUserRestriction(DISALLOW_SMS, true, user.id);
            mService.setUserRestriction(DISALLOW_OUTGOING_CALLS, true, user.id);
        }
    } catch (RemoteException re) {
        throw re.rethrowFromSystemServer();
    }
    return user;
}
```

但这个方法已经通过 @hide 对开发者进行了屏蔽，因此在应用程序中无法调用这个接口。系统在设置应用和 SystemUI 中提供了创建用户的界面，这个界面如图 7-2 所示。

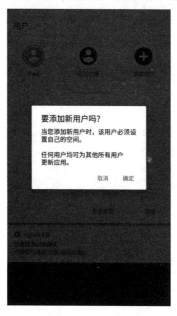

图 7-2 Android 系统创建用户的界面

UserManager.createUser 接口最主要的就是通过 Binder 调用 UserManagerService 对应的方法来完成用户的创建。

> 注：flags 参数描述了用户的类型，这个参数的含义下文会讲解。

在 UserManagerService 的实现中，对于用户信息的保存，最终会写入到物理文件中，相关代码如下：

```
private void writeUserLP(UserData userData) {
    if (DBG) {
        debug("writeUserLP " + userData);
    }
    FileOutputStream fos = null;
    AtomicFile userFile = new AtomicFile(new File(mUsersDir, userData.info.id +
    XML_SUFFIX));
    try {
        fos = userFile.startWrite();
```

深入剖析 Android 新特性

```
        final BufferedOutputStream bos = new BufferedOutputStream(fos);
        writeUserLP(userData, bos);
        userFile.finishWrite(fos);
    } catch (Exception ioe) {
        Slog.e(LOG_TAG, "Error writing user info " + userData.info.id, ioe);
        userFile.failWrite(fos);
    }
}
```

用户的信息存储在/data/system/users/路径下，userlist.xml 文件中列出了所有的用户，可以通过 cat/data/system/users/userlist.xml 命令查看其内容：

```
<?xml version='1.0' encoding='utf-8' standalone='yes' ?>
<users nextSerialNumber="14" version="7">
    <guestRestrictions>
        <restrictions no_sms="true" no_install_unknown_sources="true" no_
        config_wifi="true" />
    </guestRestrictions>
    <deviceOwnerUserId id="-10000" />
    <user id="0" />
    <user id="10" />
    <user id="11" />
    <user id="12" />
</users>
```

每个用户的详细信息通过另外一个独立的 XML 文件描述，我们可以通过 cat/data/system/users/[userId].xml 命令查看其中的内容：

```
<?xml version='1.0' encoding='utf-8' standalone='yes' ?>
<user id="0" serialNumber="0" flags="19" created="0" lastLoggedIn="1508575000588"
lastLoggedInFingerprint="google/angler/angler:8.0.0/OPR5.170623.007/4302479:user
/release-keys" icon="/data/system/users/0/photo.png" profileBadge="0">
    <name>Paul</name>
    <restrictions />
    <device_policy_restrictions />
</user>
```

前面我们提到，config_multiuserMaximumUsers 决定了系统能够存储的用户数量上限。而这个限制数量可以通过 UserManager 接口进行查询，下面是这个接口的实现：

```java
public static int getMaxSupportedUsers() {
    // Don't allow multiple users on certain builds
    if (android.os.Build.ID.startsWith("JVP")) return 1;
    // Svelte devices don't get multi-user.
    if (ActivityManager.isLowRamDeviceStatic()) return 1;
    return SystemProperties.getInt("fw.max_users",
            Resources.getSystem().getInteger(R.integer.config_
            multiuserMaximumUsers));
}
```

当 UserManagerService 在创建用户的时候，会通过这个接口判断用户数量是否已经到达上限，如果是，则拒绝创建新的用户。

用户的隔离

用户的隔离既包括用户运行时状态（动态）的隔离，也包括应用和数据（静态）的隔离。

➢　运行环境的隔离

运行环境隔离的目的在于：即便系统中可能同时有多个用户在同时运行，但是他们的应用之间也不能互相干扰，就好像其他用户不存在一样。例如，假设系统中同时运行了用户 A 和用户 B。他们各自启动了一些应用，此时用户 A 的某个应用发送了一个广播事件，即便用户 B 的应用声明了监听这个广播，但是它却不能收到，这是因为它是另外一个用户空间发生的事件。系统需要对用户空间之间进行隔离。

运行环境的隔离涉及非常多的系统服务，因为这些服务的每一次请求处理都需要知道是由哪个用户的应用发起的，以便在相应的用户空间下进行处理。因此如果读者去浏览这些系统服务的接口时，会发现很多接口上都会带有 int uid 或者 int userId 参数，这便是用户的标识。

其中很关键的一个系统服务就是 ActivityManagerService，因为它负责了所有对于应用组件和应用进程启动的逻辑（见第 2 章）。

这里就以发送广播为例，来看看系统是如果完成多用户下的运行环境的隔离的。

开发者通过 sendBroadcast 接口来发送广播，这个接口在应用进程中最终会调用到框架的 ContextImpl.sendBroadcast，它的实现如下：

```java
// ContextImpl.java
@Override
public void sendBroadcast(Intent intent) {
    warnIfCallingFromSystemProcess();
    String resolvedType = intent.resolveTypeIfNeeded(getContentResolver());
```

```
    try {
        intent.prepareToLeaveProcess(this);
        ActivityManager.getService().broadcastIntent(
                mMainThread.getApplicationThread(), intent, resolvedType, null,
                Activity.RESULT_OK, null, null, null, AppOpsManager.OP_NONE, null,
                false, false,
                getUserId());
    } catch (RemoteException e) {
        throw e.rethrowFromSystemServer();
    }
}
```

请注意，这里的代码运行在应用程序的进程内部，因此这里的 getUserId() 调用便获取到了当前应用进程的 UserId，接着这个参数会通过 Binder IPC 传递给 ActivityManagerService，因此 ActivityManagerService 便知道了这个广播事件需要发送到哪个用户空间中。应用框架中很多接口的实现都是类似的，即：即便应用没有主动传递自身的标识信息，但是框架内部通过在当前进程上下文调用 getUserId() 便获取到了 UserId 信息。

这个请求传递到 ActivityManagerService 之后，由下面这个方法进行处理：

```
// ActivityManagerService.java
public final int broadcastIntent(IApplicationThread caller,
        Intent intent, String resolvedType, IIntentReceiver resultTo,
        int resultCode, String resultData, Bundle resultExtras,
        String[] requiredPermissions, int appOp, Bundle bOptions,
        boolean serialized, boolean sticky, int userId) {
    enforceNotIsolatedCaller("broadcastIntent");
    synchronized(this) {
        intent = verifyBroadcastLocked(intent);

        final ProcessRecord callerApp = getRecordForAppLocked(caller);
        final int callingPid = Binder.getCallingPid();
        final int callingUid = Binder.getCallingUid();
        final long origId = Binder.clearCallingIdentity();
        int res = broadcastIntentLocked(callerApp,
                callerApp != null ? callerApp.info.packageName : null,
                intent, resolvedType, resultTo, resultCode, resultData, resultExtras,
                requiredPermissions, appOp, bOptions, serialized, sticky,
                callingPid, callingUid, userId);
```

```
        Binder.restoreCallingIdentity(origId);
        return res;
    }
}
```

这个方法中包含了这次请求相关的许多参数，其中就包含了刚刚我们看到的 userId 参数。在这个方法实现中，我们最需要关注的就是下面这两行代码：

```
final int callingPid = Binder.getCallingPid();
final int callingUid = Binder.getCallingUid();
```

这里通过 Binder 接口获取调用方的 Pid 和 Uid，这个调用在很多的系统服务的接口实现中都会有。这个数据是由 Binder 框架提供的，它是任何应用程序都无法篡改的，**因此这是可信的获取调用方身份标识的方法**。读者也许会奇怪，既然接口参数中已经包含了 userId 的身份标识，为什么这里通过 Binder 获取调用者的身份标识呢？主要是因为接口传递的参数可能是不可靠的。

前面我们已经知道，框架层的客户端代码是运行在用户进程中的，在这些框架层的客户端代码的底层实现中，最终会在当前进程上下文中获取身份标识，然后调用内部的接口方法传递给服务端，例如下面的代码：

```
// ContextImpl.java
ActivityManager.getService().broadcastIntent(
        mMainThread.getApplicationThread(), intent, resolvedType, null,
        Activity.RESULT_OK, null, null, null, AppOpsManager.OP_NONE, null, false,
        false,
        getUserId());
```

实际上，这里的 broadcastIntent 方法已经对开发者进行了屏蔽，通过正常的方法调用是无法访问到的。但如果恶意程序通过一些极端的手段，例如：通过 Java 虚拟机提供的反射接口，仍然可以主动地调用这个方法，那么这里的 UserId 参数就有可能是恶意程序任意捏造出来的。如果系统服务直接信任这个参数，那么便可能造成对系统的攻击和破坏。

实际上不仅仅是 Android 系统，任何 Client/Server 架构的软件系统都存在同样的问题，例如：Web 系统也是一样的。因此这里有一个原则就是：**任何客户端传递的数据都是不可信的**。

接着，再回到 ActivityManagerService 中，broadcastIntent 方法接着会调用 broadcastIntentLocked 方法。这个方法的代码逻辑非常长，这里就不贴出完整的代码了，我们挑选其中比较关心的部分来看一下：

```
// ActivityManagerService.java
```

```
    if (userId != UserHandle.USER_ALL && !mUserController.isUserRunningLocked
(userId, 0)) { ①
        if ((callingUid != SYSTEM_UID
                || (intent.getFlags() & Intent.FLAG_RECEIVER_BOOT_UPGRADE) == 0)
                && !Intent.ACTION_SHUTDOWN.equals(intent.getAction())) {
            Slog.w(TAG, "Skipping broadcast of " + intent
                    + ": user " + userId + " is stopped");
            return ActivityManager.BROADCAST_FAILED_USER_STOPPED;
        }
    }

    ...

    final boolean isCallerSystem;
    switch (UserHandle.getAppId(callingUid)) { ②
        case ROOT_UID:
        case SYSTEM_UID:
        case PHONE_UID:
        case BLUETOOTH_UID:
        case NFC_UID:
            isCallerSystem = true;
            break;
        default:
            isCallerSystem = (callerApp != null) && callerApp.persistent;
            break;
    }
```

　　这里的第 1 段代码是检查目标用户是否还在运行中，如果没有运行，那就没有必要再继续发送这个广播了。mUserController 是 UserController 类型的实例。这个类是 ActivityManagerService 服务专门用来处理多用户相关的控制的。

　　读者可能会有疑问，既然用户都已经停止了，为什么这个用户的应用还可能发送广播呢？这里有两种可能：

　　（1）存在状态不一致的可能。系统将用户停止涉及很多进程的处理，进程是并行运行的，可能存在一些状态没有互相同步的间隙。即：系统服务已经通知用户退出了，但用户的某个应用在某个极短的时间内还在运行，当这个请求传递到系统服务的时候，系统服务已经认为该用户已经停止了。

　　（2）发送者可能并非目标用户自身。在系统中，存在以一个用户的身份向另外一个用户空间发送信息的可能，发送者和目标可能并非同一个用户（发送者甚至可能是系统服务）。

因此，这里需要检查目标用户是否还在运行中。

这里的第 2 段代码就是通过调用者的 Uid 来判断发送者是否是系统进程。读者可以看到，这里是通过 Binder 获取到的 Uid 来判断的，而非传递的 userId 参数，因为后者是不可信的。

Android 系统并非一开始就支持多用户功能，而是在后来的版本中才支持的。为了对多用户的支持，就需要对非常多的系统服务进行改造，就像这里的 ActivityManagerService 一样：在这个系统服务中，需要获取调用者的 uid，然后根据 uid 确定用户空间以进行处理。

➤ 应用的隔离

应用程序在安装时，包管理器会为其分配一个 uid。这个 uid 将作为应用程序的身份标识。在系统中：

- 预先保留了一些 uid 给系统模块使用。
- 用户安装的第三方应用 uid 从 10000 开始（Process.FIRST_APPLICATION_UID）。
- 每个用户最多能够分配的到的 uid 是 100000（UserHandle.PER_USER_RANGE）。

系统中预留的 uid 如下所示，这些 uid 通常都代表了某个特殊的系统服务或者功能组。

```
// Process.java
public static final int ROOT_UID = 0;
public static final int SYSTEM_UID = 1000;
public static final int PHONE_UID = 1001;
public static final int SHELL_UID = 2000;
public static final int LOG_UID = 1007;
public static final int WIFI_UID = 1010;
public static final int MEDIA_UID = 1013;
public static final int DRM_UID = 1019;
public static final int VPN_UID = 1016;
public static final int KEYSTORE_UID = 1017;
public static final int NFC_UID = 1027;
public static final int BLUETOOTH_UID = 1002;
public static final int MEDIA_RW_GID = 1023;
public static final int PACKAGE_INFO_GID = 1032;
public static final int SHARED_RELRO_UID = 1037;
public static final int AUDIOSERVER_UID = 1041;
public static final int CAMERASERVER_UID = 1047;
public static final int WEBVIEW_ZYGOTE_UID = 1051;
```

```
public static final int OTA_UPDATE_UID = 1061;
```

应用程序的 Uid 由两个部分组成：Base 和 AppId。其中：

- Base 是由 UserId 决定的基数；
- AppId 是区间上的偏移值。

假设同一个设备上两个用户都安装了同一个应用程序，那么这两个应用程序将拥有不同的 uid（因为 Base 不一样），但是它们的 AppId 一定是一样的。

应用程序的 uid 算法如下：

```
App uid = UserId * UserHandle.PER_USER_RANGE + appId
```

根据这个公式我们可以知道，不同用户安装的应用程序的 uid 将在不同的区间内，并且没有重叠的部分。

UserHandle 中定义了获取应用 Uid 的算法：

```java
// UserHandle.java
public static int getUid(@UserIdInt int userId, @AppIdInt int appId) {
    if (MU_ENABLED) {
        return userId * PER_USER_RANGE + (appId % PER_USER_RANGE);
    } else {
        return appId;
    }
}
```

另外我们还可以：

- 根据一个应用的 uid 推算出 AppId；
- 根据一个应用的 uid 推算出其所属的 UserId；
- 根据两个应用程序的 uid 推算出它们是否是属于同一个用户；
- 根据两个应用程序的 uid 推算出它们是否是同一个应用程序。

UserHandle 中定义了这里提到的四个推算算法：

```java
// UserHandle.java
public static @AppIdInt int getAppId(int uid) {
    return uid % PER_USER_RANGE;
}
```

```java
// UserHandle.java
public static @UserIdInt int getUserId(int uid) {
    if (MU_ENABLED) {
        return uid / PER_USER_RANGE;
    } else {
        return UserHandle.USER_SYSTEM;
    }
}
```

```java
// UserHandle.java
public static boolean isSameUser(int uid1, int uid2) {
    return getUserId(uid1) == getUserId(uid2);
}
```

```java
// UserHandle.java
public static boolean isSameApp(int uid1, int uid2) {
    return getAppId(uid1) == getAppId(uid2);
}
```

在多用户的运行环境中，包管理器的查询接口也需要对多用户进行支持：当有应用程序来查询系统中的已安装应用列表时，只能返回当前用户的应用列表，而不应当泄露其他用户下的应用信息。

PackageManager 中的下面这个接口用来获取已安装的包信息列表：

```java
// PackageManager.java
List<PackageInfo> getInstalledPackages(@PackageInfoFlags int flags);
```

这个接口将调用 ApplicationPackageManager 中的下面这个接口：

```java
// ApplicationPackageManager.java
public List<PackageInfo> getInstalledPackages(int flags) {
    return getInstalledPackagesAsUser(flags, mContext.getUserId());
}
```

这里的 mContext.getUserId()便是根据当前上下文以确定当前 UserId，然后好进行应用包列表的过滤。

➢ 数据的隔离

在多用户环境下，不同用户可能安装了同一个应用。出于数据安全的考虑，系统必须要保证用户的数 据是完全隔离的，并且互相之间无法访问。

Android 系统的做法是：以 **UserId** 作为文件夹名称，将不同用户的数据放在不同的目录下。

接下来我们就来看一下系统是如何实现的。

应用保存数据主要有下面几种方法：

- Shared Preference；
- SQLite 数据库；
- 内部文件；
- 外部文件。

实际上无论通过哪种方法保存数据，应用程序在获取读写数据的入口时都会将自身的上下文（Context）信息传递到系统框架提供的接口中，这就使得系统知道是由哪个应用发出的请求。这一点我们在前面已经看到过相关代码。

Android 系统通过 `android.content.pm.ApplicationInfo` 来描述应用程序的信息，这个类在初始化的时候会设置将来用于保存数据的根目录路径，ApplicationInfo 中的初始化方法如下：

```java
// ApplicationInfo.java
public void initForUser(int userId) {
    uid = UserHandle.getUid(userId, UserHandle.getAppId(uid));

    if ("android".equals(packageName)) {
        dataDir = Environment.getDataSystemDirectory().getAbsolutePath(); ①
        return;
    }

    deviceProtectedDataDir = Environment
            .getDataUserDePackageDirectory(volumeUuid, userId, packageName)
            .getAbsolutePath(); ②
    credentialProtectedDataDir = Environment
            .getDataUserCePackageDirectory(volumeUuid, userId, packageName)
            .getAbsolutePath(); ③

    if ((privateFlags & PRIVATE_FLAG_DEFAULT_TO_DEVICE_PROTECTED_STORAGE) != 0
```

```
         && PackageManager.APPLY_DEFAULT_TO_DEVICE_PROTECTED_STORAGE) { ④
      dataDir = deviceProtectedDataDir;
   } else {
      dataDir = credentialProtectedDataDir;
   }
}
```

这段代码说明如下：

（1）如果应用程序的包名是"android"，则这个应用是系统应用，那么就不用考虑多用户环境，其存放数据的目录是 Environment.getDataSystemDirectory()。

（2）通过 UserId 和包名称获取到设备保护的数据目录。

（3）通过 UserId 和包名称获取到证书保护的数据目录。

（4）根据包信息选择其中的一个作为应用存放数据的目录。

要知道这里的实际文件路径，我们还需要看一下 Environment 的实现。我们以 getDataUserDePackageDirectory 为例，Environment 类中的相关代码如下：

```
// Environment.java

private static final String ENV_ANDROID_DATA = "ANDROID_DATA"; ①

private static final File DIR_ANDROID_DATA = getDirectory(ENV_ANDROID_DATA,
"/data"); ②

static File getDirectory(String variableName, String defaultPath) {
    String path = System.getenv(variableName);
    return path == null ? new File(defaultPath) : new File(path); ③
}

public static File getDataUserDePackageDirectory(String volumeUuid, int userId,
    String packageName) { ④
    return new File(getDataUserDeDirectory(volumeUuid, userId), packageName);
}

public static File getDataUserDeDirectory(String volumeUuid, int userId) {
    return new File(getDataUserDeDirectory(volumeUuid), String.valueOf(userId)); ⑤
}
```

```
public static File getDataUserDeDirectory(String volumeUuid) {
    return new File(getDataDirectory(volumeUuid), "user_de"); ⑥
}

public static File getDataDirectory(String volumeUuid) {
    if (TextUtils.isEmpty(volumeUuid)) { ⑦
        return DIR_ANDROID_DATA;
    } else {
        return new File("/mnt/expand/" + volumeUuid);
    }
}
```

这段代码说明如下：

（1）定义了环境变量名称为 ANDROID_DATA。

（2）通过 getDirectory 方法获取 Data 目录。

（3）判断 ANDROID_DATA 环境变量是否指定，如果有则使用，否则使用"/data"这个路径。因此，如果不指定，则默认情况下 DIR_ANDROID_DATA 就指向"/dat"路径。

（4）getDataUserDePackageDirectory 调用了 getDataUserDeDirectory 方法。

（5）将 userId 转换成字符串，并作为一个目录的名称。

（6）getDataUserDeDirectory 调用了 getDataDirectory，并传递，"user_de"作为文件夹的名称。

（7）getDataDirectory 判断 volumeUuid 是否为空，如果是，则使用 DIR_ANDROID_DATA 变量。否则使用"/mnt/expand/"+volumeUuid 这个路径。

通过上面的逻辑，我们可以得知，在没有设置 ANDROID_DATA 环境变量，volumeUuid 为空的情况下：

• 用户 0 的数据目录是/data/user_de/0/；

• 用户 10 的数据目录是/data/user_de/10/。

这便是 Nexus 设备上多用户的环境下，用户的数据存放的根目录。

ApplicationInfo 在通过 Environment 获取到这个目录之后，会将这些信息传递给应用程序的上下文。我们可以通过 getSharedPreferencesPath 为例，来看一下这个路径是如何获取的。getSharedPreferencesPath 由 ContextImpl 类实现：

```
// ContextImpl.java
@Override
```

```
public File getSharedPreferencesPath(String name) {
    return makeFilename(getPreferencesDir(), name + ".xml"); ①
}


private File getPreferencesDir() {
    synchronized (mSync) {
        if (mPreferencesDir == null) {
            mPreferencesDir = new File(getDataDir(), "shared_prefs"); ②
        }
        return ensurePrivateDirExists(mPreferencesDir);
    }
}


public File getDataDir() {
    if (mPackageInfo != null) {
        File res = null;
        if (isCredentialProtectedStorage()) {
            res = mPackageInfo.getCredentialProtectedDataDirFile();
        } else if (isDeviceProtectedStorage()) {
            res = mPackageInfo.getDeviceProtectedDataDirFile();
        } else {
            res = mPackageInfo.getDataDirFile(); ③
        }


        ...
    }
}
```

这段代码应该是很好理解的：

（1）获取存放 Preferences 的目录，根据用户传递的参数设置文件名，文件后缀是 xml。

（2）DataDir 下面创建子目录 shared_prefs。

（3）DataDir 目录的路径来源于 PackageInfo。而 PackageInfo 会从 ApplicationInfo 中获取相关路径。

图 7-3 描述了从 Context 为起点获取到数据目录的调用关系。

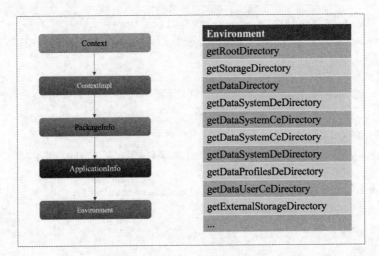

图 7-3 关于用户数据目录的调用关系

从右边列表中我们也看到，Environment 类中包含了一系列方法来获取各种场景的数据目录路径。有兴趣的读者可以自行阅读这个类的源码。

用户的切换

用户切换的入口在 SystemUI 上，处理用户切换的系统服务并非 UserManagerService，而是 ActivityManagerService。UserManagerService 主要处理多用户环境下的静态信息，例如：用户的添加和删除。而 ActivityManagerService 主要处理多用户环境下的运行时信息。在进行用户切换时，涉及用户的应用程序的切换，例如不同用户的 Launcher 可能是不一样的，这便是运行时的信息。

ActivityManagerService 提供了 switchUser 接口来切换用户。为了处理多用户环境，ActivityManagerService 中包含一个子模块 UserController 来专门处理用户相关的逻辑。

用户切换的大致流程如图 7-4 所示。

UserController.startUser 处理了用户切换的主要逻辑。这个方法的代码过长，这里就不贴出了。这个方法的主要逻辑包括：

- 检查调用者是否有权限；
- 检查目标用户是否就是当前用户；
- 确认是否要将启动的用户切换到前台，如果是，则修改当前用户为目标用户；
- 确认是否要将启动的用户切换到前台，如果是，则显示目标用户的 Launcher；
- 在用户切换过程中发送相应的广播事件通知系统中的其他模块。

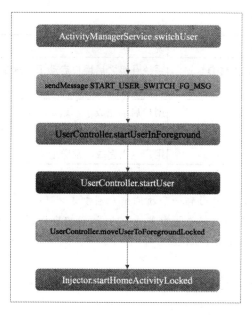

图 7-4　用户切换流程

用户的切换是整个系统的状态变化，因此很多模块都可能会关心。ActivityManagerService 需要发送广播来进行通知。切换过程中涉及的广播如表 7-1 所示。

表 7-1　广播及说明

广播 Action	说　　明
ACTION_USER_INITIALIZE	用户第一次启动，这是一个有序广播事件，发送给目标用户空间下的接收器
ACTION_USER_FOREGROUND	用户切换到前台，发送给目标用户空间下的接收器
ACTION_USER_BACKGROUND	用户切换到后台，发送给被切换的用户空间下的接收器
ACTION_USER_STARTED	用户被启动了，发送给目标用户空间下的接收器
ACTION_USER_STARTING	用户正在启动中，这是一个有序广播事件，发送给目标用户空间下的接收器
ACTION_USER_STOPPING	用户正在退出中
ACTION_USER_SWITCHED	用户发生了切换，发送给目标用户空间下的接收器
ACTION_LOCKED_BOOT_COMPLETED	用户已经启动完成，但是处于锁定状态，这是一个有序广播事件，发送给目标用户空间下的接收器
ACTION_USER_UNLOCKED	用户已经解锁了，发送给目标用户空间下的接收器

广播 Action	说　明
ACTION_PRE_BOOT_COMPLETED	系统升级之后用户启动了，这是一个有序广播事件，发送给目标用户空间下的接收器
ACTION_BOOT_COMPLETED	用户启动完成了，这是一个有序广播事件，发送给目标用户空间下的接收
ACTION_USER_STOPPED	用户退出完成，发送给所有用户的接收器

> 注：上一章我们提到，每当有一个新的用户启动了，UsageStatsService 中都会启动一个定时任务来检查该用户是否有处于 Idle 状态的应用程序。UsageStatsService 监听的就是 ACTION_USER_STARTED 广播。

除了用户切换，当用户被添加到系统中，或者从系统中删除时，也会有系统广播被发出，如表 7-2 所示。

表 7-2　广播及说明

广播 Action	说　明
ACTION_USER_ADDED	用户被添加到系统中
ACTION_USER_REMOVED	用户被删除

很显然，一次用户切换会有多个事件发生，因此也伴随多条广播的发送，例如一个新的用户刚启动，接着被切换到前台，然后同时伴随着另外一个用户切换到后台，甚至被停止。

由于移动设备的物理内存是很有限的，即便目前（2017 年底）最新款 Android 设备的内存已经达到 6GB 甚至 8GB，但是在多用户环境下，每个用户都会运行多个应用程序，内存消耗也是相当大的。因此系统不会无限制地允许用户的运行。目前，UserController 中默认允许同时运行的用户数量是 3 个。当用户切换完成之后，UserController 会根据数量限制，将最先被启动的用户停止掉：

```java
// UserController.java
static final int MAX_RUNNING_USERS = 3;

void finishUserSwitch(UserState uss) {
    synchronized (mLock) {
        finishUserBoot(uss);
```

```
        startProfilesLocked();
        stopRunningUsersLocked(MAX_RUNNING_USERS);
    }
}
```

多用户环境下的单例应用

系统中有些应用需要在多用户的环境下保持单例，例如：SystemUI。因为在任何时候都只会有一个用户处于激活状态，那么有一套 SystemUI 即可，而不需要同时运行多个实例。很显然，这样做也更节省内存。

> 注：通常只有系统应用才应该设置为多用户环境下的单例应用（下文简称单例应用），普通应用不应该实现为单例。

单例应用通常需要下面两个特殊的权限：

```
"android.permission.INTERACT_ACROSS_USERS"
"android.permission.INTERACT_ACROSS_USERS_FULL"
```

这两个权限使得单例应用可以以某个特定的 UserId 发出请求，也可以发送。跨越用户空间的请求。

➢ 设置单例组件

在 AndroidManifest.xml 中设置 `android:singleUser="true"` 便表示该应用组件是单例的。但这个字段值只对 Service、ContentProvider 和 BroadcastReceiver 三种组件有意义，Activity 不支持单例。这是因为 Activity 是与界面相关的，一旦用户发生了切换，被切换出的用户的 Activity 将全部被切换到后台，因此不存在支持多用户的 Activity。而另外三种应用组件本身就是在后台运行的，没有被切换出的问题存在，只要这些组件在实现中考虑到了多用户即可。

单例应用会以用户 0（设备拥有者，或者称之为系统用户）的身份运行。系统会将该组件实例化，并保证其只有一个实例。所有应用对单例应用的请求都将发送到这个单一的实例上。

7.1.4 参考资料与推荐读物

- https://source.android.google.cn/devices/tech/admin/
- https://source.android.google.cn/devices/tech/admin/multiuser-apps

7.2　设备管理

Android 2.2 上添加了 Device Administration API 来支持企业应用。Device Administration API 在系统级别提供了设备的管理能力。这些 API 使得开发者可以创建在企业设置中有用的安全感知的应用程序，因为企业的 IT 人员常常需要对员工设备进行各种类型的控制。例如，内置的 Android 电子邮件应用程序利用这些 API 来改善 Exchange 支持。通过电子邮件应用程序，Exchange 管理员可以跨设备执行密码策略（包括字母数字密码或数字 PIN）。管理员还可以远程擦除（即恢复出厂默认设置）丢失或被盗的手机。

7.2.1　Device Administration API 介绍

下面这些类型的应用程序可能会使用 Device Administration API：

- E-mail 客户端；
- 执行远程擦除的安全应用；
- 设备管理服务和应用。

工作方式

设备管理的工作方式如下：

- 系统管理员开发设备管理程序，这些程序可能会强制执行安全策略，这些策略可能内置于设备管理程序中，也可能从远程服务器上获取。
- 设备管理程序被安装在用户的设备上。
- 系统提示用户启用已经安装好的设备管理程序。
- 当用户启用了管理程序，他们就需要遵守策略。遵守策略通常意味着赋予权限，例如访问敏感数据。

用户通过系统设置来启用管理程序，其界面如图 7-5 所示。在这个界面中，系统会提示用户管理程序将要执行的操作。

如果用户不启用设备管理程序，则即便这些程序已经安装好但却处于未激活状态。用户自然也不用遵循其策略，这些程序也无法获取其所需权限，例如擦除数据。

在启用了设备管理程序之后，如果设备尝试连接到设管理程序不允许的服务器，则连接会被拒绝。

如果设备中包含了多个管理程序，则会执行最严格的策略。

如果用户希望卸载管理程序，则需要先将管理程序解除启用状态。

图 7-5　启用管理程序界面

7.2.2　开发设备管理程序

开发一个设备管理程序主要用到以下三类。

- **DeviceAdminReceiver**：实现设备管理的组件基类。这个类方便了应用处理系统发出的 Intent，设备管理应用程序必须包含一个 DeviceAdminReceiver 子类。

- **DevicePolicyManager**：管理策略的类。DevicePolicyManager 可以管理多个 DeviceAdminReceiver 实例的策略。

- **DeviceAdminInfo**：这个类用来描述设备管理组件的元数据。

仅仅看说明可能不太好理解，下面我们通过代码示例来说明用法。

DeviceAdminReceiver

创建设备管理程序，必须要创建一个 DeviceAdminReceiver 的子类。这个类包含了一系列事件回调。下面这个代码示例在一些事件点弹出 Toast：

```
public class DeviceAdminSample extends DeviceAdminReceiver {

    void showToast(Context context, String msg) {
        String status = context.getString(R.string.admin_receiver_status, msg);
```

```
        Toast.makeText(context, status, Toast.LENGTH_SHORT).show();
    }

    @Override
    public void onEnabled(Context context, Intent intent) {
        showToast(context, context.getString(R.string.admin_receiver_status_enabled));
    }

    @Override
    public CharSequence onDisableRequested(Context context, Intent intent) {
        return context.getString(R.string.admin_receiver_status_disable_warning);
    }

    @Override
    public void onDisabled(Context context, Intent intent) {
        showToast(context,
        context.getString(R.string.admin_receiver_status_disabled));
    }

    @Override
    public void onPasswordChanged(Context context, Intent intent) {
        showToast(context,
        context.getString(R.string.admin_receiver_status_pw_changed));
    }
...
}
```

上面这几个回调的方法名称已经很好地说明了其回调的时机。

- **onEnabled**：在 DeviceAdminReceiver 被初次启用时被回调；
- **onDisabled**：在 DeviceAdminReceiver 关闭前被回调；
- **onDisableRequested**：当用户尝试关闭 DeviceAdminReceiver 时被回调；
- **onPasswordChanged**：当用户修改密码时被回调。

随着版本的升级，这个类中的接口在不断增加中，关于 DeviceAdminReceiver 这个类提供的所有回调函数说明请参见 Android Developer 上的 API 说明。

DeviceAdminReceiver 的子类在实现完成之后需要在 AndroidManifest.xml 中将其声明。在声明这个类的子类时，需要指定其处理 ACTION_DEVICE_ADMIN_ENABLED，并且它还需要

BIND_DEVICE_ADMIN 权限。另外，DeviceAdminReceiver 通常还会关联一个元数据文件来描述其使用的策略。

声明 DeviceAdminReceiver 子类的代码示例如下：

```
<receiver android:name=".app.DeviceAdminSample$DeviceAdminSampleReceiver"
      android:label="@string/sample_device_admin"
      android:description="@string/sample_device_admin_description"
      android:permission="android.permission.BIND_DEVICE_ADMIN">
    <meta-data android:name="android.app.device_admin"
            android:resource="@xml/device_admin_sample" />
    <intent-filter>
        <action android:name="android.app.action.DEVICE_ADMIN_ENABLED" />
    </intent-filter>
</receiver>
```

这里指定的元数据文件示例代码如下：

```
<device-admin xmlns:android="http://schemas.android.com/apk/res/android">
    <uses-policies>
        <limit-password />
        <watch-login />
        <reset-password />
        <force-lock />
        <wipe-data />
        <expire-password />
        <encrypted-storage />
        <disable-camera />
        <disable-keyguard-features />
    </uses-policies>
</device-admin>
```

在这个元数据文件中，列出了管理组件所使用到的策略，这些策略的名称已经很清楚地描述了其内容。这些策略在用户启用管理程序的时候会作为提示让用户看到。

DevicePolicyManager

应用程序可以通过下面这个方式获取到 DevicePolicyManager 的实例：

```
DevicePolicyManager mDPM =
    (DevicePolicyManager)getSystemService(Context.DEVICE_POLICY_SERVICE);
```

DevicePolicyManager 的很多 API 都需要指定管理组件（DeviceAdminReceiver）作为参数。
下面是使用 DevicePolicyManager 完成的一些任务的代码示例：

- 提示用户设置密码

```
Intent intent = new Intent(DevicePolicyManager.ACTION_SET_NEW_PASSWORD);
startActivity(intent);
```

- 限制密码的最小长度

```
DevicePolicyManager mDPM;
ComponentName mDeviceAdmin;
int pwLength;
...
mDPM.setPasswordMinimumLength(mDeviceAdmin, pwLength);
```

- 锁定设备

```
DevicePolicyManager mDPM;
mDPM.lockNow();
```

- 擦除数据

```
DevicePolicyManager mDPM;
mDPM.wipeData(0);
```

- 禁用相机

```
private CheckBoxPreference mDisableCameraCheckbox;
DevicePolicyManager mDPM;
ComponentName mDeviceAdmin;
...
mDPM.setCameraDisabled(mDeviceAdmin, mDisableCameraCheckbox.isChecked());
```

- 存储加密

```
DevicePolicyManager mDPM;
ComponentName mDeviceAdmin;
...
mDPM.setStorageEncryption(mDeviceAdmin, true);
```

DeviceAdminInfo

DeviceAdminInfo 类对应了 DeviceAdminReceiver 在 AndroidManifest.xml 中声明的元数据文件。可以通过下面这个构造函数获取这个类的实例：

```
public DeviceAdminInfo(Context context, ResolveInfo resolveInfo)
```

获取到实例之后可以通过下面这个 API 来查询管理组件所声明的策略：

```
public boolean usesPolicy(int policyIdent)
```

这个方法接收的参数是下面这些常量：

```
public static final int USES_POLICY_LIMIT_PASSWORD = 0;

public static final int USES_POLICY_WATCH_LOGIN = 1;

public static final int USES_POLICY_RESET_PASSWORD = 2;

public static final int USES_POLICY_FORCE_LOCK = 3;

public static final int USES_POLICY_WIPE_DATA = 4;

public static final int USES_POLICY_EXPIRE_PASSWORD = 6;

public static final int USES_ENCRYPTED_STORAGE = 7;

public static final int USES_POLICY_DISABLE_CAMERA = 8;

public static final int USES_POLICY_DISABLE_KEYGUARD_FEATURES = 9;
```

这里介绍的只是这几个类最基础的 API，在下一小节中我们将看到，在 Android 版本的升级中，这些类的 API 在大幅地增长中。

7.3　面向企业环境的 Android

> 注：在 Android 7.0 及之前版本上，这项功能叫作 Android for Work。从 Android 8.0 开始，Google 的官方文档中称这项功能为 Androidin the enterprise。

7.3.1　企业环境解决方案

针对设备在企业环境中使用的场景可能是不一样的，Google 为 Android 在企业中的使用定义了下面几种解决方案。

- **工作资料（Work profile）方案**：该方案是为 BYOD（BYOD 全称是 Bring Your Own Device，即企业雇员将自己的设备带到工作场所并接入公司内网）而设计的。工作资料方案允许管理员在个人设备上管理自包含的工作资料。企业的应用、数据和管理策略仅仅限制在工作资料范围内，与用户的个人资料完全分离开。

- **工作管理设备（Work-managed device）方案**：该方案是为企业设备而设计的，这些设备只用于工作环境，不会用作个人用途。该方案下管理员将管理整个设备并且可以实现更多工作资料方案无法实施的策略。

- **单用途的公司设备（Corporate-Owned Single-Use，COSU）方案**：该方案也是为企业设备而设计的，不同的是，这些设备只有单一的用途，例如：数字标牌、票务打印或库存管理。这个方案的管理员会进一步锁定设备功能，限制在当一的应用或者很小集合的应用上，并且禁止用户使用限制范围之外的应用。

- **移动应用管理（Mobile Application Management，MAM）方案**：该方案允许管理员向各种 Andorid 设备发布公共的或私有的应用，其中包括那些不支持工作资料的旧设备。这种方案仅仅是发布应用，不包含设备其他方案的设备管理能力。

7.3.2　受管理资料（Managed Profiles）

"受管理资料"或"工作资料"是在管理方式和视觉外观方面具有额外特殊属性的 Android 用户。

受管理资料的主要目的是为受管理的数据（如企业数据）创建一个隔离且安全的存储空间。资料管理员可以全权控制数据的范围、入口、出口及其有效期。这些政策可以赋予极高的权限，因此需由受管理资料（而非设备管理员）负责执行，如图 7-6 所示。

- **创建**：受管理资料可由主用户中的任何应用创建。用户在创建之前会收到受管理资料行为和政策执行的通知。

- **管理**：受管理资料通过调用 DevicePolicyManager API 的应用进行管理，并且受管理资料的使用受到限制。这类应用称为"资料所有者"，在初始资料设置时定义。受管理资料独有的策略涉及应用限制、可更新性和 Intent 行为。

- **外观处理**：受管理资料中的应用、通知和微件总是带有标记，并且通常内嵌在主用户的界面元素中。

图 7-6　包含受管理资料的 Launcher 界面

数据隔离

受管理资料使用以下数据隔离规则。

➢ 应用

当同一应用同时存在于主用户和受管理资料中时，应用使用自己的隔离数据限定范围。通常，应用彼此独立地进行操作，并且彼此之间不能跨越资料–用户边界直接通信。

➢ 账号

受管理资料中的账号与主用户截然不同。这些账号无法跨越资料–用户边界访问凭据。只有在各自环境中的应用才能访问其各自的账号。

➢ Intent

管理员可以控制是否在/不在受管理资料中解析 Intent。在默认情况下，受管理资料中的应用的范围被限定到受管理资料内，但 Device Policy API 除外。

➢ 设置

在通常情况下，设置的执行范围限定到受管理资料，但锁定屏幕和加密设置除外，它们的范围依然是整个设备且会在主用户和受管理资料之间共享。在其他情况下，资料所有者在受管理资料之外没有任何设备管理员权限。

受管理资料按以下原则被实现为一种新的次要用户，与常规用户一样，它们具有独立的应用数据。

系统会使用 Binder.getCallingUid() 为所有系统请求计算 UserId，并且所有系统状态和响应都由 UserId 分隔。可以考虑使用 `Binder.getCallingUserHandle`（而非 getCallingUid），以避免在 Uid 与 UserId 之间引起混淆。

AccountManagerService 为每个用户保留了一个单独的账号列表。受管理资料与常规次要用户之间的主要区别如下：

- 受管理资料与其父用户相关联，并在启动时与主用户一起启动。
- 受管理资料的通知由 ActivityManagerService 启用，从而允许受管理资料与主用户共享活动堆栈。
- 其他共享系统服务包括 IME、A11Y 服务、WLAN 和 NFC。
- 借助新的 Launcher API，启动器可以在主要资料中的应用旁显示受管理资料中带有标记的应用和加入白名单的微件，而无须切换用户。

从 Android 5.0 一直到最新的 Android 8.0 版本，每个版本都为企业环境的使用新增了许多特性和 API。读者可以去官网查阅这些 API。

7.3.3 受管理资料的内部实现

本小节的最后，我们来看一下受管理资料在系统中是如何实现的。

数据结构

受管理资料是一类特殊的用户。因此 UserInfo 类中包含了相应的字段对其进行描述：

```java
// UserInfo.java
public static final int FLAG_PRIMARY = 0x00000001;
public static final int FLAG_ADMIN   = 0x00000002;
public static final int FLAG_GUEST   = 0x00000004;
public static final int FLAG_RESTRICTED = 0x00000008;
public static final int FLAG_INITIALIZED = 0x00000010;
public static final int FLAG_MANAGED_PROFILE = 0x00000020;
```

```
public static final int FLAG_DISABLED = 0x00000040;
public static final int FLAG_QUIET_MODE = 0x00000080;
public static final int FLAG_EPHEMERAL = 0x00000100;
public static final int FLAG_DEMO = 0x00000200;

public int id;
public int serialNumber;
public String name;
public String iconPath;
public int flags;
public long creationTime;
public long lastLoggedInTime;
public String lastLoggedInFingerprint;

public int profileGroupId;
public int restrictedProfileParentId;
public int profileBadge;
```

这里的 FLAG 常量说明如表 7-3 所示。

表 7-3　FLAG 及说明

FLAG	说　　明
FLAG_PRIMARY	设备的主用户。这是这台设备的第一个用户，因此只会存在一个
FLAG_ADMIN	拥有管理权限的用户，这类用户可以创建和删除用户
FLAG_GUEST	临时的访客用户
FLAG_RESTRICTED	受限用户，受限用户不能安装应用和管理 Wi-Fi
FLAG_MANAGED_PROFILE	这是一个用户的受管理资料
FLAG_DISABLED	该用户已被停用
FLAG_EPHEMERAL	短暂性用户，一旦离开前台便会被删除
FLAG_DEMO	仅仅为演示所用，随时可以被删除

UserInfo 字段说明如表 7-4 所示。

表 7-4　UserInfo 及说明

字　　段	说　　明
id	用户 id 是唯一的，但是之前被删除的用户 id 会被再次被复用

字　　段	说　　明
serialNumber	序列号也是唯一的，但是这个数字会随着用户的创建持续增长，并且不会复用已经删除的用户
name	用户的名称
iconPath	用户的头像
flags	见上面 FLAG 的表格
creationTime	用户的创建时间
lastLoggedInTime	最近一次的登录时间
lastLoggedInFingerprint	用户登录的指纹，这是一个字符串，等于 Build.FINGERPRINT
profileGroupId	当这个用户是一个资料时，它等于所属用的用户 id，否则等于无效值
restrictedProfileParentId	当这个用户是一个受限资料时，它等于所属用的用户 id，否则等于无效值
profileBadge	用户资料的标记

为了方便确认用户类型，UserInfo 类中提供了一系列的 is 方法来进行查询：

```java
// UserInfo.java
public boolean isPrimary() {
    return (flags & FLAG_PRIMARY) == FLAG_PRIMARY;
}


public boolean isAdmin() {
    return (flags & FLAG_ADMIN) == FLAG_ADMIN;
}


public boolean isGuest() {
    return (flags & FLAG_GUEST) == FLAG_GUEST;
}


public boolean isRestricted() {
    return (flags & FLAG_RESTRICTED) == FLAG_RESTRICTED;
}


public boolean isManagedProfile() {
    return (flags & FLAG_MANAGED_PROFILE) == FLAG_MANAGED_PROFILE;
```

```
    }

    public boolean isEnabled() {
        return (flags & FLAG_DISABLED) != FLAG_DISABLED;
    }
```

有了这些信息之后，便可以很清楚地知道一个用户是否是资料类型，如果是，也可以很方便地知道其所属用户。系统根据这些信息便可以进行相应的管理。

Profile 的创建

上文中我们提到，可以通过发送包含 DevicePolicyManager.ACTION_PROVISION_MANAGED_PROFILE 的 Intent 来创建个人资料。但对于测试来说，还有一个更简单的方法。

Android 系统中包含了一个可执行命令来进行用户的管理，这个命令如下所示。

```
pm create-user [--profileOf USER_ID] [--managed] [--restricted] [--ephemeral]
[--guest] USER_NAME
```

很显然，这个命令可以创建各种类型的用户，包括受管理资料。创建受管理资料的命令如下：

```
$ pm create-user --profileOf 0 --managed test_user_profile
```

> 注：pm 是 Package Manager 的缩写。这个命令主要是进行包管理的。而用户管理只是附属的一个功能。关于这个命令的更多功能，请参阅这个命令的帮助说明。

pm 命令的源码位于 frameworks/base/cmds/pm/src/com/android/commands/pm/Pm.java，我们可以通过阅读其代码看一下它是如果创建用户资料的：

```
// Pm.java
public int runCreateUser() {
    String name;
    int userId = -1;
    int flags = 0;
    String opt;
    while ((opt = nextOption()) != null) { ①
        if ("--profileOf".equals(opt)) {
            String optionData = nextOptionData();
            if (optionData == null || !isNumber(optionData)) {
```

```
                System.err.println("Error: no USER_ID specified");
                return showUsage();
            } else {
                userId = Integer.parseInt(optionData);
            }
        } else if ("--managed".equals(opt)) { ②
            flags |= UserInfo.FLAG_MANAGED_PROFILE;
        } else if ("--restricted".equals(opt)) {
            flags |= UserInfo.FLAG_RESTRICTED;
        } else if ("--ephemeral".equals(opt)) {
            flags |= UserInfo.FLAG_EPHEMERAL;
        } else if ("--guest".equals(opt)) {
            flags |= UserInfo.FLAG_GUEST;
        } else if ("--demo".equals(opt)) {
            flags |= UserInfo.FLAG_DEMO;
        } else {
            System.err.println("Error: unknown option " + opt);
            return showUsage();
        }
    }
    String arg = nextArg();
    if (arg == null) {
        System.err.println("Error: no user name specified.");
        return 1;
    }
    name = arg;
    try {
        UserInfo info;
        if ((flags & UserInfo.FLAG_RESTRICTED) != 0) { ③
            // In non-split user mode, userId can only be SYSTEM
            int parentUserId = userId >= 0 ? userId : UserHandle.USER_SYSTEM;
            info = mUm.createRestrictedProfile(name, parentUserId);
            mAm.addSharedAccountsFromParentUser(parentUserId, userId,
                (Process.myUid() == Process.ROOT_UID) ? "root" : "com.android.shell");
        } else if (userId < 0) {
            info = mUm.createUser(name, flags); ④
        } else {
            info = mUm.createProfileForUser(name, flags, userId, null); ⑤
```

```
    }

    if (info != null) {
        System.out.println("Success: created user id " + info.id);
        return 1;
    } else {
        System.err.println("Error: couldn't create User.");
        return 1;
    }
} catch (RemoteException e) {
    System.err.println(e.toString());
    System.err.println(PM_NOT_RUNNING_ERR);
    return 1;
}
}
```

这段代码应该还是比较容易理解的：

（1）首先根据用户输入的参数确定所需创建的用户的类型。

（2）根据类型设置相应的 FLAG。

（3）创建受限用户资料。

（4）创建用户。

（5）创建用户资料。

这里的 mUm 是 IUserManager 类型的对象。很显然，这是指向 UserManagerService 的 Binder
接口。

因此上面这几个 create 方法都是由 UserManagerService 实现的。并且，在 UserManagerService
的实现中，这几个方法最终的实现都是调用了同一个方法，即 createUserInternalUnchecked 方法。
这几个方法的调用关系如图 7-7 所示。

UserManagerService.createUserInternalUnchecked 实现了用户创建的逻辑，这里
会根据 flag 确定用户的类型：

```
final boolean isGuest = (flags & UserInfo.FLAG_GUEST) != 0;
final boolean isManagedProfile = (flags & UserInfo.FLAG_MANAGED_PROFILE) != 0;
final boolean isRestricted = (flags & UserInfo.FLAG_RESTRICTED) != 0;
final boolean isDemo = (flags & UserInfo.FLAG_DEMO) != 0;
```

这个部分的实现并不复杂，因此我们就不深入说明了。

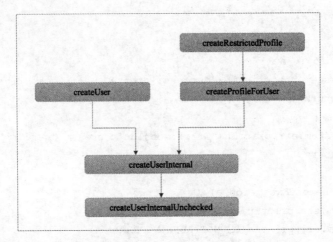

图 7-7　UserManagerService 中的调用关系

用户资料的查询

在用户资料创建之后，还需要查询和管理，因此自然也少不了相应的方法。我们选取几个比较核心的方法来看一下。

下面这个接口用来确定一个用户是否有创建个人资料的能力。对于个人资料、访客以及受限用户来说，他们都是不能创建个人资料的。

```java
// UserInfo.java
public boolean canHaveProfile() {
    if (isManagedProfile() || isGuest() || isRestricted()) {
        return false;
    }
    if (UserManager.isSplitSystemUser()) {
        return id != UserHandle.USER_SYSTEM;
    } else {
        return id == UserHandle.USER_SYSTEM;
    }
}
```

下面这个接口用来获取一个用户的所有个人资料：

```java
// UserManagerService.java
public List<UserInfo> getProfiles(int userId, boolean enabledOnly) {
    boolean returnFullInfo = true;
    if (userId != UserHandle.getCallingUserId()) {
```

```
            checkManageOrCreateUsersPermission("getting profiles related to user "
+ userId);
        } else {
            returnFullInfo = hasManageUsersPermission();
        }
        final long ident = Binder.clearCallingIdentity();
        try {
            synchronized (mUsersLock) {
                return getProfilesLU(userId, enabledOnly, returnFullInfo);
            }
        } finally {
            Binder.restoreCallingIdentity(ident);
        }
    }
```

下面这个接口用来判断个人资料与用户的所属关系是否成立。

```
// UserManagerService.java
private static boolean isProfileOf(UserInfo user, UserInfo profile) {
    return user.id == profile.id ||
            (user.profileGroupId != UserInfo.NO_PROFILE_GROUP_ID
            && user.profileGroupId == profile.profileGroupId);
}
```

7.3.4　参考资料与推荐读物

- https://developers.google.cn/android/work/requirements

- https://developers.google.cn/android/work/dpc/build-dpc

- https://source.android.google.cn/devices/tech/admin/managed-profiles

- https://source.android.google.cn/devices/tech/admin/provision

- https://developer.android.google.cn/work/index.html

- https://developer.android.com/about/versions/android-5.0.html#Enterprise

第 8 章

Android 系统安全改进

本章我们会介绍与系统安全相关的知识。

首先我们会对 Android 系统安全做一个整体性的介绍，然后深入分析 Android 6.0 版本上新增的运行时权限功能。

8.1　Android 系统安全概览

Android 采用了业界领先的安全功能，并与开发者和设备实现人员密切合作，以确保 Android 平台和生态系统的安全。要打造一个由基于 Android 平台，以及围绕 Android 平台开发且由云服务提供支持的应用和设备组成的强大生态系统，稳定可靠的安全模型至关重要。为此，在整个开发生命周期内，Android 都遵循了严格的安全计划。

Android 平台包含的主要组成部分包括以下内容。

- **设备硬件**：Android 能够在多种硬件配置中运行，其中包括智能手机、平板电脑、手表、汽车、智能电视、OTT 游戏盒和机顶盒。Android 独立于处理器，但它确实利用了一些针对硬件的安全功能，例如 ARM eXecute-Never。

- **Android 操作系统**：核心操作系统是在 Linux 内核之上构建的。所有设备资源（例如，摄像头功能、GPS 数据、蓝牙功能、电话功能、网络连接等）都通过该操作系统访问。

- **Android 应用程序运行时**：Android 应用通常都是使用 Java 编程语言编写的，并在 Android 运行时（ART）中运行。不过，仍有许多应用（包括核心 Android 服务和应用）是 Native 应用或包含 Native 库。ART 和 Native 应用在相同的安全环境中运行（包含在应用沙盒内）。应用在文件系统中有一个专用部分，它们可以在其中写入私密数据，包括数据库和原始文件。

通过将传统的操作系统安全控制机制扩展到以下用途，Android 致力于成为最安全、最实用的移动平台操作系统。

- 保护应用程序和用户数据；
- 保护系统资源（包括网络）；
- 将应用同系统、其他应用和用户隔离开来。

为了实现这些目标，Android 提供了以下这些关键的安全特性：

- 通过 Linux 内核在操作系统级别提供的强大安全功能；
- 针对所有应用的强制性应用沙盒；
- 安全的进程间通信；
- 应用签名；
- 应用定义的权限和用户授予的权限。

关于系统安全的信息，在 AOSP 的官方网站上已经有了很多的详细内容，读者可以直接访问 https://source.android.google.cn/security 获取这些信息。

8.2　运行时权限

Android 6.0（M）引入了一种新的权限模式，从这个版本开始，用户可直接在运行时管理应用权限。这种模式让用户能够更好地了解和控制权限，同时为应用开发者精简了安装和自动更新过程。用户可为所安装的各个应用分别授予或撤销权限。

8.2.1　功能介绍

在 Android 6.0 之前的版本上，应用程序在 Manifest 中声明的所有权限，都会在安装的时候列出来以提示用户，如图 8-1 所示。

在这些版本上，用户想要使用某个应用，就必须无条件接收应用声明的所有权限。否则就无法安装这个应用。很显然这种做法是有些"霸道"的。

而从 Android 6.0 开始，系统对于危险权限做了特别处理。用户不用在安装的时候就将这些权限全部授予应用，而是需要应用在运行过程中，在需要的时候动态的向用户请求。用户可以选择授予或者拒绝相应的权限，如图 8-2 所示。

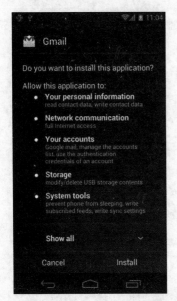

图 8-1　提示用户安装应用时声明的权限

图 8-2　在使用时对应用授权

　　即使在用户选择了拒绝授予相应的权限给应用的情况下，应用程序也应当是能够正常使用的。仅仅是对没有获取到权限的部分功能（例如：读取联系人、读取短信）无法工作而已。

　　另外，即便用户在某次询问过程中授予了应用某个危险权限，在这之后，用户随时可以在系统设置中，又将这个权限撤销，如图 8-3 所示。

图 8-3　撤销权限

在这种情况下，应用程序又将失去这个权限，并且可能需要重新询问用户。这项功能是对用户非常友好的，因为这完全以用户为中心。用户可以安装自己想要的应用，但出于隐私的保护，可以拒绝这些应用访问自己觉得重要的敏感数据。

将决定权交给用户而不是应用程序，这就避免了应用程序对权限的滥用，这对整个 Android 系统生态都是有积极意义的。

正常权限与危险权限

在 Android 6.0 开始，系统将权限分为两类：正常权限和危险权限。

- **正常权限**不会直接给用户隐私带来风险。如果应用在其清单中列出了正常权限，系统将自动授予该权限。正常权限涵盖应用需要访问其沙盒外部数据或资源，但对用户隐私或其他应用操作风险很小的区域。例如，设置时区的权限就是正常权限。

- **危险权限**涵盖应用需要涉及用户隐私信息的数据或资源，或者可能对用户存储的数据或其他应用的操作产生影响的区域。例如，能够读取用户的联系人属于危险权限。如果应用在其清单中列出了危险权限，则用户必须明确批准应用，应用才能使用这些权限。

所有危险的 Android 系统权限都属于某个权限组。如果设备运行的是 Android 6.0（API 级别为 23），并且应用的 targetSdkVersion 是 23 或更高版本，则当用户请求危险权限时系统会发生以下行为：

- 如果应用请求其清单中列出的危险权限，而应用目前在权限组中没有任何权限，则系统会向用户显示一个对话框，描述应用要访问的权限组。对话框不描述该组内的具体权限。例如，如果应用请求 READ_CONTACTS 权限，系统对话框只说明该应用需要访问设备的联系信息。如果用户批准，系统将向应用授予其请求的权限。

- 如果应用请求其清单中列出的危险权限，而应用在同一权限组中已有另一项危险权限，则系统会立即授予该权限，而无须与用户进行任何交互。例如，如果某应用已经请求并且被授予了 READ_CONTACTS 权限，然后它又请求 WRITE_CONTACTS，系统将立即授予该权限。

> 注 1：任何权限都可属于一个权限组，包括正常权限和应用定义的权限。但权限组仅当权限危险时才影响用户体验。因此可以忽略正常权限的权限组。

> 注 2：设备运行的是 Android 5.1 或更低版本，或者应用的目标 SDK 为 22 或更低：如果应用程序在清单中列出了危险权限，则用户必须在安装应用时授予此权限；如果不授予此权限，则系统根本不会安装应用。

危险权限和权限组

所有的危险权限和权限组如表 8-1 所示。

表 8-1 危险权限与权限组

权 限 组	权 限
CALENDAR	* READ_CALENDAR * WRITE_CALENDAR
CAMERA	* CAMERA
CONTACTS	* READ_CONTACTS * WRITE_CONTACTS * GET_ACCOUNTS
LOCATION	* ACCESS_FINE_LOCATION * ACCESS_COARSE_LOCATION
MICROPHONE	* RECORD_AUDIO
PHONE	* READ_PHONE_STATE * READ_PHONE_NUMBERS * CALL_PHONE * ANSWER_PHONE_CALLS * READ_CALL_LOG * WRITE_CALL_LOG * ADD_VOICEMAIL * USE_SIP * PROCESS_OUTGOING_CALLS
SENSORS	* BODY_SENSORS
SMS	* SEND_SMS * RECEIVE_SMS * READ_SMS * RECEIVE_WAP_PUSH * RECEIVE_MMS
STORAGE	* READ_EXTERNAL_STORAGE * WRITE_EXTERNAL_STORAGE

8.2.2 新增 API

围绕着运行时权限，系统新增了下面几个 API 给开发者。

- 查询权限

```
int Context.checkSelfPermission(String permission)
```

这个 API 用来确定当前 Context 是否具有某个权限，permission 是待确认的权限。返回值有下面两种可能：

（1）PackageManager.PERMISSION_GRANTED 表示拥有相应的权限；

（2）PackageManager.PERMISSION_DENIED 表示不拥有相应的权限。

- 请求权限

```
void Activity.requestPermissions(String[] permissions,
    int requestCode)
```

这个 API 用来请求系统授予相应的权限到应用程序。授予的结果通过 Activity.onRequestPermissionsResult（见下文）回调传递。permissions 是指定的权限数组，requestCode 会在回调中传回以便应用能够区分。

- 请求结果

```
void Activity.onRequestPermissionsResult(int requestCode,
            String[] permissions,
            int[] grantResults)
```

这是请求权限结果的回调，每调用一次，requestPermissions 都会收到一次这个回调。但与用户的许可请求交互可能被中断。在这种情况下，将收到空的权限和结果数组，这些数据应视为取消。这里的 requestCode 和 permissions 对应了 requestPermissions 传递的数据，grantResults 为 PackageManager.PERMISSION_GRANTEDPackageManager.PERMISSION_DENIED 组成的数组。

系统实现

接下来我们来看一下系统对于这个功能是如何实现的。

权限的查询

我们先来看一下下面这个接口的实现：

```
int Context.checkSelfPermission(String permission)
```

Context 接口的实现在 ContextImpl 中，这一点读者应该很熟悉了，ContextImpl 的相关代码如下：

```
// ContextImpl.java
```

```
@Override
public int checkPermission(String permission, int pid, int uid) {
    if (permission == null) {
        throw new IllegalArgumentException("permission is null");
    }

    final IActivityManager am = ActivityManager.getService();
    if (am == null) {
        final int appId = UserHandle.getAppId(uid);
        if (appId == Process.ROOT_UID || appId == Process.SYSTEM_UID) { ①
            Slog.w(TAG, "Missing ActivityManager; assuming " + uid + " holds "
            + permission);
            return PackageManager.PERMISSION_GRANTED;
        }
    }

    try {
        return am.checkPermission(permission, pid, uid); ②
    } catch (RemoteException e) {
        throw e.rethrowFromSystemServer();
    }
}
```

这段代码很简单：

（1）在获取不到 ActivityManager 的时候，如果是 ROOT 或者 SYSTEM_UID，则直接返回 PackageManager.PERMISSION_GRANTED。因为这两个 UID 都是系统进程。而系统进程将拥有所有权限，所以直接返回 PERMISSION_GRANTED 即可。

（2）通过 ActivityManager 的接口来进行查询，很显然，这里会通过 Binder 调用 ActivityManagerService。在 ActivityManagerService 中，还存在一系列调用，这里我们直接列出调用关系：

```
=> ContextImpl.checkPermission
=> ActivityManagerService.checkPermission
=> ActivityManager.checkComponentPermission
=> PackageManagerService.checkUidPermission
```

从这个调用关系中可以看出，PackageManagerService 才是真正实现权限查询的地方。PackageManagerService.checkUidPermission 方法的关键代码如下：

```
// PackageManagerService.java

public int checkUidPermission(String permName, int uid) {
    ...
    synchronized (mPackages) {
        Object obj = mSettings.getUserIdLPr(UserHandle.getAppId(uid));
        if (obj != null) {
            if (obj instanceof SharedUserSetting) {
                if (isCallerInstantApp) {
                    return PackageManager.PERMISSION_DENIED;
                }
            } else if (obj instanceof PackageSetting) {
                final PackageSetting ps = (PackageSetting) obj;
                if (filterAppAccessLPr(ps, callingUid, callingUserId)) {
                    return PackageManager.PERMISSION_DENIED;
                }
            }
            final SettingBase settingBase = (SettingBase) obj;
            final PermissionsState permissionsState = settingBase.
            getPermissionsState();
            if (permissionsState.hasPermission(permName, userId)) {
                if (isUidInstantApp) {
                    BasePermission bp = mSettings.mPermissions.get(permName);
                    if (bp != null && bp.isInstant()) {
                        return PackageManager.PERMISSION_GRANTED;
                    }
                } else {
                    return PackageManager.PERMISSION_GRANTED;
                }
            }
        }
        ...
    }

    return PackageManager.PERMISSION_DENIED;
}
```

从这段代码中我们看到，查询一个应用有没有某个权限，我们只需要知道它的 uid 就可以了。这是因为每个用户所安装的应用程序和 uid 是存在着对应关系的（如果多个用户安装了同一个应用，那么它们将拥有不同的 uid，关于这一点详见上一章）。系统通过 uid 便可以标识（某个用户安装的）应用程序。

另外，这段代码最关键的是通过 permissionsState.hasPermission 这个方法来判断权限是否授予，这就和权限的存储方式有关。这里我们来介绍一下与权限存储相关的几个数据结构：

- PackageSetting 记录了与一个包相关的设置信息；
- PackageSetting 是 PackageSettingBase 的子类；
- PackageSettingBase 是 SettingBase 的子类；
- settingBase.getPermissionsState()返回 PermissionsState 类型对象；
- PermissionsState 记录了一个包关联的所有权限信息；
- BasePermission 对应了一个具体的权限。

> 注：InstantApp 是从 Android 5.0 开始支持的免安装应用程序，关于这部分内容，读者可以参阅这里 https://developer.android.com/topic/instant-apps/index.html。

接下来我们再看一下系统是如何存储用户授予的权限的。

权限的存储

系统对于运行时权限的授予结果是以物理文件的形式存储的。存储的时候以 userId 为文件夹进行了归类，格式是 XML，存储的路径是在这里：

```
/data/system/users/[userId]/runtime-permissions.xml
```

例如，我们可以通过下面这条命令把系统默认用户（或者称之为系统所有者，它的 userId 是 0，详见第 7 章）所授予的运行时权限列表输出：

```
cat /data/system/users/0/runtime-permissions.xml
```

> 注：/data/system/ 目录下都是非常重要的系统数据，因此它们受到严格的保护。要访问这些文件，需要先获取 Android 系统的 root 权限。并且需要在 Android 的 shell 中通过 su root 切换到 root 用户。关于如何 root Android 设备，这已经超出了本书的内容范畴，请读者自行在网上搜索资料。

我们可以选取其中的一段看一下其大致结构：

```
<!-- runtime-permissions.xml -->
```

```
...
<pkg name="com.google.android.talk">
    <item name="android.permission.READ_SMS" granted="true" flags="0" />
    <item name="android.permission.ACCESS_FINE_LOCATION" granted="true" flags="0" />
    <item name="android.permission.RECEIVE_MMS" granted="true" flags="0" />
    <item name="android.permission.RECEIVE_SMS" granted="true" flags="0" />
    <item name="android.permission.READ_EXTERNAL_STORAGE" granted="true" flags="0" />
    <item name="android.permission.ACCESS_COARSE_LOCATION" granted="true" flags="0" />
    <item name="android.permission.READ_PHONE_STATE" granted="true" flags="0" />
    <item name="android.permission.SEND_SMS" granted="true" flags="0" />
    <item name="android.permission.CALL_PHONE" granted="true" flags="0" />
    <item name="android.permission.WRITE_CONTACTS" granted="true" flags="0" />
    <item name="android.permission.CAMERA" granted="true" flags="0" />
    <item name="android.permission.WRITE_EXTERNAL_STORAGE" granted="true" flags="0" />
    <item name="android.permission.RECORD_AUDIO" granted="true" flags="0" />
    <item name="android.permission.READ_CONTACTS" granted="true" flags="0" />
</pkg>
...
```

这段内容便是对于 Google 聊天应用（"环聊"）的运行时权限的授予结果。从这段代码中我们看到：

- 系统是按照包名来存储应用程序的权限授予结果的，每个应用在 XML 文件中对应一个 pkg 元素，name 属性是应用的包名。
- 用户授予的每个**权限组**，都会在 XML 文件中有一个 item 元素。

建议有条件的读者完成一项实验：在系统设置中调整一下某个应用所授予的运行时权限。在调整前后分别看一下 runtime-permissions.xml 内容所发生的变化。

这些信息都有与包管理相关的，因此这部分功能的实现代码位于下面这个路径：

```
frameworks/base/services/core/java/com/android/server/pm/
```

其中的 Settings.java 负责了 runtime-permissions.xml 文件的读写。下面这段代码是关于上面这段 XML 代码片段的写入逻辑：

```
// Settings.java

private static final String TAG_PACKAGE = "pkg";
```

```
private static final String TAG_ITEM = "item";
...
private static final String ATTR_NAME = "name";
private static final String ATTR_GRANTED = "granted";
private static final String ATTR_FLAGS = "flags";
...

private void writePermissionsSync(int userId) {
...
    ArrayMap<String, List<PermissionState>> permissionsForPackage = ... ①
...
    final int packageCount = permissionsForPackage.size();
    for (int i = 0; i < packageCount; i++) {
        String packageName = permissionsForPackage.keyAt(i);
        List<PermissionState> permissionStates = permissionsForPackage.
        valueAt(i); ②
        serializer.startTag(null, TAG_PACKAGE); ③
        serializer.attribute(null, ATTR_NAME, packageName);
        writePermissions(serializer, permissionStates); ④
        serializer.endTag(null, TAG_PACKAGE);
    }
...
}


private void writePermissions(XmlSerializer serializer,
        List<PermissionState> permissionStates) throws IOException {
    for (PermissionState permissionState : permissionStates) {
        serializer.startTag(null, TAG_ITEM); ⑤
        serializer.attribute(null, ATTR_NAME,permissionState.getName());
        serializer.attribute(null, ATTR_GRANTED,
            String.valueOf(permissionState.isGranted()));
        serializer.attribute(null, ATTR_FLAGS,
            Integer.toHexString(permissionState.getFlags()));
        serializer.endTag(null, TAG_ITEM);
    }
}
```

这段代码说明如下：

（1）permissionsForPackage 是一个 Map 结构，键是包名，值是 List<PermissionState>，这个数据对应了这个包拥有的权限列表（注意：这里是 PermissionState，并非上面看到的 PermissionsState 类）。

（2）遍历整个 permissionsForPackage 结构，通过包名取出一个包对应的权限列表。

（3）在 XML 文件中添加一个 pkg 元素。

（4）调用 writePermissions 方法将所有权限写入 XML 文件中。

（5）创建一个 item 元素，并写入三个属性的值：name、granted、flags。

系统对权限的每次更改都会更新内存中的数据结构（即上面提到的 PermissionsState 等结构）中，同时也会记录到物理文件中。当系统重启的时候，会从文件中重新读取数据。

有写入逻辑，自然也有读取逻辑，这部分代码并不复杂，这里我们就不贴出更多代码了。

> 注：虽然这些数据受到系统权限的保护。但是如果是 root 过的设备，并且授予了某些应用 root 权限。那么，这些应用就将拥有系统的所有权限，这也包括修改这些系统文件（例如，runtime-permissions.xml 文件）了。这就是为什么被 root 过的设备是非常不安全的。

权限的授予

应用程序通过下面这个接口来请求系统授予权限。

```
void Activity.requestPermissions(String[] permissions, int requestCode)
```

此时系统会弹出一个界面来提示用户，其界面我们前面已经看到过，如图 8-3 所示。

要知道系统是如何授予应用程序相应权限的，我们完全可以从系统的这个权限询问界面为入口来分析。

先看一下 Activity.requestPermissions 的代码逻辑：

```
// Activity.java

public final void requestPermissions(@NonNull String[] permissions, int requestCode) {
    if (requestCode < 0) {
        throw new IllegalArgumentException("requestCode should be >= 0");
    }
    if (mHasCurrentPermissionsRequest) {
```

```
        Log.w(TAG, "Can reqeust only one set of permissions at a time");
        // Dispatch the callback with empty arrays which means a cancellation.
        onRequestPermissionsResult(requestCode, new String[0], new int[0]);
        return;
    }
    Intent intent = getPackageManager().buildRequestPermissionsIntent(permissions);
    startActivityForResult(REQUEST_PERMISSIONS_WHO_PREFIX, intent, requestCode, null);
    mHasCurrentPermissionsRequest = true;
}
```

这里我们可以看到，系统的权限询问界面是通过 startActivityForResult 启动的，那么这个询问界面自然是通过一个 Activity 实现的。知道了这一点，我们便可以找一个应用尝试访问相机或者读取通讯录，让系统弹出这个权限询问界面，然后通过 adb shell dumpsys activity activities 命令来确定这个界面的实现类到底是什么。这个命令的输出内容比较长，我们截取最关心的一部分：

```
Running activities (most recent first):
  TaskRecord{f885f97 #3174 A=com.teslacoilsw.launcher.NovaLauncher U=0
  StackId=0 sz=1}
    Run #0: ActivityRecord{f73d679 u0 com.teslacoilsw.launcher/.NovaLauncher t3174}

  mLastPausedActivity: ActivityRecord{f73d679 u0
  com.teslacoilsw.launcher/.NovaLauncher t3174}


ResumedActivity: ActivityRecord{e431cf2 u0 com.google.android.packageinstaller/
com.android.packageinstaller.permission.ui.GrantPermissionsActivity t3175}
mFocusedStack=ActivityStack{ffae584 stackId=1, 2 tasks}
mLastFocusedStack=ActivityStack{ffae584 stackId=1, 2 tasks}
mSleepTimeout=false
mCurTaskIdForUser={0=3175, 15=1500004}
mUserStackInFront={}
mActivityContainers={0=ActivtyContainer{0}A, 1=ActivtyContainer{1}A}
mLockTaskModeState=NONE  mLockTaskPackages (userId:packages)=
  0:[]
  10:[]
  14:[]
  15:[]
  16:[]
```

```
mLockTaskModeTasks[]
 KeyguardController:
  mKeyguardShowing=false
  mKeyguardGoingAway=false
  mOccluded=true
  mDismissingKeyguardActivity=null
  mDismissalRequested=false
  mVisibilityTransactionDepth=0
```

注：dumpsys 是系统提供的一个非常有用的测试辅助工具。它可以导出非常多的系统服务的内部状态和结构，通过这些输出，我们可以很清楚地理解系统管理的模型，同时也能帮助我们分析我们的应用程序。关于这个命令的更多参数和使用方法，留给读者朋友们自己去探索。

通过这段输出我们看到：

- 系统最近一个被暂停的 Activity 是 com.teslacoilsw.launcher/.NovaLauncher（这是笔者手机上的 Launcher）。

- 系统中正在处于 resume 状态的 Actiivty 是 com.android.packageinstaller.permission.ui.GrantPermissionsActivity。很显然，接下来我们可以直奔 GrantPermissionsActivity 了。通过 find AOSP-name GrantPermissionsActivity.java 我们便找到了这个类的代码路径：

```
packages/apps/PackageInstaller/src/com/android/packageinstaller/permission/
ui/GrantPermissionsActivity.java
```

打开这个文件，我们关心的逻辑如下所示。

```
// GrantPermissionsActivity.java

@Override
public void onPermissionGrantResult(String name, boolean granted, boolean
doNotAskAgain) {
    GroupState groupState = mRequestGrantPermissionGroups.get(name);
    if (groupState.mGroup != null) {
        if (granted) {
            groupState.mGroup.grantRuntimePermissions(doNotAskAgain,
                    groupState.affectedPermissions);
            groupState.mState = GroupState.STATE_ALLOWED;
        } else {
```

```
        groupState.mGroup.revokeRuntimePermissions(doNotAskAgain,
            groupState.affectedPermissions);
        groupState.mState = GroupState.STATE_DENIED;

        int numRequestedPermissions = mRequestedPermissions.length;
        for (int i = 0; i < numRequestedPermissions; i++) {
            String permission = mRequestedPermissions[i];

            if (groupState.mGroup.hasPermission(permission)) {
                EventLogger.logPermissionDenied(this, permission,
                    mAppPermissions.getPackageInfo().packageName);
            }
        }
    }
    updateGrantResults(groupState.mGroup);
}
if (!showNextPermissionGroupGrantRequest()) {
    setResultAndFinish();
}
}
```

上面这段代码也不复杂。它的主要逻辑就是根据用户选择的结果来授予或者撤销应用的某个权限。

groupState.mGroup.grantRuntimePermissions 和 groupState.mGroup.revokeRuntimePermissions 最终会（通过 Binder）调用 PackageManagerService 中的接口来完成权限的授予或者撤销。

PackageManagerService 中授予权限的相关代码如下：

```
// PackageManagerService.java

@Override
public void updatePermissionFlags(String name, String packageName, int flagMask,
        int flagValues, int userId) {
    if (!sUserManager.exists(userId)) {
        return;
    }
```

```
...
synchronized (mPackages) {
    final PackageParser.Package pkg = mPackages.get(packageName);
    ...

    final BasePermission bp = mSettings.mPermissions.get(name);
    if (bp == null) {
        throw new IllegalArgumentException("Unknown permission: " + name);
    }

    PermissionsState permissionsState = ps.getPermissionsState();

    boolean hadState = permissionsState.getRuntimePermissionState(name, userId) !=
    null;

    if (permissionsState.updatePermissionFlags(bp, userId, flagMask,
    flagValues)) {
        // Install and runtime permissions are stored in different places,
        // so figure out what permission changed and persist the change.
        if (permissionsState.getInstallPermissionState(name) != null) {
            scheduleWriteSettingsLocked();
        } else if (permissionsState.getRuntimePermissionState(name, userId) != null
            || hadState) {
            mSettings.writeRuntimePermissionsForUserLPr(userId, false);
        }
    }
}
}
```

这段代码应该更容易理解了：将结果先记录在内存中的数据结构（PermissionsState）中，然后再用这些数据更新数据文件。

至此，权限的查询、存储和授予过程我们就全部串连起来了。

我们可以总结一下系统关于这块逻辑实现的架构特点：

- 系统的权限数据是非常重要的数据，这些数据普通应用无法访问（通过文件的访问权限来进行保护）。

- 系统内置了相应的应用程序（GrantPermissionsActivity）来更新这些数据。

- 普通应用必须借助于系统应用来完成这些数据的更新。
- 更新的结果最终必须经由用户的操作来决定。

这样就保证了功能的实现和数据的安全。

权限的检查

最后我们再来看一下，对于这些危险权限，系统是如何进行检查的。回顾一下上面提到的危险权限，这些权限涉及了不同的模块和功能，因此对于这些权限的检查也是分布在各个模块中的。

下面我们以 SEND_SMS 为例，来看一下系统是如何进行权限的检查的。

应用程序通过下面这个接口来发送短信：

```
public void SmsManager.sendTextMessage(
      String destinationAddress, String scAddress, String text,
      PendingIntent sentIntent, PendingIntent deliveryIntent)
```

这个接口的实现代码如下：

```
// SmsManager.java

public void sendTextMessage(
      String destinationAddress, String scAddress, String text,
      PendingIntent sentIntent, PendingIntent deliveryIntent) {
   sendTextMessageInternal(destinationAddress, scAddress, text, sentIntent,
   deliveryIntent,
         true /* persistMessage*/); ①
}

private void sendTextMessageInternal(String destinationAddress, String scAddress,
      String text, PendingIntent sentIntent, PendingIntent deliveryIntent,
      boolean persistMessage) {
   if (TextUtils.isEmpty(destinationAddress)) { ②
      throw new IllegalArgumentException("Invalid destinationAddress");
   }

   if (TextUtils.isEmpty(text)) { ③
      throw new IllegalArgumentException("Invalid message body");
   }
```

```
    try {
        ISms iccISms = getISmsServiceOrThrow(); ④
        iccISms.sendTextForSubscriber(getSubscriptionId(),
ActivityThread.currentPackageName(),
            destinationAddress,
            scAddress, text, sentIntent, deliveryIntent,
            persistMessage); ⑤
    } catch (RemoteException ex) {
        // ignore it
    }
}
```

这段代码说明如下：

（1）sendTextMessage 调用了 private 方法 sendTextMessageInternal 来完成实现。

（2）检查目标地址是否为空。

（3）检查消息内容是否为空。

（4）获取 ISms 接口对象。

（5）调用 iccISms.sendTextForSubscribe 完成短信的发送。

ISms 这个类的名称以 I 字母开头，我们很容量联想到这是一个 Binder 接口。实际上确实是这样，这个接口的实现位于以下文件中：

```
frameworks/opt/telephony/src/java/com/android/internal/telephony/UiccSmsCont
roller.java
```

相关代码如下：

```
// UiccSmsController.java

public void sendTextForSubscriberWithSelfPermissions(int subId, String callingPackage,
        String destAddr, String scAddr, String text, PendingIntent sentIntent,
        PendingIntent deliveryIntent, boolean persistMessage) {
    IccSmsInterfaceManager iccSmsIntMgr = getIccSmsInterfaceManager(subId);
    if (iccSmsIntMgr != null) {
        iccSmsIntMgr.sendTextWithSelfPermissions(callingPackage, destAddr, scAddr,
            text, sentIntent, deliveryIntent, persistMessage);
    } else {
```

```
            Rlog.e(LOG_TAG,"sendText iccSmsIntMgr is null for" +
                    " Subscription: " + subId);
        }
    }
```

通过这段代码我们看到，这里仍然不是真正的实现本体，所以我们还需要继续查看
IccSmsInterfaceManager.sendTextWithSelfPermissions 的实现。这个实现位于下面文件中：

frameworks//opt/telephony/src/java/com/android/internal/telephony/IccSmsInte
rfaceManager.java

其实现逻辑如下：

```
// IccSmsInterfaceManager.java

public void sendText(String callingPackage, String destAddr, String scAddr,
        String text, PendingIntent sentIntent, PendingIntent deliveryIntent,
        boolean persistMessageForNonDefaultSmsApp) {
    mPhone.getContext().enforceCallingPermission(
            Manifest.permission.SEND_SMS,
            "Sending SMS message"); ①
    sendTextInternal(callingPackage, destAddr, scAddr, text, sentIntent, deliveryIntent,
        persistMessageForNonDefaultSmsApp); ②
}
```

这里的：

（1）mPhone.getContext().enforceCallingPermission 进行了权限的检查，这就
是我们要关注的重点。

（2）sendTextInternal 是发送短信的内部实现（我们就不去深入了解了）。

接下来我们看一下 enforceCallingPermission 方法及相关代码就明白其实现逻辑了。

查看这部分代码我们会发现这里其实也就是调用了 checkPermission 方法来进行权限的
检查而已。相关代码如下：

```
// ContextImpl.java

@Override
public void enforceCallingOrSelfPermission(
        String permission, String message) {
```

```
    enforce(permission,
        checkCallingOrSelfPermission(permission), ①
        true,
        Binder.getCallingUid(),
        message); ②
}

...

@Override
public int checkCallingOrSelfPermission(String permission) {
    if (permission == null) {
        throw new IllegalArgumentException("permission is null");
    }

    return checkPermission(permission, Binder.getCallingPid(),
        Binder.getCallingUid());
}

private void enforce(
        String permission, int resultOfCheck,
        boolean selfToo, int uid, String message) {
    if (resultOfCheck != PackageManager.PERMISSION_GRANTED) {
        throw new SecurityException(
            (message != null ? (message + ": ") : "") +
            (selfToo
             ? "Neither user " + uid + " nor current process has "
             : "uid " + uid + " does not have ") +
            permission +
            ".");
    }
}
```

这段代码也不复杂，我们就不多说明了。

这里和读者一起梳理了发送短信这个危险权限检查流程。对于其他危险权限的检查都是类似的套路：**由每个系统服务根据调用者进程的 uid 和具体的权限名称完成权限是否拥有的检查。**读者朋友可以尝试选取另外一个危险权限来分析一下其调用和权限检查流程。

8.2.3　参考资料与推荐读物

- https://developer.android.com/training/permissions/requesting.html
- https://developer.android.com/guide/topics/security/permissions.html#normal-dangerous
- https://developer.android.com/training/permissions/best-practices.html

第 9 章
图形系统改进

Android 早期版本给大家的感受就是比较卡顿，不如 iOS 那么流畅。但这一问题从 Jelly Bean 版本以来有了大幅的改进。如今中等及以上配置的 Android 手机，用起来都已经相当流畅了。

造成卡顿的原因有很多，但影响系统流畅度最重要的还是在于图形系统，这也是本章所要讲解的内容。

9.1 整体架构

应用程序有两种绘制图形的方法。

- **Canvas**：android.graphics.Canvas 是 2D 的图形 API，也是开发者最熟悉的。在 Android 中，Canvas API 的硬件加速是通过一个名为 OpenGLRenderer 的绘图库实现的，它将 Canvas 操作转换为 OpenGL 操作，以便它们可以在 GPU 上执行。从 Android 4.0 开始，Canvas 默认就会启用硬件加速。因此，对于 Android 4.0 及更高版本的设备来说，GPU 支持 OpenGL ES 2.0 是强制性的。

- **OpenGL**：开发人员渲染图形的另一个主要方式是使用 OpenGL ES。Android 在 android.opengl 软件包中提供 OpenGL ES 接口，开发人员可以使用 SDK 或 Android NDK 中提供的原生 API 调用其 GL 实现。

9.1.1 Android 图形组件

无论开发者使用何种 API，最终所有的一切都是在 Surface 上渲染的。Surface 描述了

BufferQueue 的生产者，而 BufferQueue 的消费者通常是 SurfaceFlinger。Android 平台上的所有窗口在创建时都伴随着 Surface。所有可见的 Surface 由 SurfaceFlinger 来负责合成并最终显示在显示器上。

图 9-1 说明了这些组件的协作关系。

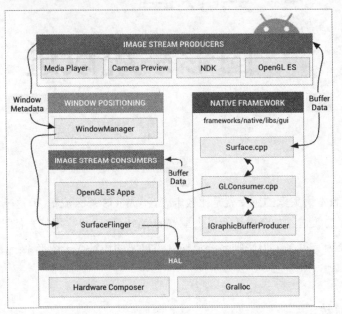

图 9-1　Android 图形系统的架构与主要组件

这幅图中的几个主要组件说明如下。

- **Image Stream Producers**：图形流生产者，这是任何可能产生 Graphics Buffer 的对象。例如：OpenGL ES、Canvas 2D 或者 mediaserver 视频解码器。

- **Image Stream Consumers**：图形流消费者，最常见的消费者是 SurfaceFlinger，这个系统服务根据当前可见的 Surface 并且根据 Window Manager 提供的信息来将它们合成并输出到显示屏上。SurfaceFlinger 是唯一可以修改显示屏内容的组件，它使用 OpenGL 和 Hardware Composer 来合成 Surface。除了 SurfaceFlinger，其他消费者可能是 OpenGL ES 应用（例如，相机），也可能不是 OpenGL 应用，例如，ImageReader。

- **Window Manager**：窗口管理器，这是系统中专门用来管理窗口的系统服务。窗口是 View 的容器，每个窗口都会包含一个 Surface。Window Manager 管理窗口的方方面面，包括：生命周期、输入和焦点事件、屏幕旋转、切换动画、位置、转换、Z-Order，等等。Window Manager 会将 Window 的这些元数据传递给 SurfaceFlinger，这样 SurfaceFlinger 便知道如何将它们合成并显示出来。

- **Hardware Composer**：硬件合成器，这是显示子系统的硬件抽象。SurfaceFlinger 会委派一些合成的工作给 Hardware Composer，以此来减轻 OpenGL 和 GPU 的负载。这样做比单纯通过 GPU 来合成消耗更少的电量。Hardware Composer 的硬件抽象层主导了另外一半的的工作，它是 Android 图形渲染的核心。Hardware Composer 必须支持事件，例如 VSYNC 事件和 hotplug（HDMI 的即插即用）事件。

- **Gralloc**：图形内存分配器，Gralloc 全称是 Graphics memory allocator，正如它的名称所示，它用来分配图形的内存。

图 9-2 描述了 Android 图形系统的显示流程。

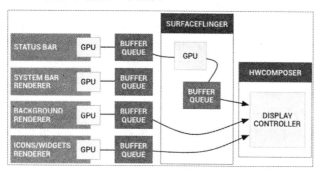

图 9-2　Android 图形的显示流程

左边的对象（例如，Home Screen、Status Bar 和 SystemUI）是 Graphics Buffer 的生产者，中间的 SurfaceFlinger 是排版者（Compositor），右边的 Hardware Composer 最终的合成者（Composer）。

9.1.2　组件

从 Android 图形系统的实现上来看，整个系统主要包含以下一些组件。

- 底层组件
  - BufferQueue 与 gralloc：BufferQueue 将生成图形数据 Buffer（生产者）的内容连接到接收数据进行显示或进一步处理（消费者）的模块上。图形数据的 Buffer 通过图形内存分配器（Gralloc）来进行分配，这些分配器由厂商的 HAL 接口实现。
  - SurfaceFlinger、Hardware Composer 与虚拟显示器：SurfaceFlinger 接收来自多个数据源的数据缓冲区，将它们合成并发送到显示器上。Hardware Composer HAL（HWC）根据硬件情况来决定最高效的缓冲合成方式，虚拟显示使系统内的合成输出可用（录制屏幕或通过网络发送屏幕）。

- ○ Surface、Canvas 和 SurfaceHolder：Surface 会产生一个被 SurfaceFlinger 使用的缓冲区队列。当渲染到 Surface 上时，结果将在缓冲区中被传递给消费者。Canvas API 提供了一个软件实现（具有硬件加速支持）用于直接在 Surface（OpenGL ES 的底层替代）上绘制的方法。任何与视图相关的内容都涉及 SurfaceHolder，它提供 API 来获取和设置 Surface 的参数，例如，尺寸和格式。
- ○ EGLSurface 和 OpenGL ES：OpenGL ES（GLES）定义了图形渲染 API，它与 EGL 组合，该库通过操作系统来创建和访问窗口（如果是绘制纹理多边形，则使用 GLES 调用；如果是将渲染结果显示在屏幕上，则使用 EGL 调用）。
- ○ Vulkan：Vulkan 是一套跨平台的高性能 3D 图形 API。像 OpenGL ES 一样，Vulkan 提供了在应用程序中创建高质量、实时图形的工具。Vulkan 优势包括降低 CPU 开销，以及支持 SPIR-V 二进制中间语言。
- 上层组件
  - ○ SurfaceView 和 GLSurfaceView：SurfaceView 结合了 Surface 和 View。SurfaceView 的 View 组件由 SurfaceFlinger（而不是应用程序）合成，可以从单独的线程/进程渲染，并与应用程序 UI 呈现隔离。GLSurfaceView 提供帮助类来管理 EGL 上下文，跨线程通信以及与 Activity 生命周期的交互（但不需要使用 GLES）。
  - ○ SurfaceTexture：SurfaceTexture 结合了一个 Surface 和 GLES 纹理来创建一个 BufferQueue，应用程序是消费者。当生产者将新的缓冲区排入队列时，它会通知应用程序，应用程序会依次释放先前占有的缓冲区，从队列中获取新缓冲区并执行 EGL 调用，从而使 GLES 可将此缓冲区作为外部纹理。Android 7.0 增加了对保护视频内容进行 GPU 后处理的安全纹理视频播放的支持。
  - ○ TextureView：TextureView 将 View 与 SurfaceTexture 结合在一起。TextureView 包装一个 SurfaceTexture，并负责响应回调和获取新的缓冲区。在绘图时，TextureView 使用最近收到的缓冲区的内容作为其数据源，根据 View 状态指示，在它应该渲染的位置和以它应该渲染的方式进行渲染，View 合成始终通过 GLES 来执行，这意味着内容更新可能会导致其他 View 元素重绘。

9.1.3 Android 如何绘制视图

当 Activity 接收到焦点时，系统将会对其布局进行绘制。Android 框架将处理绘图过程，但是 Activity 必须提供其布局层次结构的根节点。

绘制从布局的根节点开始。绘制过程会遍历整个 View Tree 结构并渲染每一个 View。相应的，每个 ViewGroup 负责请求每个子项被绘制（通过 `draw()` 方法），每个 View 负责绘制其本身。因为 View Tree 被顺序地遍历，这意味着父母将在它们的孩子之前（即后面）被绘制，同一个层次的 View 将按照它们出现在树中的顺序进行绘制。

绘制 View Tree 包含两个步骤：测量和布局。测量由 measure(int,int) 实现，按照 View Tree 自顶向下遍历。在递归期间，每个 View 在树上报告其自身的尺寸。在测量结束时，每个 View 都存储了测量结果。布局通过 layout(int,int,int,int) 实现，也是自顶向下的。在此过程中，每个父元素通过在前一步得到的每个子元素的尺寸来进行布局。

开发者可以通过调用 invalidate() 对 View 进行强制绘制。

当 View 对象的 measure() 方法返回时，必须设置其 getMeasuredWidth() 和 getMeasuredHeight() 值以及所有 View 子元素的值。View 对象的宽度和高度值必须遵守 View 对象的父元素施加的约束。这保证了在测量结束时，所有父元素都接受所有子元素的尺寸。父 View 可能会在其子元素上多次调用 measure()。例如，父元素可以用未指定的尺寸来度量每个子元素一次，以找出它们想要多大，如果所有孩子的无约束大小的总和太大或太小，再用实际数字调用 measure()（也就是说，如果子元素不同意它们各自获得多少空间，父元素将介入并在第二步时设定规则）。

测量通过两个类来表达维度：ViewGroup.LayoutParams 和 MeasureSpec。

View 对象用 ViewGroup.LayoutParams 类告诉它们的父元素它们自身如何被测量和定位。基本的 ViewGroup.LayoutParams 类只描述了 View 的宽度和高度。对于每个维度，它可以指定以下三种值中的一种：

- 一个确切的数字；
- MATCH_PARENT，意味着 View 要和其父元素一样大（减去填充部分）；
- WRAP_CONTENT，意味着 View 想要足够大以包含其中的内容（加上填充部分）。

不同 ViewGroup 有不同的 ViewGroup.LayoutParams 子类。例如，RelativeLayout 具有自己的 ViewGroup.LayoutParams 子类，它包括水平和垂直居中对象的功能。

MeasureSpec 对象用于从父元素推送要求到子对象。MeasureSpec 可以采用以下三种模式中的一种。

- UNSPECIFIED：用于父 View 确定子 View 的所需尺寸。例如，LinearLayout 可以调用其子元素的 measure()，其高度设置为 UNSPECIFIED，宽度为 EXACTLY 240，这样可以找出子 View 要给予 240 像素宽度所对应的高度。
- EXACTLY：父 View 使用这个方式对子 View 施加确切的大小。子 View 必须使用这个大小，并保证所有的后代都适合这个大小。
- AT_MOST：父 View 使用这个方式对子 View 限制最大的大小。子 View 必须保证它和它的所有后代都适合这个大小。

9.1.4 关于硬件加速

Android 从 3.0（API level 11）开始 2D 图形渲染支持硬件加速。而从 Android 4.0（API Level≥14）开始则是默认打开的。

在不使用硬件加速的情况下，所有渲染工作通过软件实现，最终由 CPU 完成。而在使用硬件加速的情况下，将通过 OpenGLRenderer 由 GPU 进行渲染。

使用软件渲染与使用硬件加速渲染的流程图 9-3 所示。

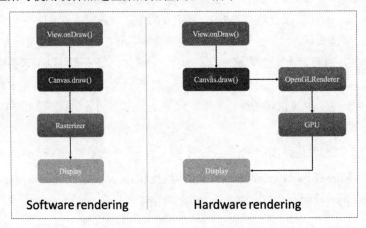

图 9-3　软件渲染与硬件加速

对于开发者来说，硬件加速可以在下面四个层次进行控制，分别是：

- Application；
- Activity；
- Window；
- View。

Application 与 Activity 的硬件加速控制直接在 AndroidManifest.xml 中设置：

```xml
<application android:hardwareAccelerated="true">
    <activity ... />
    <activity android:hardwareAccelerated="false" />
</application>
```

Window 的硬件加速开关通过代码来设置的：

```
getWindow().setFlags(
```

```
WindowManager.LayoutParams.FLAG_HARDWARE_ACCELERATED,
WindowManager.LayoutParams.FLAG_HARDWARE_ACCELERATED);
```

View 的硬件加速开关也是通过代码来设置的：

```
view.setLayerType(View.LAYER_TYPE_SOFTWARE, null);
```

除此之外，框架还提供了接口来查询是否启用了硬件加速：

```
View.isHardwareAccelerated();
Canvas.isHardwareAccelerated();
```

9.1.5　参考资料与推荐读物

https://source.android.com/devices/graphics/

https://developer.android.com/guide/topics/ui/how-android-draws.html

https://developer.android.com/guide/topics/graphics/2d-graphics.html

https://developer.android.com/guide/topics/graphics/hardware-accel.html

9.2　图形系统组件

图形系统的实现涉及比较多的模块，这些模块的代码位于下面这些路径中：

```
frameworks/base/core/jni/
frameworks/native/libs/ui/
frameworks/native/libs/gui/
frameworks/native/services/surfaceflinger/
hardware/libhardware/
```

9.2.1　Activity 与 Surface

Android 系统的四大组件中，只有 Activity 包含界面。因此接下来我们以 Activity 为起点，来了解它与整个图形系统的关系。

在 Android 系统中，每个 Activity 会包含一个描述窗口的 Window 对象，Window 对象的根元素是一个名称为 DocorView 的视图。

DocorView 中包含了一个类型为 ViewRootImpl 的元素，正如这个元素的名称所示，它是所有视图的根元素,为了能够在显示屏上显示,ViewRootImpl 中会包含一个 Surface 对象,而 Surface 正是图形系统中的重要组件。

图 9-4 描述了这里提到的几个类的关系。

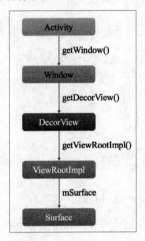

图 9-4   Activity 与 Surface 相关结构

上图中提到的这些结构都是 Java 层的类。而在 Surface 的实现中会通过 JNI 调用 native 层的代码,其关系如下:

```
ViewRootImpl.java => Surface.java => android_view_Surface.cpp => Surface.cpp
```

Surface 的很多逻辑都是在 C++ 层实现的,因此 Surface.java 中包含了一系列的 native 方法。其中,下面的这个方法尤其重要,因为它负责为 Surface 分配缓冲:

```
// Surface.java

private static native void nativeAllocateBuffers(long nativeObject);
```

上面这个 native 方法对应的 JNI 方法位于 android_view_Surface.cpp 中,代码如下:

```
// android_view_Surface.cpp

static void nativeAllocateBuffers(JNIEnv* /* env */ , jclass /* clazz */,
    jlong nativeObject) {
  sp<Surface> surface(reinterpret_cast<Surface *>(nativeObject));
  if (!isSurfaceValid(surface)) {
    return;
```

```
    }

    surface->allocateBuffers();
}
```

很显然，这里真正的实现在 C++ 层的 `Surface::allocateBuffers` 方法中，其代码如下：

```
// Surface.cpp

void Surface::allocateBuffers() {
    uint32_t reqWidth = mReqWidth ? mReqWidth : mUserWidth;
    uint32_t reqHeight = mReqHeight ? mReqHeight : mUserHeight;
    mGraphicBufferProducer->allocateBuffers(reqWidth, reqHeight,
            mReqFormat, mReqUsage);
}
```

这里通过缓冲区的生产者来进行缓冲的分配。如果你觉得概念太多不好理解也不要紧，这小一节我们就会详细讲解最主要的几个组件。

接下来，我们以从下往上的顺序，来了解系统图形的主要组件。

9.2.2　Gralloc

Gralloc（Graphics memory allocator）是最底层的组件，正如其名称所示，它负责图形内存（或者称之为缓冲）的分配。

在 AOSP 中，系统为 Gralloc 模块拟定了相关接口，接口文件位于以下路径：

```
hardware/libhardware/include/hardware/gralloc.h
```

Gralloc 模块是与硬件紧密相关的，因此其实现并非 AOSP 的一部分，而是由硬件设备厂商来完成的。厂商的实现会作为一个动态链接库（.so）在运行时被加载和使用。系统仅仅为此定义了头文件。

gralloc.h 中包含了 gralloc_module_t 和 alloc_device_t 两个结构体，它们的定义如下：

```
// gralloc.h

typedef struct gralloc_module_t {
    struct hw_module_t common;
```

```
    int (*registerBuffer)(struct gralloc_module_t const* module,
        buffer_handle_t handle);

    int (*unregisterBuffer)(struct gralloc_module_t const* module,
        buffer_handle_t handle);

    int (*lock)(struct gralloc_module_t const* module,
        buffer_handle_t handle, int usage,
        int l, int t, int w, int h,
        void** vaddr);

    int (*unlock)(struct gralloc_module_t const* module,
        buffer_handle_t handle);

    int (*perform)(struct gralloc_module_t const* module,
        int operation, ... );

    int (*lock_ycbcr)(struct gralloc_module_t const* module,
        buffer_handle_t handle, int usage,
        int l, int t, int w, int h,
        struct android_ycbcr *ycbcr);

    int (*lockAsync)(struct gralloc_module_t const* module,
        buffer_handle_t handle, int usage,
        int l, int t, int w, int h,
        void** vaddr, int fenceFd);

    int (*unlockAsync)(struct gralloc_module_t const* module,
        buffer_handle_t handle, int* fenceFd);

    int (*lockAsync_ycbcr)(struct gralloc_module_t const* module,
        buffer_handle_t handle, int usage,
        int l, int t, int w, int h,
        struct android_ycbcr *ycbcr, int fenceFd);

    void* reserved_proc[3];
} gralloc_module_t;
```

```
typedef struct alloc_device_t {
    struct hw_device_t common;

    int (*alloc)(struct alloc_device_t* dev,
            int w, int h, int format, int usage,
            buffer_handle_t* handle, int* stride);


    int (*free)(struct alloc_device_t* dev,
            buffer_handle_t handle);


    void (*dump)(struct alloc_device_t *dev, char *buff, int buff_len);

    void* reserved_proc[7];
} alloc_device_t;
```

这两个结构体中的 API 说明如表 9-1 所示。

表 9-1　结构体 API 说明

结　构　体	API	说　　明
alloc_device_t	alloc	分配一个图形缓冲，并通过 buffer_handle_t 来返回它
alloc_device_t	free	释放一个图形缓冲
alloc_device_t	dump	dump 信息
gralloc_module_t	registerBuffer	从 alloc_device_t::alloc 返回的 buffer_handle_t 必须经过这个调用从才能使用
gralloc_module_t	unregisterBuffer	标识 buffer_handle_t 在当前进程中已经不再需要
gralloc_module_t	lock	在一些特定使用场景前调用。标识调用者只会修改指定区域内的内容
gralloc_module_t	unlock	在对缓冲区的修改全部完成之后调用
gralloc_module_t	perform	保留接口，为今后扩展所用
gralloc_module_t	lock_ycbcr	类似 lock 方法，区别在于它使用缓冲布局的描述填充 ycbcr，并将保留字段置零
gralloc_module_t	lockAsync	类似 lock 方法，但是是异步的。缓冲的同步栅栏对象将被传递到锁里面而不是让调用者等待

续表

结　构　体	API	说　　明
gralloc_module_t	unlockAsync	类似 unlock 方法，但是是异步的。它从中返回缓冲区同步栅栏对象
gralloc_module_t	lockAsync_ycbcr	类似 lock_ycbcr 方法，但是是异步的。缓冲的同步栅栏对象将被传递到锁里面而不是让调用者等待

这里需要注意的是，由于图形缓冲通常都是很大的数据，如果在进程间直接传递，性能会非常差。因此这里的操作都是通过 buffer_handle_t 来对图形缓冲进行标识的。这是一个轻量的文件描述符结构的句柄，这个句柄可以很轻松地在进程间传递。

9.2.3　BufferQueue

BufferQueues 是 Android 图形组件的黏合剂。它是将缓冲池与队列相结合的数据结构，并使用 BinderIPC 在生产者和消费者进程之间传递缓冲区。在实现中：

- 缓冲区通过 GraphicsBuffer 来描述。
- BufferQueues 的生产者使用 IGraphicBufferProducer 来描述。
- BufferQueues 的生产者使用 IGraphicBufferConsumer 来描述。

图像生产者的一些例子是由相机 HAL 或 OpenGL ES 游戏制作的相机预览，但最常见的生产者是 Activity。图像消费者的一些示例是 SurfaceFlinger 或另一个显示 OpenGL ES 流的应用程序，例如显示相机取景器的相机应用程序。

一旦 Activity（生产者）提交 Buffer 之后，SurfaceFlinger（消费者）便会将其合成并显示在显示屏上，如图 9-5 所示。

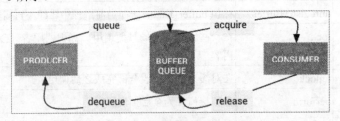

图 9-5　BufferQueue 与生产者，消费者

BufferQueue 可以在三种不同的模式下运行：

- **同步模式**　默认情况下 BufferQueue 以同步模式运行，从生产者产生的每个缓冲区都会通过消费者消费掉。在此模式下不会丢弃任何缓冲区。而且如果生产者太快，并且创建缓冲区比它们被耗尽的速度更快，它将阻塞并等待可用的缓冲区。

- **非阻塞模式**　BufferQueue 也可以在非阻塞模式下运行，在这种情况下，它会产生错误，而不是等待缓冲区。在这种模式下不会丢弃缓冲区。这对于避免可能不了解图形框架的复杂依赖性的应用软件中的潜在死锁很有用。

- **丢弃模式**　最后，BufferQueue 可能被配置为丢弃旧缓冲区，而不是生成错误或等待。

BufferQueue 的状态

生产者和消费者使用 BufferQueue 的方法是：

（1）生产者通过 `dequeueBuffer()` 请求一个空闲的 Buffer，并且指定相关的参数。例如，宽、高、像素格式等。

（2）生产者填充 Buffer 内容之后会再通过 `queueBuffer()` 将其放入到队列中。

（3）之后，消费者会通过 `acquireBuffer()` 来使用 Buffer 的内容。

（4）当消费者使用完成之后，它会再通过 `releaseBuffer()` 将其归还到队列。

BufferQueue 的状态变化如图 9-6 所示。

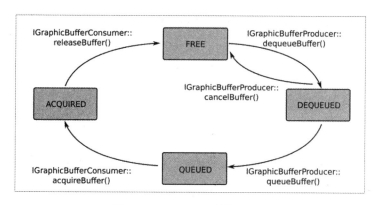

图 9-6　BufferQueue 的状态变化

屏幕上内容的更新，就是通过对 BufferQueue 中的缓冲不断地进出队列而实现的。

GraphicBufferAllocator

GraphicBufferAllocator 负责缓冲的分配。这个类的结构很简单，最主要的就是提供了 `allocate` 方法来分配缓冲，`free` 方法来释放缓冲。它的结构如图 9-7 所示。

GraphicBufferAllocator 最终要依赖于 Gralloc 模块来完成缓冲的分配的释放，因此其接口也通过 buffer_handle_t 来标识缓冲。

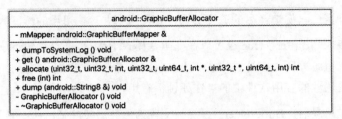

图 9-7　GraphicBufferAllocator 类图

9.2.4　Surface

前面我们已经多次提到 Surface 组件。Surface 是 Android 自 API Level 1 就公开的 API。

Surface 是 BufferQueue 的生产者一端，而 SurfaceFlinger 通常（但不总是）是消费者一端。当渲染 Surface 时，结果将通过 BufferQueue 传递给消费者。

Surface 的 BufferQueue 通常配置为三重缓冲（见下一小节 Project Butter），但缓冲是按需分配的。因此，如果生产者缓慢地生成缓冲区——也许是在 60fps 显示器上以 30fps 的速度动画——队列中可能只有两个分配的缓冲区。这有助于最小化内存消耗。

可以通过 adb shell dumpsys SurfaceFlinger 输出图形系统的详细信息，例如，当前屏幕上显示的图层内容：

```
...

Display 0 HWC layers:
------------------------------------------------------------------------
Layer name
         Z | Comp Type | Disp Frame (LTRB) |        Source Crop (LTRB)
------------------------------------------------------------------------
com.android.settings/com.android.settings.Settings#0
    21005 |    Device  |  0   0 1440 2560 |  0.0   0.0 1440.0 2560.0
- - - - - - - - - - - - - - - - - - - - - - - - - - - - - - - - - - - -
StatusBar#0
   181000 |    Device  |  0   0 1440   84 |  0.0   0.0 1440.0   84.0
- - - - - - - - - - - - - - - - - - - - - - - - - - - - - - - - - - - -
NavigationBar#0
   231000 |    Device  |  0 2392 1440 2560 |  0.0   0.0 1440.0  168.0
- - - - - - - - - - - - - - - - - - - - - - - - - - - - - - - - - - - -

...
```

曾经的 Android 版本中，所有的渲染都是用软件完成的（虽然现在仍然可以这样做）。底层实现由 Skia 图形库提供。如果要绘制一个矩形，则进行库调用，并在缓冲区中适当设置内容。为了确保两个客户端不会同时更新缓冲区，或者在显示时写入缓冲区，必须先锁定缓冲区才能进行访问。lockCanvas() 用来锁定缓冲区并返回 Canvas 用于绘图，unlockCanvasAndPost() 用来解锁缓冲区并将其发送到合成器。

随着时间的推移，具有通用 3D 引擎的设备出现了，Android 重新定位在 OpenGL ES 上。然而，重要的是保持旧的 API 适用于应用程序和应用程序框架代码，所以系统通过硬件加速 Canvas API。Canvas 提供给 View 的 onDraw() 方法可能会被硬件加速，但是当应用程序直接使用 lockCanvas() 锁定 Surface 时获得的 Canvas 一定不会使用硬件加速。

当为了访问 Canvas 而锁定 Surface 时，"CPU 渲染器"连接到 BufferQueue 的生产者端，直到 Surface 被销毁时才会断开连接。大多数其他生产者（如 GLES）可以断开连接并重新连接到 Surface，但是基于 Canvas 的"CPU 渲染器"是不能的。这意味着如果已经将其锁定在画布上，则无法使用 GLES 绘制曲面或从视频解码器发送帧。

生产者首次从 BufferQueue 请求缓冲区时，将被分配并初始化为零。初始化是必要的，以避免无意间在进程之间共享数据。然而，当重新使用缓冲区时，以前的内容仍然存在。如果反复调用 lockCanvas() 和 unlockCanvasAndPost() 而不绘制任何内容，则会在先前渲染的帧之间循环。

Surface 锁定/解锁代码保留对先前渲染的缓冲区的引用。如果在锁定 Surface 时指定了脏区域，那么它将从前一个缓冲区复制非脏像素。缓冲区有可能由 SurfaceFlinger 或 HWC 处理;但是由于我们只需要从中读取，所以无须等待独占访问。

软件绘制

这里我们来看一下软件绘制的实现。ViewRootImpl 中的 drawSoftware 负责软件绘制的逻辑，这个方法的主要代码如下所示。

```java
// ViewRootImpl.java

private boolean drawSoftware(Surface surface, AttachInfo attachInfo, int xoff,
int yoff,
        boolean scalingRequired, Rect dirty) {

    final Canvas canvas;
    try {
```

```
        final int left = dirty.left;
        final int top = dirty.top;
        final int right = dirty.right;
        final int bottom = dirty.bottom;

        canvas = mSurface.lockCanvas(dirty); ①
        ...
    }

try {
    ...
    if (!canvas.isOpaque() || yoff != 0 || xoff != 0) {
        canvas.drawColor(0, PorterDuff.Mode.CLEAR);
    }
    ...
    try {
        canvas.translate(-xoff, -yoff);
        if (mTranslator != null) {
            mTranslator.translateCanvas(canvas);
        }
        canvas.setScreenDensity(scalingRequired ? mNoncompatDensity : 0);
        attachInfo.mSetIgnoreDirtyState = false;

        mView.draw(canvas); ②

        drawAccessibilityFocusedDrawableIfNeeded(canvas);
    } finally {
        if (!attachInfo.mSetIgnoreDirtyState) {
            // Only clear the flag if it was not set during the mView.draw() call
            attachInfo.mIgnoreDirtyState = false;
        }
    }
} finally {
    try {
        surface.unlockCanvasAndPost(canvas); ③
    } catch (IllegalArgumentException e) {
        ...
```

```
        }
        ...
    }
    return true;
}
```

这段代码中，最主要的是以下三个逻辑：

（1）锁定界面中需要绘制的部分。

（2）将 View 的内容绘制到 Canvas 上。

（3）将绘制的结果进行提交。

Surface.unlockCanvasAndPost 方法中提交结果的方式就是向 BufferQueue 中传递缓冲，其调用逻辑如图 9-8 所示。

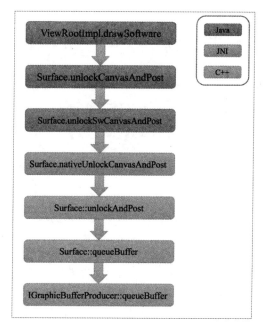

图 9-8 Surface.unlockCanvasAndPost 调用逻辑

由此 ViewRootImpl 中相关区域的内容便进行了更新。

图 9-9 总结了本小节的主要内容。

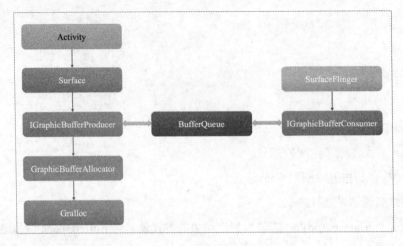

图 9-9　Android 图形系统核心组件

9.2.5　参考资料与推荐读物

- http://elinux.org/images/2/2b/Android_graphics_path–chis_simmonds.pdf
- http://www.cnblogs.com/samchen2009/p/3367496.html
- http://lindt.blog.51cto.com/9699125/1864591

9.3　Project Butter

Project Butter 是 Jelly Bean（Android 4.1）版本上引入的项目。

Android 自诞生以来很长一段时间给大家的感受就是比较卡顿，不如 iOS 那么流畅。而这一问题在 Android 4.1 版本上得到了很好的改善，其原因就是引入了 Project Butter。

在这里我们先对背景知识做一些介绍，然后讲解为什么 Project Butter 能够提升流畅性。

用户感受到的流畅性在于自己的输入事件（例如：点击或者拖动）与事件所产生的反馈结果（例如：点击事件的响应或者控件的移动）之间的延迟。如果这个时间延迟很短：点击的按钮立刻得到了到处理，或者拖动的控件非常跟手，那么我们的感受就是这个系统是很流畅的，反之，如果一个输入事件产生的反馈结果明显有延迟，我们便会感觉到卡顿。

实际上，这只是从用户的角度来看这个问题，而在系统中，从事件输入到最终结果响应，经历的过程是相当复杂的，图 9-10 是详细过程的图示。

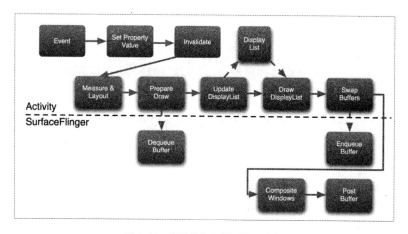

图 9-10 事件输入与图形显示流程

在这幅图中，以虚线对进程进行了区分，在 Activity 的进程内，主要是接收到事件之后进行控件属性的更新，然后根据新的属性来重新测量和布局，布局完成之后要从 SurfaceFlinger 获取一个缓冲，然后将新的空间树的结构更新到这块缓冲中，最后交由 SurfaceFlinger 进行合成与显示。

> 注：对于 SurfaceFlinger 我们会在下一小节中详细讲解，这里只需知道：SurfaceFlinger 是系统中专门负责绘制 UI 的系统服务即可。

9.3.1 FPS

"流畅"与"卡顿"只是一种人为的感受，而在软件工程中，想让确认一个功能的结果，我们需要以可以测量的结果来评价。而对于流畅度来说，衡量的标准就是 FPS（FramesPerSecond），也可以叫 Frame Rate 或者 Hz（赫兹），它的中文含义就是：每秒钟的帧率，即每一秒钟系统刷新了多少帧。

人类视觉的时间敏感性和分辨率根据视觉刺激的类型和特征而变化，并且在个体之间是不同的。由于人类眼睛的特殊生理结构，如果所看画面之帧率高于每秒约 10～12 帧的时候，就会认为是连贯的，此现象称之为视觉暂留。这也就是为什么电影胶片是一格一格拍摄出来，然后快速播放的。但即便达到 30 帧每秒也仅仅是流畅，而非平滑连续，因此有更高帧率的产品推出也就不足为奇了。

对于整个系统来说，如果能整体平稳的达到 60FPS，绝大部分人都会觉得非常流畅了。因此这也是现阶段图形类软件系统普遍追求的目标。

当然，人类对于体验的追求是没有止境的，Apple 2017 款的 iPad Pro 已经将刷新率提升至

120Hz。

另外，请读者注意一下这里的"平稳"两个字。这个词的含义是：系统要能够持续地保持每秒 60 帧的刷新率，不能在某些时候出现卡顿、掉帧的现象发生。例如，这一秒只有 50 帧，下一秒又出现了 70 帧。如果出现这种现象，那用户体验也是不佳的。下文会讲到这种现象。

我们可以计算一下，每秒钟 60 帧的刷新率，留给每帧刷新的时间有多少：

```
1000ms / 16 = 16.67 毫秒
```

可以看到，留给每帧的时间只有 16 毫秒左右，很显然这是一个非常短暂的时间。但是要保证整个系统的流畅性，就必须要保证每一帧都在这个时间内处理完。

下面我们先来看一个反例，看看卡顿是如何产生的，如图 9-11 所示。

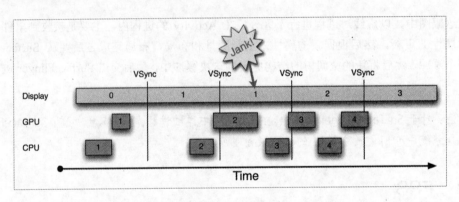

图 9-11　Jank 的产生

在这幅图中，横向表示时间，每个竖线之间是留给一帧的刷新时间。纵向表示与显示相关的三个组件，从下往上看：

- CPU 负责测试和布局的计算；
- GPU 负责图像的合成；
- Display 是最终的显示模块，代表了用户所能看到的结果。

所有界面的刷新都必须经历这三个模块的流水线作业。在刚开始的时候，画面上没有内容，我们用 Display 0 来表示。此时，CPU 开始产生第 1 帧的内容，然后交给 GPU，接着在 Display 上显示出来。

但假设这个时候 CPU 因为忙于其他事情没能连续的产生第 2 帧的内容，那么就会导致后面一系列的延迟，于是我们便看到第一帧的内容在屏幕上停留了两个时间单位，这便产生了卡顿：即图中的"Jank!"。

很显然，这里产生卡顿的原因就是因为 CPU 没能及时地处理次一帧的数据，导致后面流水线的不流畅。

Project Butter 主要通过引入了两个机制来提升流畅性，分别是：

- VSYNC 机制；

- 增加 Triple Buffer。

9.3.2　VSYNC

VSYNC 的全称是 Vertical Synchronization，翻译过来就是垂直同步。

游戏玩家可能会很熟悉这个词，这通常是游戏设置中的一个选项，用来防止 "Tearing"，这个词的中文含义是 "撕裂"，下面来看看 "tearing" 是一个怎样的现象。

为了了解这些内容，我们需要再做一些介绍。

无论是视频、游戏还是应用程序的界面，都是通过一幅一幅图像组成的，这称之为 "帧"（Frame）。每一帧画面都包含了非常多的像素点。显示器显示每一帧画面时，都需要一行一行地将其刷新到屏幕上，其过程如图 9-12 所示。

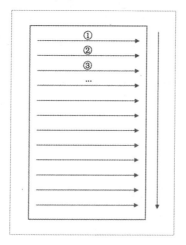

图 9-12　显示屏的逐行扫描

显示屏通过 GPU 的 Buffer 拿到需要显示的每一帧数据。假设显示屏将当前帧的内容刷新到一半的时候，又突然接收到新的一帧数据，新的一帧数据和原先一帧的数据在图像内容上，很可能是主体内容的轻微移动。如果将这两帧内容各自显示一部分组合在一起，此时便会产生 Tearing，它看起来像下面这样，如图 9-13 所示。

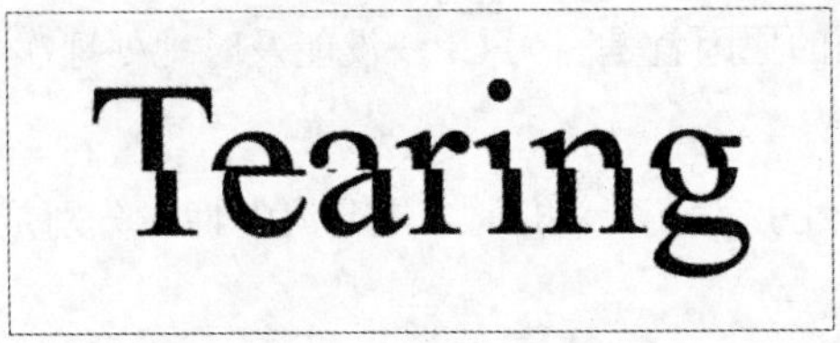

Tearing

图 9-13 Tearing 现象

而 VSYNC 的目的就在于避免这种现象发生。它告知 GPU 等到屏幕的内容全部刷新完成之后才去加载下一帧的画面内容。由于不会在刷新过程中更改显示的内容，这样便避免了 Tearing 的发生。

实际上，Android 在之前的版本上已经使用 VSYNC 来避免 Tearing，但从 Jelly Bean 开始，对 VSYNC 的使用进行了加强。从这个版本开始，**所有显示组件都以 VSYNC 信号为基准来保证大家步调一致**，因此显示的过程像下面这样，如图 9-14 所示。

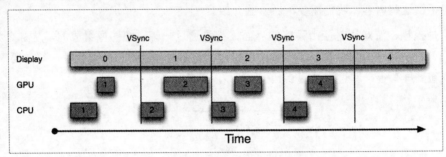

图 9-14 基于 VSYNC 信号的时序

- 首先 CPU 受到 VSYNC 信号，然后产生帧数据；
- 接着交由 GPU 处理；
- 最后通过显示屏显示出来。

这里我们应该可以看出，问题的关键在于：CPU 在每个 VSYNC 信号到来的时候，需要保证一定要开始着手处理下一帧的数据，然后将其交由 GPU，最后由显示屏显示出来。整个流水线作业的步调一致是保证显示系统流畅的基础。

9.3.3 Choreographer 与 VSYNC

Choreographer 是伴随 Project Butter 新增的 API。它负责统一动画、输入和绘画的时机。

Choreographer 这个词的含义是舞蹈编排者。它负责接受 VSYNC 信号然后安排下一帧所需要的相关工作。

开发者可以通过 `Choreographer.postFrameCallback(FrameCallback c)` API 来提交一个回调，这个回调会在下一帧的时刻执行。

每个 Looper 线程都有自己的 Choreographer。其他线程可以发布回调以在 Choreographer 运行，但它们将在 Choreographer 所属的 Looper 上运行。

Choreographer 内部通过一个 FrameDisplayEventReceiver 来接收 VSYNC 事件。FrameDisplayEventReceiver 是 DisplayEventReceiver 的子类。而 DisplayEventReceiver 会通过 native 代码来接受 VSYNC 事件，其中涉及的结构比较多，下面先通过一幅图来说明这个结构，如图 9-15 所示。

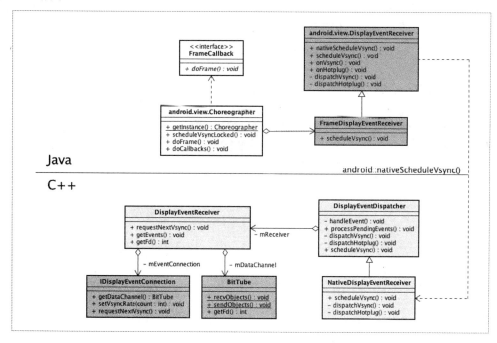

图 9-15　Choreographer 以及相关类结构

图中的结构说明如下：

- Choreographer 提供 FrameCallback 来让开发者实现帧渲染监听的回调，Choreographer 负责调度这些回调；
- FrameDisplayEventReceiver 是 DisplayEventReceiver 的子类；
- DisplayEventReceiver 通过 JNI 与 native 端的 NativeDisplayEventReceiver 连通；
- NativeDisplayEventReceiver 是 DisplayEventDispatcher 的子类；
- DisplayEventDispatcher 中包含了一个 DisplayEventReceiver 对象；

- DisplayEventReceiver 能够获取到显示事件的接收器，这其中就包含了 VSYNC 事件。因此，VSYNC 事件的传递流程是：

```
ButTube => DisplayEventReceiver => DisplayEventDispatcher =>
NativeDisplayEventReceiver => DisplayEventReceiver =>
FrameDisplayEventReceiver => Chereographer
```

VSYNC 事件的接受

上图中还有 IDisplayEventConnection 与 BitTube 两个类我们没有介绍，而它们与接受 VSYNC 事件紧密相关。这里我们来详细看一下。

DisplayEventReceiver 中包含了 IDisplayEventConnection 与 BitTube 两个类型的指针：

```
// DisplayEventReceiver.h

sp<IDisplayEventConnection> mEventConnection;
std::unique_ptr<gui::BitTube> mDataChannel;
```

并在 DisplayEventReceiver 构造函数中对它们进行了初始化：

```
// DisplayEventReceiver.cpp

DisplayEventReceiver::DisplayEventReceiver(ISurfaceComposer::VsyncSource
vsyncSource) {
    sp<ISurfaceComposer> sf(ComposerService::getComposerService());
    if (sf != NULL) {
        mEventConnection = sf->createDisplayEventConnection(vsyncSource);
        if (mEventConnection != NULL) {
            mDataChannel = std::make_unique<gui::BitTube>();
            mEventConnection->stealReceiveChannel(mDataChannel.get());
        }
    }
}
```

注：关于 ISurfaceComposer 会在下一小节讲解，这里只需要知道，通过 sf→createDisplayEventConnection 便获取到了与 SurfaceFlinger 的连接即可。

Tube 的中文意思是通道，那么 BitTube 自然就是传输比特数据的通道，而 VSYNC 事件就是通过这条通道从 SurfaceFlinger 传递到位于应用进程的 DisplayEventReceiver 中的。数据传递的方法就是通过 BitTube 的 `sendObjects` 和 `recvObjects` 两个静态方法：

```cpp
// DisplayEventReceiver.cpp

ssize_t DisplayEventReceiver::getEvents(gui::BitTube* dataChannel,
        Event* events, size_t count)
{
    return gui::BitTube::recvObjects(dataChannel, events, count);
}

ssize_t DisplayEventReceiver::sendEvents(gui::BitTube* dataChannel,
        Event const* events, size_t count)
{
    return gui::BitTube::sendObjects(dataChannel, events, count);
}
```

DisplayEventReceiver 负责事件的 receive（接受），DisplayEventDispatcher 负责事件的 dispatch（派发）。为了获取到事件，后者会依赖前者。

因此 DisplayEventDispatcher 在初始化时会增加对 DisplayEventReceiver 的 fd 的监听：

```cpp
// DisplayEventDispatcher.cpp

status_t DisplayEventDispatcher::initialize() {
    status_t result = mReceiver.initCheck();
    if (result) {
        ALOGW("Failed to initialize display event receiver, status=%d", result);
        return result;
    }

    int rc = mLooper->addFd(mReceiver.getFd(), 0, Looper::EVENT_INPUT,
            this, NULL);
    if (rc < 0) {
    return UNKNOWN_ERROR;
    }
    return OK;
}
```

这里通过：

```
mLooper->addFd(mReceiver.getFd(), 0, Looper::EVENT_INPUT,
          this, NULL);
```

在 Looper 上增加了对 mReceiver.getFd()这个 fd 的监听，并将 this 设为回调。一旦这个 fd 有数据产生，回调便会被调用。

回调的类型是：

```
// Looper.h

class LooperCallback : public virtual RefBase {
protected:
    virtual ~LooperCallback() { }

public:
    virtual int handleEvent(int fd, int events, void* data) = 0;
};
```

而 DisplayEventDispatcher 实现了这个接口，其逻辑位于 DisplayEventDispatcher::handleEvent 方法实现中。

而 BitTube 类型的 mDataChannel 对象是事件传递的通道。上面代码中 mReceiver.getFd()所获取的 fd 便是来自于这个通道：

```
// DisplayEventReceiver.cpp

int DisplayEventReceiver::getFd() const {
    if (mDataChannel == NULL)
        return NO_INIT;

    return mDataChannel->getFd();
}
```

这个通道与 SurfaceFlinger 相连，一旦通道的另外一端有数据，处于应用程序进程中的 DisplayEventReceiver 便会收到通知。这一小节我们看到的是接收端，在在下一小节在讲解 SurfaceFlinger 的时候，我们便会看到通道的发送端。

如果你觉得这里的代码较多，有些凌乱，请借助上面那幅图理解这些类之间的关系。

VSYNC 事件的派发

DisplayEventDispatcher 将自身的 handleEvent 方法作为回调来响应通道上 fd 的事件。这个方法代码如下：

```
// DisplayEventDispatcher.cpp

int DisplayEventDispatcher::handleEvent(int, int events, void*) {
    ...

    // Drain all pending events, keep the last vsync.
    nsecs_t vsyncTimestamp;
    int32_t vsyncDisplayId;
    uint32_t vsyncCount;
    if (processPendingEvents(&vsyncTimestamp, &vsyncDisplayId, &vsyncCount)) {
        ALOGV("dispatcher %p ~ Vsync pulse: timestamp=%" PRId64 ", id=%d, count=%d",
                this, ns2ms(vsyncTimestamp), vsyncDisplayId, vsyncCount);
        mWaitingForVsync = false;
        dispatchVsync(vsyncTimestamp, vsyncDisplayId, vsyncCount);
    }

    return 1; // keep the callback
}
```

这里会先通过 processPendingEvents 来对数据进行加工，然后通过 dispatchVsync 将 VSYNC 事件发送出去。而 NativeDisplayEventReceiver 是 DisplayEventDispatcher 的子类并实现了 dispatchVsync 方法，这个方法中会再次通过 JNI 事件回调到 Java 端，相关代码如下：

```
// android_view_DisplayEventReceiver.cpp

void NativeDisplayEventReceiver::dispatchVsync(nsecs_t timestamp, int32_t id,
uint32_t count) {
    JNIEnv* env = AndroidRuntime::getJNIEnv();

    ScopedLocalRef<jobject> receiverObj(env, jniGetReferent(env, mReceiverWeakGlobal));
    if (receiverObj.get()) {
        ALOGV("receiver %p ~ Invoking vsync handler.", this);
        env->CallVoidMethod(receiverObj.get(),
                gDisplayEventReceiverClassInfo.dispatchVsync, timestamp, id, count);
        ALOGV("receiver %p ~ Returned from vsync handler.", this);
    }
```

```
    mMessageQueue->raiseAndClearException(env, "dispatchVsync");
}
```

这里的：

```
env->CallVoidMethod(receiverObj.get(),
        gDisplayEventReceiverClassInfo.dispatchVsync, timestamp, id,
```

便是通过 JNI 的方式调用 Java 端 DisplayEventReceiver 对象的 dispatchVsync 方法。由此便将这个事件传递给了应用程序。

9.3.4 Triple Buffer

Triple 是"第三个，三重"的意思。提到第 3 个 Buffer 我们自然要先说下另外两个。

对于 Buffer 前面我们已经多次提到过，Android 的显示系统原先是包含了两个 Buffer，一个用来显示，另一个用来作准备工作。我们可以用 A 和 B 来命名这两个 Buffer。当画面上正在显示 Buffer A 中的内容的时候，系统会在 Buffer B 上准备下一帧要显示的内容，但准备好了之后，一次性地将 Buffer A 替换为 Buffer B，整个过程如图 9-16 所示。

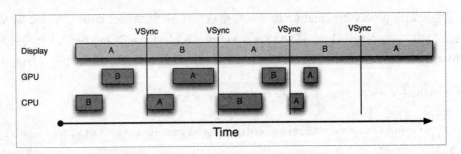

图 9-16　双重 Buffer 的显示过程

但两个 Buffer 有些时候仍然会造成一些问题。假设 GPU 在渲染第二帧（Buffer B 上）的时候超过了一帧所允许的时间范围（还记得前面提到的 16 毫秒吗？），那么即便下一个 VSYNC 信号到来的时候，我们也不能修改 Buffer A 中的数据，因为它正在显示在显示屏上，一旦更改其内容便会造成 tearing。于是此时便会产生连锁反应，用户所看到的就是画面的卡顿，如图 9-17 中的两次 Jank。

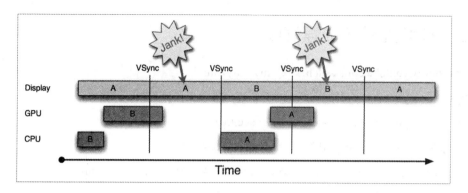

图 9-17　Jank 的产生

解决这个问题的方法就是引入第三块 Buffer。在渲染 Buffer B 超时而又无法修改 Buffe A 的情况下，我们使用第三块 Buffer C 来进行准备工作。这样，在 Buffer 准备好了之后，系统使用 Buffer C 来显示，这样便减少了后面一次的 Jank 的发生，整个过程如图 9-18 所示。

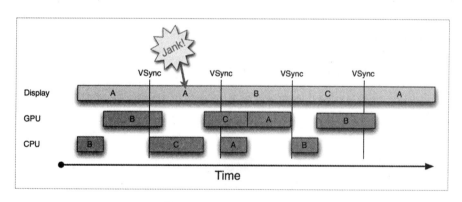

图 9-18　Triple Buffer 的引入

需要注意的是，系统大部分情况下都会使用两个 Buffer 来完成显示。只有在上面提到的特殊情况下：某一帧的处理时间超过了两次 VSYNC 信号的间隔，才会使用第三块 Buffer。之所以这么做的原因是：第三块 Buffer 的使用实际上造成了显示内容的延迟。请读者再仔细观察一下上面这幅图，Buffer C 的内容从准备到显示经历了两个 VSYNC 信号，也就意味着，用户有可能感觉到显示变慢了。

但总的来说，这相较于画面停留不动（仍然显示 Buffer B）要好一些。

所以我们应该知道，**保证流畅度的根本要求是，每一帧的处理时间都不允许两个 VSYNC 间隔之内（60FPS 就是 16 毫秒）。**

9.3.5 参考资料与推荐读物

https://www.youtube.com/watch?v=Q8m9sHdyXnE

https://www.youtube.com/watch?v=v9S5EO7CLjo

https://www.youtube.com/watch?v=vQZFaec9NpA

http://blog.csdn.net/yangwen123/article/details/16344375

https://nayaneshguptetechstuff.wordpress.com/2014/07/01/what-is-vsyc-in-android/

https://www.youtube.com/watch?v=1iaHxmfZGGc

9.4 SurfaceFlinger

前面我们已经多次接触过 SurfaceFlinger，知道它是 Android 系统中专门负责图形显示的系统服务。

SurfaceFlinger 的源码位于以下路径：

```
frameworks/native/services/surfaceflinger/
```

它是图形系统中非常核心的一个组件。图 9-19 展示了它与其他组件的交互关系。

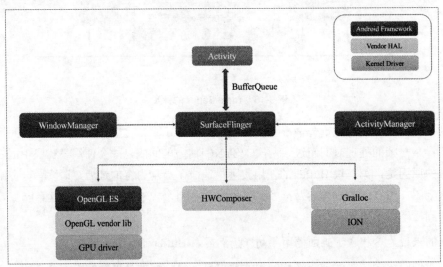

图 9-19 SurfaceFlinger 与相关结构

- SurfaceFlinger 与 Activity 通过 BufferQueue 传递缓冲；

- SurfaceFlinger 从 WindowManager 获取到应用程序的窗口信息；

- SurfaceFlinger 从 ActivityManager 获取到 Activity 信息；

- SurfaceFlinger 依赖于 Gralloc、HWCompoer、OpenGL ES 完成缓冲的分配和渲染。

本节我们来详细了解这个系统服务。

9.4.1　SurfaceFlinger 介绍

SurfaceFlinger 的主要工作就是从多个源获取 Buffer 数据进行合成，然后送到显示屏显示。在以前的版本中，是通过软件将数据送到硬件帧缓冲上的（例如：/dev/graphics/fb0），但是新版本上已经不再使用这种机制。

当应用程序切换到前台时，WindowManager 便会通知 SurfaceFlinger 进行 Surface 的渲染。此时 SurfaceFlinger 会创建一个 Layer（该元素的主要组件就是 BufferQueue），然后作为消费者来使用这个 Layer。会有一个 Binder 对象的生产者通过 WindowManager 传递给应用程序，之后应用程序便可以直接将帧数据传递给 SurfaceFlinger。

Android 系统上通常会有三个层在屏幕上：

- 屏幕上方的 Status Bar；

- 屏幕下面的 Navigation Bar；

- 应用程序界面。

当然，有些时候可能有更多的 Layer，也有可能更少。例如：Launcher 还有一个 Wallpaper Layer，但全屏游戏却没有 Status Bar。每个层可以单独更新。Status Bar 和 Navigation Bar 由系统进程渲染，但应用程序的界面则由应用程序自身负责渲染，这两者是互相独立的。

显示屏本身会以特定的频率进行刷新，在手机和平板设备上，通常是 60 帧/每秒。当显示的内容在刷新过程中被更改了，便会出现 Tearing，这一点前面我们已经说明过。所以要确保在刷新的间隔中间更新内容。当系统收到显示屏信号时进行内容的更新就是安全的。这个信号便是我们前面提到的 VSYNC。

刷新的频率可能是会变化的，有些移动设备上可能根据状态变化，频率在 58～62FPS 之间。对于外接的 HDMI 电视，这个频率可能在 24～48Hz 之间。因为我们只能在两个刷新中间的间隔进行内容的更新，所以以 200FPS 的频率提交帧数据是一种浪费。当应用程序提交 Buffer 时，SurfaceFlinger 不会采取任何行动，而是在显示器准备好时才唤醒。

当 VSYNC 信号到达时，SurfaceFlinger 会遍历其列表，寻找新的 Buffer。如果找到一个新的，则会获取它；如果不是，它继续使用以前获取的 Buffer。SurfaceFlinger 总是想要显示某些东西，所以它会挂在一个 Buffer 上。如果在某个层上没有 Buffer 提交，则 SurfaceFlinger 会忽略该层。

在 SurfaceFlinger 收集了可见图层的所有 Buffer 之后，它会通过 Hardware Composer 执行合成的工作。

9.4.2 Hardware Composer

Hardware Composer HAL（HWC）是 Android 3.0 引入的，并且这个模块也在持续的改进过程中。HWC 的主要作用就是：根据设备硬件，确定最高效的合成 Buffer 的方法。作为 HAL（Hardware Abstract Layer，硬件抽象层），它的实现是设备相关的，而且通常由显示屏的 OEM 厂商实现。

这种方法的意义在于：可以轻松地识别使用 overlay planes 的时机。Overlay planes 是指：使用显示器硬件而不是 GPU 来合成多个 Buffer。例如：对于常见的场景，竖屏状态下的 Android 手机，屏幕上方是 Status Bar，屏幕下方是 Navigation Bar，屏幕中间是应用程序的界面。这里的每个内容都是一个独立的 Buffer，那么便有下面两种方法来进行合成：

- 先在一个临时的 Buffer 上渲染应用程序的内容，在上方渲染 Status Bar 的内容，再在上面渲染 Nagivation Bar 的内容，最后将结果交由显示器显示；
- 将三个 Buffer 全部交给显示屏硬件，然后告诉它从不同的 Buffer 读取屏幕不同的内容。显然后一种方法更加高效的。

显示屏的处理能力差别很大。重叠层的数量，层可以旋转还是混合，以及位置和重叠的限制，这些都很难通过 API 来表达。HWC 试图通过一系列决策来适应这种多样性：

（1）SurfaceFlinger 提供一系列的 Layer，然后会询问 HWC：你会如何处理这些内容？

（2）HWC 会回应让每个层重叠或者通过 GLES 合成。

（3）SurfaceFlinger 来处理 GLES 合成，然后将结果传递给 HWC，然后让 HWC 处理剩下的工作。

由于硬件厂商可以定制决定策略的代码，所以这样可以使每种设备都获取最佳性能。

Overlay planes 也有可能比 GL 的合成效率更低，例如，当屏幕上没有任何变化时，还有当重叠的内容有透明的像素或者混合时。在这种场景下，HWC 可以选择让 GLES 合成部分或者全部图层。如果 SurfaceFlinger 再次询问同样的图层集合时，HWC 可以继续显示预先合成的临时 Buffer，这样可以提升空闲设备的电池寿命。

Android 4.4 及之后版本的设备通常支持 4 个图层的 overlay planes。当尝试合成更多的图层时，系统将使用 GLES 来合成它们中的部分，这意味着应用程序使用的图层会非常影响电池消耗和性能。

关于 HWC2

在 Android 7.0（N）上，Android 引入了一个新版本的 HWC，称之为 HWC2。因此从这个版本开始，SurfaceFlinger 中会包含两套实现。这两套实现通过 `USE_HWC2` 宏来控制（设备开发商可以通过/device/目录下的 BoradConfig.mk 来控制是否使用 HWC2，在 mk 文件中设置：`TARGET_USES_HWC2:=true`）。

使用 HWC2 时，其功能实现的源码是下面这些：

- SurfaceFlinger.cpp
- DisplayHardware/HWComposer.cpp

否则，使用下面这些源码：

- SurfaceFlinger_hwc1.cpp
- DisplayHardware/HWComposer_hwc1.cpp

9.4.3　SurfaceFlinger 的启动

SurfaceFlinger 与之前介绍的系统服务不一样，它不属于 system_server 进程，其本身一个独立的进程。

SurfaceFlinger 由 surfaceflinger.rc 启动脚本来启动。这个文件的内容如下所示。关于 rc 文件，在第 2 章我们已经讲解过。

```
// surfaceflinger.rc

service surfaceflinger /system/bin/surfaceflinger
    class core animation
    user system
    group graphics drmrpc readproc
    onrestart restart zygote
    writepid /dev/stune/foreground/tasks
    socket pdx/system/vr/display/client    stream 0666 system graphicsu:
    object_r:pdx_display_client_endpoint_socket:s0
    socket pdx/system/vr/display/manager    stream 0666 system graphicsu:
    object_r:pdx_display_manager_endpoint_socket:s0
    socket pdx/system/vr/display/vsync    stream 0666 system graphicsu:
    object_r:pdx_display_vsync_endpoint_socket:s0
```

从启动脚本的文件中我们可以看到，SurfaceFlinger 本身是一个可执行程序，其路径位于

/system/bin/surfaceflinger。通过 ps 命令我们也可以看到这个服务的进程：

```
angler:/ $ ps  | grep surfaceflinger
system    418  1    225144 15080 SyS_epoll_ 0000000000 S /system/bin/surfaceflinger
```

SurfaceFlinger 的 main 函数位于 main_surfaceflinger.cpp 文件中，下面是其主要逻辑：

```cpp
// main_surfaceflinger.cpp

int main(int, char**) {
    ...
    ProcessState::self()->setThreadPoolMaxThreadCount(4);
    sp<ProcessState> ps(ProcessState::self());
    ps->startThreadPool(); ①

    sp<SurfaceFlinger> flinger = new SurfaceFlinger();
    setpriority(PRIO_PROCESS, 0, PRIORITY_URGENT_DISPLAY);
    set_sched_policy(0, SP_FOREGROUND);
    ...
    flinger->init(); ②

    sp<IServiceManager> sm(defaultServiceManager());
    sm->addService(String16(SurfaceFlinger::getServiceName()), flinger, false); ③
    ...
    flinger->run(); ④

    return 0;
}
```

在这段代码中：

（1）设置 Binder 的线程池数量为 4。

（2）创建 SurfaceFlinger 对象，并设置其进程优先级，然后调用其 init 方法完成初始化工作。

（3）发布 SurfaceFlinger 的 Binder 服务。

（4）调用 SurfaceFlinger 的 run 方法。

SurfaceFlinger 是一个常驻的系统服务，只要系统还在运行中，它就需要持续地处于等待处理任务的待命状态，而 run 方法的作用正是如此：

```
// SurfaceFlinger.cpp

void SurfaceFlinger::run() {
    do {
        waitForEvent();
    } while (true);
}
```

很显然，这是一个无限循环，而循环的主体就是在事件队列上等待处理的事件。

9.4.4 SurfaceFlinger 的对外接口

SurfaceFlinger 对外提供的接口主要下面三个：

- ISurfaceComposer
- ISurfaceComposerClient
- IDisplayEventConnection

看到"I"开头的类名读者应该很容易联想到，这些接口都是建立在 Binder 上的 IPC 接口。实际上确实是这样，因为客户端和 SurfaceFlinger 通常都是运行在各自的进程中的。

这三个接口并不是孤立存在的，ISurfaceComposer 是入口，通过它可以获取另外两个接口。它们的关系如图 9-20 所示。

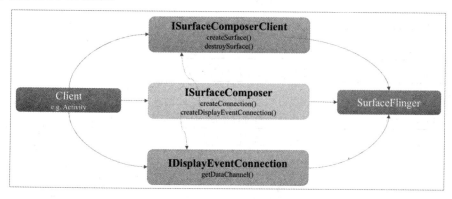

图 9-20 ISurfaceComposer 与相关接口

下面我们来详细了解每个接口的内容。

ISurfaceComposer

客户端通过 ISurfaceComposer 来获取与 SurfaceFlinger 的连接。这个接口类中包含的完整

API 说明如表 9-2 所示。

表 9-2　API 及说明

接　　口	说　　明
createConnection	获取 SurfaceFlinger 的连接，返回 ISurfaceComposerClient 类型对象
createScopedConnection	与 createConnection 类似，但是指定了 IGraphicBufferProducer 作为 parent
createDisplayEventConnection	获取 IDisplayEventConnection
createDisplay	创建一个虚拟显示屏
destroyDisplay	销毁一个虚拟显示屏
getBuiltInDisplay	获取内置显示屏的 Token
setTransactionState	打开或者关闭 Transaction
bootFinished	发送消息表示启动完成
authenticateSurfaceTexture	检查已经有一个 IGraphicBufferProducer 创建好
getSupportedFrameTimestamps	获取 SurfaceFlinger 支持的帧时间戳
setPowerMode	设置电源模式
getDisplayConfigs	获取指定显示屏的配置
getDisplayStats	获取指定显示屏的统计信息
getActiveConfig	获取显示屏正在使用的配置
setActiveConfig	设置显示屏的配置
getDisplayColorModes	获取显示屏的色彩模式
getActiveColorMode	获取显示屏正在使用的色彩模式
captureScreen	针对指定的显示屏进行截屏
clearAnimationFrameStats	清除动画的帧统计信息
getAnimationFrameStats	获取动画的帧统计信息
getHdrCapabilities	获取显示屏的 HDR 能力
enableVSyncInjections	打开或者关闭 VSYNC 注入
injectVSync	注入 VSYNC

ISurfaceComposerClient

这个接口主要用来创建和销毁 Surface，如表 9-3 所示。

表 9-3　接口及说明

接　　口	说　　明
createSurface	创建一个 Surface
destroySurface	销毁一个 Surface
clearLayerFrameStats	清除图层帧统计信息
getLayerFrameStats	获取图层帧统计信息

IDisplayEventConnection

这个接口用来从 SurfaceFlinger 传递 VSYNC 信号到客户端，如表 9-4 所示。在 9.5.3 节中，我们已经在 DisplayEventReceiver 类的构造函数中看到过这个接口。

表 9-4　接口及说明

接　　口	说　　明
stealReceiveChannel	获取 BitTube 来接收事件
setVsyncRate	设置 VSYNC 频率
requestNextVsync	主动请求 VSYNC

9.4.5　VSYNC 的传递

在 9.4.4 节中，我们讲解了 VSYNC 的接收端，这里来看一下 VSYNC 的发送端。

为了处理 VSYNC 事件，在 SurfaceFlinger 的初始化过程中会创建两个子线程：

```
// SurfaceFlinger.cpp

sp<VSyncSource> vsyncSrc = new DispSyncSource(&mPrimaryDispSync,
        vsyncPhaseOffsetNs, true, "app");
mEventThread = new EventThread(vsyncSrc, *this);
sp<VSyncSource> sfVsyncSrc = new DispSyncSource(&mPrimaryDispSync,
        sfVsyncPhaseOffsetNs, true, "sf");
mSFEventThread = new EventThread(sfVsyncSrc, *this);
mEventQueue.setEventThread(mSFEventThread);
```

这里的 mEventThread 线程是为应用程序准备的，mSFEventThread 线程是 SurfaceFlinger 自身使用的。我们先来通过 mEventThread 来确定 SurfaceFlinger 的 VSYNC 是如何通知到应用进程的。而 mSFEventThread 在稍后会讲解。

前面我们在讲解 Choreographer 时就提到过其 VSYNC 的事件来自于 SurfaceFlinger，这就是源于 mEventThread 线程。

为了将 VSYNC 实现跨进程通知到应用程序，mEventThread 会借由 SurfaceFlinger 向外提供创建连接的接口：

```cpp
// SurfaceFlinger.cpp

sp<IDisplayEventConnection> SurfaceFlinger::createDisplayEventConnection() {
    return mEventThread->createEventConnection();
}
```

这便是前面 DisplayEventReceiver 中的 IDisplayEventConnection。实际上 IDisplayEvent-Connection 本身是一个 Binder 接口，其服务端位于 SurfaceFlinger 中，客户端位于应用进程中。相关结构如图 9-21 所示。

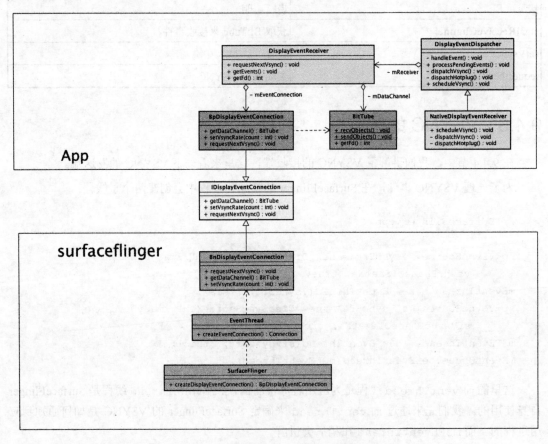

图 9-21 IDisplayEventConnection 与相关结构

EventThread 会一直在 Looper 上等待事件，一旦有 VSYNC 事件发生便通过连接将事件通知到应用。其通知的实现就是下面这个方法：

```
// EventThread.cpp

status_t EventThread::Connection::postEvent(
        const DisplayEventReceiver::Event& event) {
    ssize_t size = DisplayEventReceiver::sendEvents(mChannel, &event, 1);
    return size < 0 ? status_t(size) : status_t(NO_ERROR);
}
```

这里的 mChannel 是 BitTube 类型的对象，在前面我们已经提到过。

位于应用程序进程中的 DisplayEventReceiver 会通过 IDisplayEventConnection 的 Binder 接口 getDataChannel 来获取通道，这个通道拿到的其实是位于 SurfaceFlinger 中创建的 BitTube：

```
// EventThread.cpp

sp<BitTube> EventThread::Connection::getDataChannel() const {
    return mChannel;
}
```

而在 EventThread::Connection::postEvent 中调用的 DisplayEventReceiver::sendEvents 方法实际上是用同样的通道在发送消息，于是这个数据便传送到了应用进程中：

```
// DisplayEventReceiver.cpp

ssize_t DisplayEventReceiver::sendEvents(const sp<BitTube>& dataChannel,
        Event const* events, size_t count)
{
    return BitTube::sendObjects(dataChannel, events, count);
}
```

因此，SurfaceFlinger 与应用进程之间，最底层实际上是通过 BitTube 完成了 VSYNC 信号的传递。

9.4.6　SurfaceFlinger 的事件

前面我们看到了 mSFEventThread。从这个对象的名称上就能看出，这是 SurfaceFlinger 用来接收事件的线程。

SurfaceFlinger 会在这个线程上设置一个消息队列来接收消息，这个消息队列的实现也位于 SurfaceFlinger 模块中：

```
/frameworks/native/services/surfaceflinger/MessageQueue.h
/frameworks/native/services/surfaceflinger/MessageQueue.cpp
```

这个消息队列上最重要是 invalidate 和 refresh 两个消息，前者将派发下一个 VSYNC 信号。后者将派发一次画面刷新。相关代码如下：

```cpp
// MessageQueue.h
// sends INVALIDATE message at next VSYNC
void invalidate();
// sends REFRESH message at next VSYNC
void refresh();

// MessageQueue.cpp
void MessageQueue::invalidate() {
    mEvents->requestNextVsync();
}

void MessageQueue::refresh() {
    mHandler->dispatchRefresh();
}
```

SurfaceFlinger 中的 onMessageReceived 会进行事件的处理：

```cpp
// SurfaceFlinger.cpp

void SurfaceFlinger::onMessageReceived(int32_t what) {
    ATRACE_CALL();
    switch (what) {
        case MessageQueue::INVALIDATE: {
            bool frameMissed = !mHadClientComposition &&
                    mPreviousPresentFence != Fence::NO_FENCE &&
                    (mPreviousPresentFence->getSignalTime() ==
                        Fence::SIGNAL_TIME_PENDING);
            ATRACE_INT("FrameMissed", static_cast<int>(frameMissed));
```

```
        if (mPropagateBackpressure && frameMissed) {
            ALOGD("Backpressure trigger, skipping transaction & refresh!");
            signalLayerUpdate();
            break;
        }


        // Now that we're going to make it to the handleMessageTransaction()
        // call below it's safe to call updateVrFlinger(), which will
        // potentially trigger a display handoff.
        updateVrFlinger();


        bool refreshNeeded = handleMessageTransaction();
        refreshNeeded |= handleMessageInvalidate();
        refreshNeeded |= mRepaintEverything;
        if (refreshNeeded) {
            // Signal a refresh if a transaction modified the window state,
            // a new buffer was latched, or if HWC has requested a full
            // repaint
            signalRefresh();
        }
        break;
    }
    case MessageQueue::REFRESH: {
        handleMessageRefresh();
        break;
    }
    }
}
```

关于图像的刷新见 9.4.8 节。

9.4.7　图层的合成

SurfaceFlinger 最主要的工作就是就行图层的合成。通常情况下，系统中会有下面三个图层需要合成：

- StatusBar
- NavigationBar

- Activity

而如果切换到 Launcher 上，那么就此时没有 Activity 图层，而是会有下面四个图层：

- StatusBar

- NavigationBar

- Launcher

- Wallpaper

此时 SurfaceFlinger 的合成工作如图 9-22 所示。

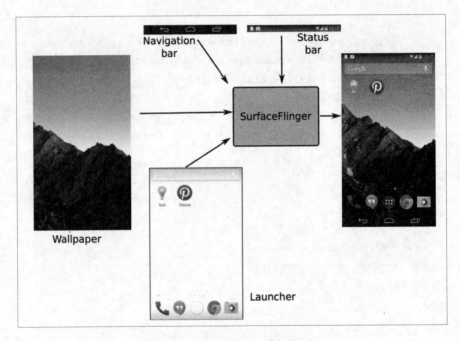

图 9-22　SurfaceFlinger 的合成工作

> 注：从 Android N（7.0）开始，Android 支持多窗口功能。在多窗口状态下，SurfaceFlinger 将合成更多的图层，因此对硬件开销也会增加。

9.4.8　刷新

当 SurfaceFlinger 接收到刷新事件时，便会通过 `handleMessageRefresh` 方法对显示内容进行刷新，刷新的过程包括下面六个步骤，如图 9-23 所示。

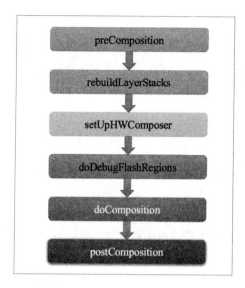

图 9-23　SurfaceFlinger 的刷新过程

这六个步骤说明如表 9-5 所示。

表 9-5　步骤说明

步　骤	说　明
preComposition	按照 Z-Order 顺序遍历所有图层，并调用其 onPreComposition 方法
rebuildLayerStacks	遍历所有的显示屏，确定每个显示屏需要显示的图层列表以重新构建图层栈
setUpHWComposer	设置 HWC，确定渲染方式
doDebugFlashRegions	根据属性"debug.sf.showupdates"确定是否需要显示 Debug 所用的区域边界
doComposition	核心逻辑，进行每个图层的合成
postComposition	提交合成的结果

至此，屏幕中的内容就被更新了。

9.4.9　参考资料与推荐读物

- https://source.android.com/devices/graphics/arch-sf-hwc

- http://elinux.org/images/2/2b/Android_graphics_path–chis_simmonds.pdf

9.5 Vulkan 简介

本章的最后对 Vulkan 做一个简单的介绍，但由于篇幅所限，我们不会深入展开。如果希望深入了解 Vulkan，请参见本节末的链接。

Android 7.0 增加了对 Vulkan 的支持，Vulkan 是一套高性能低成本的跨平台 3D 图形 API。像 OpenGL ES 一样，Vulkan 提供了在应用程序中创建高质量、实时图形的工具。

SoC 厂商，例如 GPU 独立硬件供应商可以为 Android 编写 Vulkan 驱动程序，OEM 只需要为特定设备集成这些驱动程序即可。

应用程序开发人员可以利用 Vulkan 创建可以在 GPU 上执行命令并大大减少开销的应用程序。Vulkan 还提供了一个更直观的在当前图形硬件中找到对应功能的映射能力，最大限度地减少驱动程序错误的机会，并减少开发人员测试时间。

9.5.1 Vulkan 组件

Vulkan 的支持包含了下面这几个组件，如图 9-24 所示。

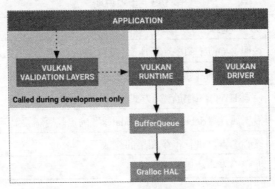

图 9-24　Vulkan 主要组件

- **Vulkan 验证层**（由 Android NDK 提供）：这是一套开发者在开发阶段使用的库。Vulkan 运行时库以及芯片厂商提供的 Vulkan 驱动并不包含让 Vulkan 高效运行的错误检查。取而代之的是，由验证层来（仅仅在开发阶段）查找应用程序对 Vulkan API 的错误使用。

- **Vulkan Runtime**（由 Android 系统提供）：Vulkan 的 native API 由 libvulkan.so 提供。绝大部分功能由 GPU 厂商的驱动完成；运行时对驱动进行了包装，提供 API 来获取能力，并且管理驱动与平台依赖（例如 BufferQueue）的交互。

- **Vulkan 驱动**（由 SoC 提供）：将 Vulkan API 映射至硬件相关的 GPU 命令并与内核的图形驱动交互。

9.5.2 修改的组件

Android 7.0 上修改下面两个组件来支持 Vulkan。

- **BufferQueue**：Vulkan 运行时与现有的 BufferQueue 组件通过 `ANativeWindow` 接口进行交互。其中包含了对 ANativeWindow 和 BufferQueue 的一些很小的改动（新的枚举值和方法），但没有架构上的变化。
- **Gralloc HAL**：包含了一个新的可选的 API，用来发现在一个特定的生产者消费者组合上是否可以分配一块 Buffer。

9.5.3 Vulkan API

Android 平台包含了对 Vulkan API 标准的实现。应用程序必须使用 Window System Integration（WSI）扩展来输出它们的渲染内容。WSI 扩展了 VK_KHR_surface、VK_KHR_android_surface。VK_KHR_swapchain 由平台实现，并且存在于 libvulkan.so 中。VkSurfaceKHR 和 VkSwapchainKHR 对象以及与 ANativeWindow 的所有交互都由平台处理，不会暴露给驱动程序。WSI 实现依赖于驱动程序必须支持的 VK_ANDROID_native_buffer 扩展，此扩展仅由 WSI 实现使用，不会暴露给应用程序。

9.5.4 参考资料与推荐读物

- https://source.android.com/devices/graphics/arch-vulkan
- https://www.khronos.org/assets/uploads/developers/library/overview/Vk_201602_Overview_Feb1-6.pdf
- https://android.googlesource.com/platform/frameworks/native/+/master/vulkan/
- https://android.googlesource.com/platform/frameworks/native/+/master/vulkan/doc/implementors_guide/implementors_guide.html
- https://developer.android.com/ndk/guides/graphics/index.html

第 10 章
系统架构改进

看完了前面几章的读者应该都意识到,Android 最近几年的版本确实都很好地解决了原先存在的一些问题。但直到 Android 8.0（Oreo）之前，仍然存在一个较大的问题没有解决，那就是系统版本碎片化的问题。表 10-1 是截止 2017 年 8 月 8 日的 Android 版本比例。

表 10-1　Android 版本比例

版　　本	代　　号	API	分　　布
2.3.3 - 2.3.7	Gingerbread	10	0.7%
4.0.3 - 4.0.4	Ice Cream Sandwich	15	0.7%
4.1.x	Jelly Bean	16	2.7%
4.2.x	Jelly Bean	17	3.8%
4.3	Jelly Bean	18	1.1%
4.4	KitKat	19	16.0%
5.0	Lollipop	21	7.4%
5.1	Lollipop	22	21.8%
6.0	Marshmallow	23	32.3%
7.0	Nougat	24	12.3%
7.1	Nougat	25	1.2%

从这个表中我们可以看出，在 Android 8.0 发布的时候，绝大部分的用户都还在使用前几年甚至更旧的版本。这对于整个 Android 系统生态来说，显然不是一件好事。

对于用户来说，市面上能够买到的设备始终是落后于 Android 官方一到两个版本；对于开发者来说，要同时适配太多的版本；对于 Google 官方来说，要维护太多设备的安全更新。这种现象对于任何一方都是不愉快的，并且是高成本的。

而 Google 终于在 Android 8.0 上开始重点解决这个问题，而解决的方法就是引入了 Project Treble。

> 注：对于这部分内容，AOSP 的官方网站已经有非常详细的文章了（https://source.android.google.cn/devices/architecture/treble）。因此本章我们仅仅做一些简单的介绍。更多的详细内容，读者可以自行去官网上学习。

10.1　Project Treble 整体介绍

Project Treble 是 Android 8.0 中引入的项目。用 Google 官方的说法，这是 Android 系统的重新架构，目的是使得生产商更容易、更快速并能够以更低的成本完成系统的更新。这个项目面向所有 Android 8.0 及更高版本推出的新设备。

简单来说，Project Treble 借助于一些特定的接口，将厂商的实现与 Android 系统框架的实现分离开，使得系统框架可以单独升级。

在 Android 7.x 及之前的版本上，没有稳定的供厂商使用的接口，因此厂商的实现和 Android 系统框架是混杂在一起的。于是每次系统升级的时候，厂商需要在新版本上将之前的实现重新移植一遍。这种更新方式如图 10-1 所示。

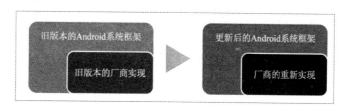

图 10-1　更新方式

实际上这个移植过程是非常耗费人力和时间的，因此成本非常高，并且还面临着潜在的稳定性问题，因为有些改动在新版本上未必能够稳定地工作。这就是为什么很多厂商在设备发布之后，（几乎）不再提供系统的更新。

而从 Project Treble 开始，系统提供了稳定的厂商接口来访问系统硬件。这使得设备 Android 系统框架可以独立更新，而不用对厂商的实现进行移植。

Project Treble 及之后的版本更新方式如图 10-2 所示。

图 10-2　Project Treble 及之后的版本更新方式

　　图 10-3 是 Android O 的系统分区图。从这幅图中可以看出，Google 官方将整个系统划分成了若干独立块，每一块都由不同的角色来维护。Google 官方负责维护 Android 平台部分，其他部分由 ODM、OEM 及 SoC 厂商各自维护。这种清晰的角色划分对整个 Android 生态的长远发展是非常有意义的。

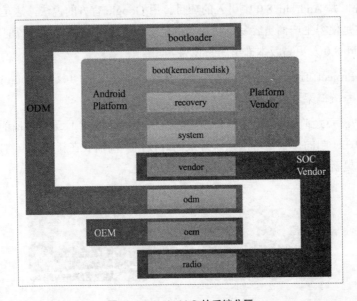

图 10-3　Android O 的系统分区

围绕着上面提到的目标，Project Treble 中包含了很多项新引入的机制，它们包括：

- 硬件抽象层（HAL）类型的划分；
- HAL Interface Definition Language（HIDL）；
- ConfigStore HAL；
- Vendor Native Development Kit（VNDK）；
- Vendor Interface Object（VINTF）；

- Device Tree Overlay（DTO）；
- SELinux for Android 8.0。

在第 1 章介绍 Android 系统架构的时候，我们就提到过硬件抽象层：硬件抽象层定义了硬件厂商实现的标准接口。它使得厂商可以独立实现硬件功能而不用修改上层系统。硬件抽象层的实现会打包成一个模块（通常是 Linux 的共享库，即.so 文件），Android 系统在运行时会加载这些模块。

为了保证能正常访问 HAL 中的结构，AOSP 通过 hardware/libhardware/include/hardware/hardware.h 为硬件的 HAL 接口定义了属性。这个接口使得 Android 系统能够加载 HAL 模块的正确版本。

HAL 的类型

从 Android O 开始，AOSP 对 HAL 的类型进行了划分，包括下面几种：

- Binderized HAL；
- Passthrough HAL；
- Same-Process HAL；
- 传统及旧版 HAL。

Binderized HAL 通过 HAL interface definition language 暴露接口。这种 HAL 代替了 Android 早期版本上传统和遗留的 HAL。所有以 Android O（或更新版本）为初始版本的新设备必须只支持 Binderized HAL。这就意味着，Binderized HAL 是未来 HAL 的标准形式。另外，AOSP 要求从 Android O 开始，下面这些 HAL 在所有设备上都必须是 Binderized 模式，不管这些设备发布时就是 Android O 版本，还是后来升级到 Android O 版本。这些 HAL 包括：

- `android.hardware.biometrics.fingerprint@2.1` 代替了原先的 fingerprintd；
- `android.hardware.configstore@1.0` 在后文会讲到；
- `android.hardware.dumpstate@1.0` 是一个可选的 HAL；
- `android.hardware.graphics.allocator@2.0` 是图形分配器；
- `android.hardware.radio@1.0` 代替了原先的 rild；
- `android.hardware.usb@1.0` 是 Android O 新增的；
- `android.hardware.wifi@1.0` 代替了原先 system_server 中 Wi-Fi 服务；
- `android.hardware.wifi.supplicant@1.0` 是现有 wpa_supplicant 进程上的 HIDL 接口。

Passthrough HAL 是包装了传统或旧版 HAL 的 HAL。通过包装，使得原先的 HAL 支持

Binderized 模式或者 Same-Process 模式。升级到 Android O 版本的设备可以使用 Passthrough HAL。Android 要求下面两种 HAL 始终是 Passthrough HAL，不管这些设备发布时就是 Android O 版本，还是后来升级到 Android O 版本。

- `android.hardware.graphics.mapper@1.0`
- `android.hardware.renderscript@1.0`

Same-Process HAL（简称 SP-HAL）是在被使用的进程中直接打开的 HAL。这种 HAL 包含所有没有

HIDL 接口以及部分没有 Binderized 的 HAL。所有 SP-HAL 都是由 Google 定义的，包括：

- `openGL`
- `Vulkan`
- `android.hidl.memory@1.0`
- `android.hardware.graphics.mapper@1.0`
- `android.hardware.renderscript@1.0`

传统 HAL 和旧版 HAL 传统 HAL（在 Android 8.0 中已弃用）是指与具有特定名称及版本号的应用二进制接口（ABI）标准相符的接口。大部分 Android 系统接口（相机、音频和传感器等）都采用传统 HAL 形式（已在 hardware/libhardware/include/hardware 下进行定义）。旧版 HAL（也已在 Android 8.0 中弃用）是指早于传统 HAL 的接口。一些重要的子系统（WLAN、无线接口层和蓝牙）采用的就是旧版 HAL。虽然没有统一或标准化的方式来指明是否为旧版 HAL，但如果 HAL 早于 Android 8.0 出现，那么这种 HAL 不是传统 HAL，就是旧版 HAL。有些旧版 HAL 的一部分包含在 libhardware_legacy 中，而其他部分则分散在整个代码库中。

10.2　HIDL

HAL 接口描述语言（HAL interface definition language）是用来指定 HAL 层与用户接口的描述语言。它允许指定以接口和包形式组织的类型和方法调用。更广泛地说，HIDL 是可以独立编译的代码库之间的通信系统。

HIDL 旨在用于进程间通信（IPC），这种模式也称为 Binderized。对于必须链接到进程的库，则使用 Passthough 模式（Passthough 模式不支持 Java）。

HIDL 指定方法签名和参数，它们以接口的形式（类似于类）组织，接口再以包的形式组织。HIDL 使用的是类似于 C++和 Java 的语法，包括注释风格也是类似的。

10.2.1　语法介绍

HIDL 的代码由三种元素组成。

- 用户自定义类型（User-defined types，简称 UDT）：HIDL 提供了基本数据类型来构建结构体，组合和枚举之类的复杂数据类型。UDT 可以是包级别或者接口局部的。
- 接口：接口是 HIDL 的基本组件，接口包含了 UDT 和方法声明。接口可以互相继承。
- 包：包通过名称和版本来区分，包中可以包含
  - 数据类型定义的 types.hal 文件；
  - 任意多个接口，在各自的.hal 文件中定义。

接口与包

HIDL 以面向对象的接口来组织抽象类型，接口属于包的一部分。

包可以有子包，例如：`package` 与 `package.subpackage`。HIDL 包的根目录是 `hardware/interfaces` 或者 `vendor/vendorName`（例如，`vendor/google`）。包的名称以一个或多个子目录存在于根目录下，一个包中的所有文件位于同一个目录下。例如：`android.hardware.example.extension.light@2.0` 包的文件位于 `hardware/interfaces/example/extension/light/2.0` 目录下。

表 10-2 列出了包前缀与文件路径的对应关系。

表 10-2　包前缀与文件路径的对应关系

包　前　缀	文件路径
android.hardware.*	hardware/interfaces/*
android.frameworks.*	frameworks/hardware/interfaces/*
android.system.*	system/hardware/interfaces/*
android.hidl.*	system/libhidl/transport/*

服务与数据传递

注册服务　HIDL 接口服务可以注册为命名服务，注册的名称不必与接口或者包名相关。如果没有指定名称，则使用"default"这个名称。这个名称可以用在那些不用为同一个接口注册多个实现的服务上。例如，C++中调用注册服务的接口是这样的：

```
registerAsService();
registerAsService("another_foo_service");  // if needed
```

HIDL 接口的版本包含在接口中。它会自动与服务注册相关联，并且可以通过 android::hardware::IInterface::getInterfaceVersion()方法获取到。服务器对象不需要注册，可以通过 HIDL 方法参数传递给另一个进程，这将使 HIDL 方法调用到服务器中。

发现服务 客户端的请求将根据接口的名称和版本，调用目前 HAL 类的 getService 方法：

```
sp<V1_1::IFooService> service = V1_1::IFooService::getService();
sp<V1_1::IFooService> alternateService = 1_1::IFooService::getService
("another_foo_service");
```

HIDL 接口的每一个版本被作为不同的接口。因此，IFooService 的版本 1.1 和版本 2.2 可以同时注册为 "foo_service"，并且通过 getService("foo_server")获取到的是对应的版本接口。因此，这也是为什么大部分情况下，注册服务时可以不指定名称，使用默认的 "default" 名称。

厂商接口对象也在返回的接口的传输方法中起作用。对于包 android.hardware.foo@1.0 中的接口 IFoo，如果条目存在，则 IFoo::getService 返回的接口总是使用在设备清单中为 android.hardware.foo 声明的传输方法，如果传输方法不可用，则返回 nullptr。

数据传递 数据可以通过调用 hal 文件中的接口方法时传递。方法分为两种。

• **Blocking**：这类方法会一直等待，知道服务端返回结果。

• **Oneway**：这类方法发送数据之后不会等待。但如果数据超过限制（见下文），这类调用将阻塞或者返回错误（行为是没有定义的）。

Oneway 必须明确地声明，即便一个方法没有返回值，但如果没有声明为 oneway，那也将是阻塞式的。

在 HIDL 接口中声明的所有方法都是单向的，可以从 HAL 发起或者向 HAL 内部。接口不指定将要调用哪个方向。需要从 HAL 发起调用的架构应在 HAL 包中提供两个（或更多）接口，并为每个进程提供适当的接口。客户端和服务端是与接口的调用方向相关的（即 HAL 可以是一个接口的服务器和另一个接口的客户端）。

10.2.2 HIDL 与 Binder

一直以来，厂商进程之间会通过 Binder 来进行 IPC 通信。但在 Andorid O 上，/dev/binder 设备节点仅仅给框架进程使用，这就意味着厂商进程不能访问它。厂商进程需要访问 /dev/hwbinder。

Android 系统现在包含下面三个 Binder 域，如表 10-3 所示。

表 10-3 IPC 域及描述

IPC 域	描　　述
/dev/binder	承载系统框架，应用程序进程之间通过 AIDL 接口的 IPC
/dev/hwbinder	承载系统框架与厂商进程，以及厂商进程本身之间通过 HIDL 接口的 IPC
/dev/vndbinder	承载厂商进程之间通过 AIDL 接口的 IPC

为了使用/dev/vndbinder，需要确保内核的配置 CONFIG_ANDROID_BINDER_DEVICES 的值为"binder,hwbinder,vndbinder"。

正常情况下，厂商进程不会直接打开 binder 驱动，而是链接 libbiner 用户空间的库，这个库将打开 binder 驱动。需要添加一个方法来使用::android::ProcessState()以选择 libbinder 的驱动。厂商进程应当在调用 ProcessState、IPCThreadState 或者任何 Binder 调用之前调用这个方法。通过是在进程的 main 函数中，像下面这样：

```
ProcessState::initWithDriver("/dev/vndbinder");
```

vndservicemanager　之前，Binder 服务通过 servicemanager 进行注册。在 AndroidO 上，servicemanager 只能有框架和应用程序进程来访问。厂商进程无法访问它。

取而代之的是，厂商进程使用 vndservicemanager，这是 servicemanager 的一个实例，它会使用/dev/vndbinder 而不是/dev/binder。访问 vndservicemanager，厂商进程不需要做什么改动。当一个进程打开/dev/vndbinder 时，服务会启动进入 vndservicemanager。

10.3 ConfigStore HAL

10.3.1 概述

在本章的开始我们就看到，从 Android O 开始，系统分成了多个分区，系统本身（system.img）与厂商相关的实现（vendor.img 和 odm.img）完全分开了。那么，位于系统分区的模块，不能再依赖 Makefile 中的条件编译。而是应当在运行时查询相关信息，并且根据运行时的情况采取不同的策略。

而 ConfigStore HAL 的作用正是如此。它提供了相关的 API 来获取配置信息。这就是本节的内容。

ConfigStore HAL 的设计

ConfigStore HAL 的设计如图 10-4 所示。

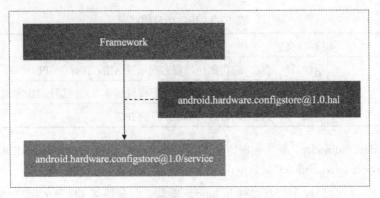

图 10-4　ConfigStore HAL 的设计

在这个设计中：

- ConfigStore HAL 通过 HIDL 的形式提供了接口来获取编译配置；
- 厂商和 OEM 可以对 ConfigStore 中的接口进行扩展，以补充 SoC 以及设备相关值；
- 框架中的服务在运行时获取需要的值并执行相应的策略。

目前，ConfigStore HAL 以 `android.hardware.configstore@1.0` 包作为 HIDL 接口向外提供数据。

10.3.2　内部实现

ConfigStore 作为一个 HAL，其源码位于/hardware/interfaces/configstore 目录下。这个目录下的文件如下：

```
├── 1.0
│   ├── Android.bp
│   ├── Android.mk
│   ├── ISurfaceFlingerConfigs.hal
│   ├── default
│   │   ├── Android.mk
│   │   ├── SurfaceFlingerConfigs.cpp
│   │   ├── SurfaceFlingerConfigs.h
│   │   ├── android.hardware.configstore@1.0-service.rc
│   │   ├── service.cpp
│   │   └── surfaceflinger.mk
```

```
|       ├── types.hal
|       └── vts
|           └── functional
|               ├── Android.bp
|               └── VtsHalConfigstoreV1_0TargetTest.cpp
├── Android.bp
└── utils
    ├── Android.bp
    ├── ConfigStoreUtils.cpp
    └── include
        └── configstore
            └── Utils.h
```

这些文件中：

- .mk 和 .bp 文件为编译模块所用；

- .rc 文件负责模块的启动；

- .hal 是 HAL 接口的声明；

- SurfaceFlinger 相关的文件刚刚已经说明过；

- Utils.h 中就是 configstore-utils 函数的定义。这些函数都是模板函数，因此都直接在头文件进行定义；

- service.cpp 是可执行程序的 main，其源码如下：

```
int main() {
    configureRpcThreadpool(10, true);

    sp<ISurfaceFlingerConfigs> surfaceFlingerConfigs = new SurfaceFlingerConfigs;
    status_t status = surfaceFlingerConfigs->registerAsService();
    LOG_ALWAYS_FATAL_IF(status != OK, "Could not register ISurfaceFlingerConfigs");

    // other interface registration comes here
    joinRpcThreadpool();
    return 0;
}
```

这段代码设置线程池的数量为 10，然后注册了 ISurfaceFlingerConfigs 服务。

10.4　Vendor Native Development Kit

　　在 Android O 版本的系统上，Android 系统框架的内容包含在 system.img 中，这里面的库既可能被系统本身使用，也可能被硬件厂商使用，并且系统分区可能会单独更新（例如，当 Android P 发布的时候）。但是，假设升级之后厂商模块依赖的某个库在新版本中缺失或者符号发生变化，便会造成某些服务无法使用，严重的情况下可能导致系统无法启动，这对于用户来说是非常严重的问题。

　　因此，在 Android O 上定义了 Vendor Native Development Kit（下文简称 VNDK）。VNDK 是一系列库，这些库专门用来提供给厂商，用来实现 HAL。这些库位于 system.img 中，并且在运行时会被厂商的代码链接。

　　如图 10-5 所示，Android 系统中专门划分了 VNDK，VNDK 会保证即便在系统升级的情况下，这些库也是完全兼容的，不会造成厂商的依赖关系破坏。

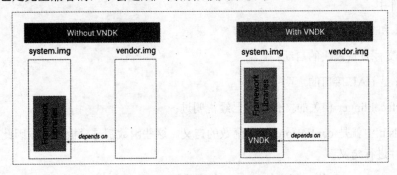

图 10-5　VNDK 的划分

　　有些开发者可能使用过 NDK，这是提供给应用开发人员使用的 API 集合。而 VNDK 是专门提供给硬件厂商使用的 API 集合，图 10-6 描述了 system.img 中包含的软件库的用途。

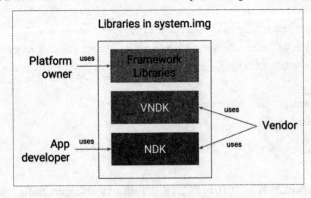

图 10-6　system.img 中包含的软件库的用途

10.5　Vendor Interface Object

10.5.1　概述

为了使各个模块有更好的兼容性，Project Treble 中还包含了 Vendor Interface Object（下文简称 VINTF 对象）API。VINTF 对象收集了设备相关的信息，并且提供了查询接口供外部使用。

VINTF 对象的设计

VINTF 对象的数据来源于两个方面：

（1）运行时信息。

（2）Manifest 文件。运行时信息包括下面这些。

- 内核信息
  - /proc/config.gz 压缩后的内核配置信息；
  - /proc/version uname()系统调用可以获取的信息；
  - /proc/cpuinfo 根据 32 位或是 64 位格式不一；
  - policydb 版本
    - ✓ /sys/fs/selinux/policyvers（假设 selinuxfs 安装在/sys/fs/selinux）；
    - ✓ security_policyvers()与 libselinux API 一样。

- 静态 libavb 版本
  - bootloader 系统属性：ro.boot.vbmeta.avb_version；
  - init/fs_mgr 系统属性：ro.boot.avb_version。

另外，系统中包含了两组（Device 和 Framework）Manifest 文件和兼容性矩阵。Manifest 描述了提供方的信息，兼容性矩阵描述了需要方的信息。这些信息在系统升级时会发送给 OTA（Over-the-Air)服务器进行校验，另外，这些信息也可能发送给其他需要的模块，例如 CTS（Compatibility Test Suite）。

- **Device Manifest** 描述了设备能够提供给框架的能力；
- **Framework** 兼容性矩阵描述了系统框架对设备的预期；
- **Framework Manifest** 描述了框架提供给设备的服务能力；
- **Device** 兼容性矩阵描述了厂商镜像对于框架服务的预期。

图 10-7 描述了 VINTF 对象。

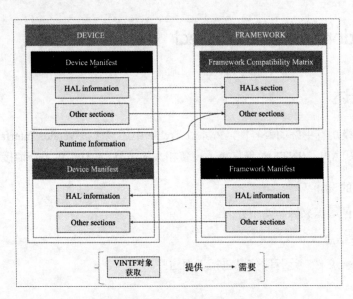

图 10-7　VINTF 对象

查询 API

VINTF 对象既提供了 C++API，也提供了 Java API：

- C++查询的 API 是 `android::vintf::VintfObject`；
- Java 查询的 API 是 `android.os.VintfObject`。

这两个类的结构如图 10-8 所示。

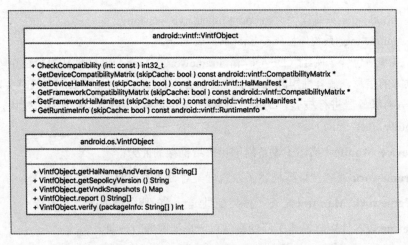

图 10-8　类结构

10.5.2 Manifest

Device manifest 与 Framework Manifest 的格式是一样的。其中：

- Device manifest
  - 在源码中的路径是/device/${VENDOR}/${DEVICE}/manifest.xml；
  - 在设备上的路径是/vendor/manifest.xml。
- Framework Manifest 在设备上的路径是/system/manifest.xml
  - 在源码中的路径是/system/libhidl/manifest.xml；
  - 在设备上的路径是/system/manifest.xml。

10.5.3 内部实现

VINTF 对象的 C++接口实现位于/system/libvintf 目录中。

主要接口是 android::vintf::VintfObject 类的静态方法（见上面的 UML 图，图 10-8）。这些静态方法提供了查询 Manifest（用 HalManifest 类描述）和兼容性矩阵（用 CompatibilityMatrix 类描述）的数据结构，另外还有一个 GetRuntimeInfo 用来查询运行时信息。

Java 接口位于/frameworks//base/core/java/android/os/VintfObject.java 中。但是这个类通过@hide 注解对应用开发者做了隐藏（Framework 中所有标记@hide 注解的 API 对应用开发者都无法访问）。这个类中包含了几个 native 方法：

```
/**
 * Java API for libvintf.
 * @hide
 */
public class VintfObject {

    public static native String[] report();

    public static native int verify(String[] packageInfo);

    public static native String[] getHalNamesAndVersions();

    public static native String getSepolicyVersion();

    public static native Map<String, String[]> getVndkSnapshots();
}
```

这些 native 方法的 JNI 实现位于 frameworks//base/core/jni/android_os_VintfObject.cpp 中。这个 cpp 中的实现就是依赖了 C++ 层的 android::vintf::VintfObject 类完成的。

这种三层架构（Java API=>JNI=>底层库）在 Android 框架中很多模块都是类似的，读者应该比较熟悉了。